W0259826

B. Hess D. Ploog (Hrsg.)

Neurowissenschaften und Ethik

Klostergut Jakobsberg 20.–25. April 1986
Bundesrepublik Deutschland

Springer-Verlag
Berlin Heidelberg New York
London Paris Tokyo

Prof. Dr. Benno Hess
Max-Planck-Institut für Ernährungsphysiologie
Rheinlanddamm 201
4600 Dortmund

Prof. Dr. Detlev Ploog
Max-Planck-Institut für Psychiatrie
Kraepelinstraße 2 u. 10
8000 München 40

Redaktion und Übersetzung
Uwe Opolka

Titelbild: *Großhirnrinde des Menschen, myelinisierte Axone, Zellkörper von Nervenzellen. Dunkel: Zellkörper von Gliazellen. Aus dem MPI für biologische Kybernetik, Abteilung Braitenberg*

ISBN-13: 978-3-540-19031-8 e-ISBN-13: 978-3-642-73486-1
DOI: 10.1007/978-3-642-73486-1

CIP-Titelaufnahme der Deutschen Bibliothek
Neurowissenschaften und Ethik: internat. Konferenz, Bundesrepublik Deutschland, Klostergut Jakobsberg, 20.–25. April 1986 / Benno Hess; Detlev Ploog (ed.). [Übers. von Uwe Opolka]. – Berlin; Heidelberg; New York; London; Paris; Tokyo: Springer, 1988
NE: Hess, Benno [Hrsg.]

2127/3140/543210

Vorwort

Das Forschungsobjekt der Neurowissenschaften und der Neuromedizin, das menschliche Gehirn, nimmt unter allen Organen eine Sonderstellung ein. Mit mehr als 10 Milliarden Nervenzellen und deren ungezählten Verschaltungen ist es das bei weitem komplizierteste lebende System, von dem wir wissen. Es ist die Voraussetzung allen Erlebens, Denkens, Fühlens und Handelns und damit auch der menschlichen Selbsterkenntnis, ein Zusammenhang, der bereits den Wissenschaftler-Philosophen des antiken Griechenland bekannt war. Zahlreichen Religionen und Philosophien galt und gilt das Gehirn daher als Sitz der unsterblichen Seele, und Geisteskrankheiten wurde jahrhundertelang teils mit geradezu heiliger Verehrung, teils mit offenem Entsetzen und radikaler Ausgrenzung begegnet.

Auch für die Neurowissenschaften ist das Gehirn kein Organ wie alle anderen. Wie das Genom wird es als Informationsspeicher aufgefaßt. Während aber die genetische Information individuell nicht beeinflußbar ist und direkt an die kommenden Generationen weitergegeben wird, kann das Gehirn lernen, das heißt, es vermag Informationen aus der Lebensgeschichte seines Trägers zu speichern und Wissen zu tradieren.

Die Neurowissenschaften sind ein Forschungszweig, der die Grenzen zwischen den klassischen Disziplinen gesprengt hat und ein breites Spektrum umfaßt, das sich von der Grundlagenforschung bis in den Bereich der klinischen Medizin erstreckt. Diese Wissenschaften entwickeln eine beachtliche Dynamik, seitdem sie sich interdisziplinär orientieren und auf experimentelle Techniken und Konzepte zurückgreifen, wie sie in der Physik, der Biochemie, der Molekularbiologie, der Verhaltensphysiologie, der Experimentalpsychologie und den Computerwissenschaften entwickelt wurden.

Trotz rascher Fortschritte und zahlreicher Entdeckungen wissen wir bis heute über kein Organ so wenig wie über das zentrale Nervensystem des Menschen. Die Neurowissenschaften sind noch weit davon entfernt, ihre theoretischen Ansprüche, etwa auf ein umfassendes Verständnis des Bewußtseins oder der Gedächtnisleistungen, einlösen zu können. Aus logischen und erkenntnistheoretischen Erwägungen ist es sogar fraglich, ob das Gehirn überhaupt jemals imstande sein wird, sich selbst vollständig zu begreifen. Auch Lösungen der praktischen Ziele sind erst ansatzweise in Sicht. Nach wie vor steht die Neuromedizin vielen neuronalen und psychischen Funktionsstörungen ziemlich hilflos gegenüber, obwohl diese Krankheiten in einem erschreckenden Maße verbreitet sind. Senile Demenz, Schizophrenie, manisch-depressive Erkrankungen sowie die meisten Formen der Epilepsie können nicht kausal erklärt und damit auch nicht kausal behandelt werden.

Wenn die Neurowissenschaften in den nächsten Jahren ihre Anstrengungen intensivieren, besteht begründeter Anlaß zu der Hoffnung, daß sich unser Wissen über die normalen und pathologischen Zustände des menschlichen Gehirns erweitern und die Behandlung hirnabhängiger Krankheiten verbessern lassen wird. Diese Anstrengungen müssen auch verstärkte Forschungen über Affekt- und Persönlichkeitsstörungen sowie über Arzneimittel- und Alkoholmißbrauch umfassen.

Wie aus der Sonderstellung des Gehirns unter den menschlichen Organen hervorgeht, gibt es auf diesen Gebieten auch besonders gravierende ethische Probleme, die möglicherweise die Erforschung des Gehirns sowie die Entwicklung neuer wissenschaftlicher Methoden und innovativer diagnostischer und therapeutischer Verfahren beeinflussen könnten. Da beispielsweise neuronale und psychische Funktionen an lebenden (gesunden oder pathologischen) menschlichen Gehirnen untersucht werden müssen, kann neurowissenschaftliche Forschung in Grenzbereiche des ethisch Verantwortbaren vorstoßen, was auch kein seiner Verantwortung bewußter Wissenschaftler jemals geleugnet haben dürfte.

In der öffentlichen oder zumindest der veröffentlichten Meinung dagegen stellt sich schon seit einigen Jahren die Situation der medizinischen und biologischen Wissenschaften eher paradox dar. Während diese Wissenschaften einerseits unzweifelhaft immer erfolgreicher und das heißt erklärungsstärker, aber auch für die menschliche Gesundheit und Wohlfahrt nutzbringender werden, wächst auf der anderen Seite die außerwissenschaftliche Kritik an ihnen. Die Kampagnen gegen Tierversuche sind nur der markanteste Ausdruck eines tiefgehenden und weitreichenden Unbehagens. In Zweifel gezogen werden der wissenschaftliche Fortschritt insgesamt, die Redlichkeit der Motive der Wissenschaftler bei ihren Forschungen und insbesondere die moralische Legitimität des Unternehmens Wissenschaft.

Es bedarf daher keiner prophetischen Gabe mehr vorauszusehen, daß diese Krise der öffentlichen Legitimation in absehbarer Zeit die Neurowissenschaften, ihren klinischen Bereich wie ihre Grundlagenforschung, ebenfalls erreichen wird. An diesem Punkt setzt der vorliegende Bericht „Neurowissenschaften und Ethik“ ein. (Über seine Entstehung unterrichtet die folgende Eröffnungsadresse des Präsidenten der Max-Planck-Gesellschaft.)

Die mit diesem Bericht verbundene Absicht besteht zunächst einmal darin, Zeugnis abzulegen von der Leistungsfähigkeit der Neurowissenschaften, das heißt, er will in Umrissen den gegenwärtigen Kenntnisstand dokumentieren und einige Forschungsperspektiven für die nähere Zukunft umreißen. Den neurologischen und psychischen Krankheiten, die weltweit hunderte Millionen Menschen betreffen, stand – wie gesagt – die Medizin noch vor drei Jahrzehnten hilflos gegenüber. Wie wir hoffen, zeigt der Bericht, daß bei der Heilung dieser Krankheiten in der jüngsten Vergangenheit bereits bedeutende Durchbrüche erzielt wurden und daß – entsprechende Forschungsanstrengungen vorausgesetzt – weitere sich abzeichnen. Ist aber die Heilung kranker, schwer leidender Menschen nicht ein Ziel, das seine moralische Legitimation in sich trägt?

Deutlich werden aus dem Bericht hoffentlich auch die humanitären Motive, von denen Wissenschaftler bewegt werden. Eines dieser Motive ist einer breiteren Öffentlichkeit in der Tat schwer zu vermitteln: die „theoretische Neugier“, wie sie der Philosoph Hans Blumenberg genannt hat. Sie ist der Impuls, wissenschaftliche Einsichten um ihrer selbst willen zu gewinnen, ohne Seitenblicke auf praktische

Anwendungen. Dieser Impuls macht einen Gutteil dessen aus, was zum „Ethos“ des Wissenschaftlers gehört. Gerade aus zweckfreier, um des Wissens selbst willen betriebener Forschung entsprangen aber – wenn auch oft um Jahrzehnte verzögert – die wichtigsten und praktisch bedeutenden Entdeckungen, deren Früchte allen Menschen zugute kommen. Diesen Zusammenhang hat Max Planck in einem Vortrag von 1941, überschrieben „Sinn und Grenzen der exakten Wissenschaft“, folgendermaßen formuliert: „Weshalb aber nun diese ganze gewaltige Arbeit, welche die besten Kräfte ungezählter Forscher ihr ganzes Leben hindurch in Anspruch nimmt? Ist das erzielte Resultat, das doch (...) in seinen einzelnen Feinheiten immer weiter von den Gegebenheiten des Lebens fortführt, wirklich dieses kostbaren Einsatzes wert? Die Frage wäre in der Tat berechtigt, wenn der Sinn der exakten Wissenschaft sich auf die Aufgabe beschränkte, dem Erkenntnistrieb der forschenden Menschheit eine gewisse Befriedigung zu gewähren. Aber ihre Bedeutung geht erheblich weiter. Die exakte Wissenschaft wurzelt im menschlichen Leben. Aber sie ist mit dem Leben in doppelter Weise verbunden. Denn sie schöpft nicht allein aus dem Leben, sondern sie wirkt auch zurück auf das Leben, auf das materielle wie auf das geistige Leben, und zwar umso kräftiger und fruchtbarer, je ungehinderter sie sich entfalten kann.“

Bei dem vorliegenden Bericht dürfte es sich um die erste umfassende Darstellung der ethischen Fragen handeln, die in Verbindung mit den Neurowissenschaften auftreten. Allein dies sollte Beweis genug dafür sein, daß die Gemeinschaft der Wissenschaftler sich den moralischen und gesellschaftlichen Herausforderungen ihres Tuns stellt und nicht defensiv auf öffentliche Vorwürfe reagiert, sondern ihrerseits aktiv Problemfelder aufsucht und zu definieren unternimmt. Vor allem der Abschlußbericht am Ende des Bandes ist in diesem Sinne zu verstehen: als Initialzündung eines öffentlichen Dialogs zwischen Wissenschaftlern, Betroffenen und Politikern über die anstehenden Fragen in diesem Bereich. Bedacht werden sollte dabei aber immer, daß diese Diskussion sich nicht darin erschöpfen darf, der Forschung Restriktionen aufzuerlegen. Soll sie gerade auch ihren humanitären Aufgaben gerecht werden, bedarf sie des Zuspruchs und, wie in aller Deutlichkeit gesagt werden muß, entsprechender finanzieller Mittel. Stellt man allerdings die moralische Legitimität der Wissenschaft grundsätzlich in Frage, dann ist dieser Diskussion von vornherein der Boden entzogen; das Buch brauchte nicht gelesen zu werden.

Hervorgehoben werden muß, daß es im Rahmen dieser Konferenz gelang, Vertreter verschiedener Fachrichtungen und aus verschiedenen Nationen mit teilweise sehr unterschiedlichen wissenschaftlichen und kulturellen Traditionen zu einem fruchtbaren Gespräch zu versammeln. Zu überwinden waren also nicht nur die wohlbekannten Verständnisbarrieren zwischen den Disziplinen, sondern auch die zwischen Traditionen. Daß alle Konferenzteilnahmer sich dieser Aufgabe mit bedeutendem Engagement und großer Ernsthaftigkeit stellten, dafür sei ihnen an dieser Stelle besonders gedankt. Dank zu sagen ist auch Bundeskanzler Dr. Helmut Kohl, der die Einladung für die Jakobsberger Konferenz aussprach und die Max-Planck-Gesellschaft beauftragte, das Treffen auszurichten. Ohne den großen Einsatz zahlreicher Mitarbeiter der Max-Planck-Gesellschaft hätte die Konferenz nicht in dieser Weise realisiert werden können. Auch ihnen sei hier Anerkennung ausgesprochen. Daß Bundespräsident Richard von Weizsäcker an der abschließenden und zusammenfassenden Sitzung über die ethisch-philosophischen Fragen in den Neurowissenschaften teilgenommen hat, wurde von allen Delegierten mit besonderer Befriedigung zur Kenntnis genommen und als starke Ermutigung empfunden.

Ein abschließendes Wort noch zur Form des Berichtes. Er gibt die gehaltenen Vorträge im Wortlaut wieder, die Diskussionen darüber in gekürzter Fassung. Bewußt in Kauf genommen wurde, daß die Diskussionen teilweise einander widersprechende Positionen enthalten und auch, daß Probleme nicht ausdiskutiert wurden, einzelne Diskussionsstränge also offen enden (was im übrigen der Offenheit der Problemsituation genau entspricht). Es gab also keinerlei Versuche, nachträglich zu glätten oder zu harmonisieren. Dokumentiert werden sollte allein die persönliche Meinung der beteiligten Wissenschaftler.

Dortmund und München, im April 1988 BENNO HESS DETLEV PLOOG

Inhaltsverzeichnis

Sitzung III

Sitzung IV

Klinische Neurowissenschaften

Sitzung V

Sitzung VI

Geistige Gesundheit

Sitzung VII

Sitzung VIII

Sitzung IX

Neurowissenschaften und Ethik

Sitzung X

Eröffnungsadresse des Präsidenten der Max-Planck-Gesellschaft Professor Dr. Dr. Heinz A. Staab

Exzellenzen,
meine Damen und Herren!

Ich freue mich sehr, Sie im Namen der Max-Planck-Gesellschaft auf Klostergut Jakobsberg willkommen zu heißen. Für die Wissenschaft in der Bundesrepublik Deutschland ist es eine Ehre, Gastgeber dieser bedeutenden internationalen Konferenz sein zu dürfen. Sie ist die dritte ihrer Art, seit Premierminister Nakasone 1983 auf dem Weltwirtschaftsgipfel in Williamsburg vorgeschlagen hat, eine hochrangige internationale Konferenz einzuberufen, um die Auswirkungen der Biowissenschaften auf das Leben und die Würde des Menschen zu diskutieren.

Wie Sie wissen, fand das erste Treffen im März 1984 in Hakone statt. Wissenschaftler aus Japan, den Vereinigten Staaten, Kanada, Frankreich, Italien, Großbritannien und der Bundesrepublik befaßten sich dort mit den allgemeinen Folgen der Biowissenschaften für die Menschheit. Auf das Treffen in Hakone folgte im April 1985 die Konferenz von Rambouillet. Wie mir scheint, besitzen diese Konferenzen durchaus Symbolwert für die Beziehung zwischen Politik und Wissenschaft. Die Staats- und Regierungschefs der Länder des Weltwirtschaftsgipfels demonstrieren auf diese Weise, welche Bedeutung sie den Wechselbeziehungen zwischen Wissenschaft und Gesellschaft beimessen. Offenkundig empfanden diese führenden Politiker wachsendes Unbehagen über die Spannung zwischen dem Entwicklungsstand und den Potenzen der Biowissenschaften einerseits und den allgemeinen ethischen Maßstäben andererseits. Diese Spannung zwischen wissenschaftlicher Leistungsfähigkeit und moralischer Verantwortung ist teilweise das Ergebnis einer langen innerwissenschaftlichen Entwicklung, in deren Verlauf die Philosophie ihre führende und beherrschende Rolle abgeben mußte und zu einer Disziplin unter anderen wurde. Die Geistes- und Sozialwissenschaften einerseits und die Naturwissenschaften andererseits sind vom gemeinsamen Pfad regelmäßiger Kommunikation und wechselseitiger Anregung abgekommen – wie es C. P. Snow bereits vor über zwanzig Jahren in seiner „Reith Lecture“ über die „zwei Kulturen“ beschrieben hat. Um ein weiteres Auseinanderdriften aufzuhalten und diese Kluft zu überbrücken, genügt es ganz sicher nicht, nostalgisch den Verlust der Harmonie und Einheit aller akademischen Disziplinen zu beklagen. Als Wissenschaftler müssen wir vielmehr die Gründe dieses Entwicklungsprozesses erkennen und bereit sein, diese Herausforderung anzunehmen und auf sie zu reagieren.

In unseren Gesellschaften erleben wir gegenwärtig eine tiefe Krise des Vertrauens in die Fähigkeiten und den Wert der Wissenschaften, was in einem scharfen Gegensatz zu dem Ausmaß zu stehen scheint, in dem das Leben auf der Erde tatsächlich vom wissenschaftlichen Fortschritt abhängt. Während diese öffentliche Akzeptanzkrise und Infragestellung wissenschaftlicher Leistungen ein relativ neues Phänomen darstellen, haben Wissenschaftler immer über ihre Verantwortung in dem komplizierten sozialen Prozeß der Wissenschaft und über die praktische Anwendung ihrer Forschungsergebnisse nachgedacht. In diesem Zusammenhang lohnt es daran zu erinnern, daß nach dem Desaster von Hiroshima zuerst und mit großem Nachdruck die Wissenschaftler selbst diese Problematik erörtert haben. Seither wuchs das öffentliche Bewußtsein für Probleme wie die Verantwortung der Wissenschaftler und die damit verbundenen ethischen Grenzen der Forschung mit jeder spektakulären Nachricht über angebliche – und manchmal auch reale – negative Folgen, die die Wissenschaft für das menschliche Leben hat. Während dieses kritische öffentliche Bewußtsein sich zunächst auf die militärischen Waffenarsenale oder die Umweltverschmutzung konzentrierte, hat es in jüngster Zeit auch die Biowissenschaften erfaßt. Besorgnis als allgemeine Grundhaltung hat eine Atmosphäre geschaffen, die bedauerlicherweise nicht allzu günstig für die Forschung ist und in der Politiker nicht immer der Versuchung widerstanden haben, die Freiheit der Wissenschaft einzuschränken – eine Radikalkur, die am Ende den Patienten töten könnte.

Vor diesem Hintergrund unterstützen wir sehr die Initiative der führenden Politiker der Gipfelstaaten, wissenschaftliche Konferenzen über diese bedeutsamen und weitreichenden Probleme abzuhalten. Die Staats- und Regierungschefs verleihen auf diese Weise nicht nur ihrer Sorge Ausdruck, sondern bekunden auch demonstrativ ihren Willen, es den Wissenschaftlern selbst zu überlassen, dieser Herausforderung gerecht zu werden. Diese weise politische Zurückhaltung, die wir Wissenschaftler auf nationaler Ebene bisweilen vermissen, hat zudem ihren Ausdruck in einem Prinzip gefunden, das bei allen vorhergehenden Konferenzen beachtet wurde: Bei den Teilnehmern, obwohl sie von ihren Regierungen benannt sind, wird vorausgesetzt, daß sie als unabhängige Individuen auftreten und ihre persönliche Sicht als Wissenschaftler äußern. Dies galt sowohl für die Konferenz von Hakone über „Die Biowissenschaften und die Menschheit" als auch für das Folgetreffen in Rambouillet, wo ethische Aspekte der Gentechnologie und der Reproduktionsmedizin erörtert wurden.

Auf Schloß Rambouillet ist auch die allgemeine Thematik unserer gegenwärtigen Konferenz erstmals diskutiert worden, nachdem Bundeskanzler Kohl zu einer Folgekonferenz in die Bundesrepublik eingeladen hatte. Auf Anregung der deutschen Delegation wurde empfohlen, die Arbeit dieser dritten Konferenz auf die ethischen und rechtlichen Implikationen der Neurowissenschaften zu konzentrieren.

Die Neurowissenschaften können auf eine rasche Entwicklung in den letzten Jahrzehnten zurückblicken. Sie haben die Schranken der klassischen Disziplinen durchbrochen und umfassen heute einen weiten Bereich von der Grundlagenforschung bis zur klinischen Anwendung. Da sie das Wissen, die experimentellen Methoden und die Konzepte so verschiedenartiger Wissenschaften wie Biochemie, Molekularbiologie, experimentelle Psychologie, Physik und Computerwissenschaften integriert haben, zeichnet die Neurowissenschaften eine außergewöhnliche

Dynamik aus. Trotz vieler ermutigender Forschungsergebnisse aus jüngster Zeit wissen wir jedoch über kein anderes Organ des menschlichen Körpers so wenig wie über das Gehirn. Diese Terra incognita bildet ein extrem kompliziertes System von Funktionen; es ist so kompliziert, daß sogar Zweifel daran laut wurden, ob das Gehirn überhaupt in der Lage sei, letztendlich seine eigenen internen Prozesse, Funktionen und Wechselbeziehungen zu verstehen. Obwohl neuropathische und psychische Krankheiten weit verbreitet sind und sogar noch zunehmen dürften – die Weltgesundheitsorganisation zählt allein 300 Millionen Menschen, die an Depressionen leiden –, wissen wir bestürzend wenig über ihre wirklichen Ursachen. Diese Situation erfordert große Anstrengungen von allen Wissenschaftlern, die auf diesem Gebiet arbeiten. Obwohl das allgemeine Bild also noch ziemlich düster ist, hellt es sich doch allmählich auf. Es gibt gute Gründe für die Annahme, daß unsere Kenntnisse über das Gehirn bald beträchtlich gewachsen sein werden und daß sie den Weg für praktische Anwendungen bahnen werden – ein Fortschritt, der unter wissenschaftlichen wie humanitären Gesichtspunkten unbedingt begrüßt werden muß, der aber auch besondere ethische Probleme mit sich bringt. Da viele Erkenntnisse der Neurowissenschaften nur durch die Untersuchung des lebenden Gehirns gewonnen werden können, stoßen diese Wissenschaften in einen Bereich vor, wo sie auf ethische und rechtliche Grenzen treffen könnten. Ethische Fragen werden aber auch unter vollkommen entgegengesetzten Perspektiven aufgeworfen. Gibt es nicht Bereiche, wo moralische und humanitäre Erwägungen geradezu dazu auffordern, mit besonderen Anstrengungen und besonderem Sachaufwand Forschung zu betreiben? Beide Aspekte sind gleichermaßen bedeutungsvoll und wären wert, hier diskutiert zu werden. Die Vorschläge, die diese Konferenz zur Behandlung dieser schwierigen Probleme entwickeln wird, können für den weiteren Verlauf der Forschung Bedeutung gewinnen und zugleich für bestimmte experimentelle Methoden und therapeutische Verfahren da, wo es nötig erscheint, auch Einschränkungen nachdrücklich empfehlen.

Als die Regierung der Bundesrepublik anbot, Gastgeberin dieser Konferenz zu sein, bat sie die Max-Planck-Gesellschaft zur Förderung der Wissenschaften, die Organisation dieser internationalen Tagung zu übernehmen. In diesem Zusammenhang möchte ich Professor Benno Hess herzlich danken, der als Vizepräsident unserer Gesellschaft die Vorbereitung übernommen hat. Im Herbst 1985 hat er eine Vorkonferenz einberufen, auf der das vorläufige Programm ausgearbeitet worden ist. Ich möchte den Mitgliedern dieser Arbeitsgruppe, die heute abend hier anwesend sind, für ihre Mitarbeit ebenfalls danken.

Da die Konferenz noch an diesem Abend ihre erste Arbeitssitzung abhalten wird, möchte ich nicht noch mehr von Ihrer Zeit in Anspruch nehmen. Lassen Sie mich schließen, indem ich Ihnen eine erfolgreiche Tagung und außerdem einen angenehmen Aufenthalt auf Jakobsberg wünsche. Ich danke Ihnen für Ihre Aufmerksamkeit.

Eröffnungsansprache von Bundeskanzler Dr. Helmut Kohl

Ich freue mich, Sie hier – auch im Namen der Bundesregierung – zu dieser Konferenz „Neurowissenschaften und Ethik“ begrüßen zu können.

Solche Zusammentreffen international renommierter Wissenschaftler aus den sieben wichtigsten Industrieländern der westlichen Welt werden allmählich zur Tradition. Diese Konferenzreihe geht auf eine Anregung von Ministerpräsident Nakasone beim Weltwirtschaftsgipfel 1983 zurück. Und so fand das erste Treffen auch 1984 in Japan statt.

Im letzten Jahr war Staatspräsident Mitterrand Gastgeber eines weiteren Kolloquiums in Frankreich. Er hat damals ganz zu Recht hervorgehoben, daß sich unsere Industrieländer eben nicht nur mit Wirtschafts- und Währungsfragen auseinandersetzen, sondern zugleich auch mit Grundfragen der menschlichen Persönlichkeit und moralischen Herausforderungen unserer Zeit.

Ich freue mich, daß wir diesen internationalen Gedankenaustausch mit der Veranstaltung hier in Deutschland heute fortsetzen können.

Thema dieser Gesprächsrunden ist jeweils die Frage nach den ethischen Dimensionen der Forschung in den Biowissenschaften. Diese Frage hat höchste Bedeutung, denn es geht dabei um den Maßstab der Forschung, um ihre Grenzen. Es geht um den Schutz der Würde des Menschen im Zeitalter rasanten wissenschaftlichen Fortschrittes.

Daß wissenschaftliche Erkenntnisse und technischer Wandel uns die Beherrschung der Natur erleichtern und viele Probleme lösen helfen sowie zugleich unser Leben grundlegend verändern, ist keine Entdeckung unserer Tage.

Und doch hat dieser Prozeß neue Brisanz gewonnen: Der sich immer mehr beschleunigende Fortschritt in fast allen Forschungsbereichen und seine tiefgreifenden Auswirkungen auf Natur und Gesellschaft haben die Fragen nach ethischen Leitlinien in der Wissenschaft neu und mit größerer Intensität gestellt.

In unserer Zeit eröffnet die Wissenschaft den Menschen im Umgang mit der Natur scheinbar grenzenlose Möglichkeiten. Wir wollen die Chancen nutzen, die sich daraus ergeben. Aber wir wissen auch um die große Verantwortung, die hier auf uns lastet.

Die Frage nach den Grenzen des Machbaren darf niemand leichtfertig übergehen. Neben der Freiheit der Forschung steht hier die ethische Verantwortung für die Anwendung.

Der Mensch als Geschöpf Gottes muß dabei das Maß aller Dinge bleiben. Machbarkeit darf nicht zu einer Droge werden, die ethischen Maßstäben die Kraft nimmt.

Andererseits gilt auch: Ethische Maßstäbe bei der Einführung neuer Technologien, bei der Umsetzung wissenschaftlicher Forschungsergebnisse, kann nur entwickeln und durchsetzen, wer an der Spitze des Fortschritts steht und so vorausschauend mitgestalten kann.

Wir müssen also sowohl nach Fortschritt in Wissenschaft und Technik streben als auch damit verantwortungsbewußt umgehen, mit wachem Sinn für die Gefahren wie für die Chancen.

In der Doppelnatur wissenschaftlicher Erkenntnis – zum einen durchaus als Segen für die Menschen, zum anderen aber auch als Gefahrenquelle dort, wo sie mißbraucht wird – liegt auch die besondere Herausforderung für den verantwortungsbewußten Wissenschaftler. Der Forscher soll schöpferisch sein, aber nie vergessen: Der Schöpfer ist er nicht.

Besonders für die modernen Biowissenschaften stellt sich die Frage, wie wir das Bild des Menschen als einmaliges und unverwechselbares Individuum erhalten und verteidigen können.

Das richtige Maß zu finden, den Erkenntnisdrang nicht einzuschränken, aus ihm jedoch – und seinem Ergebnis – Nutzen zum Wohle aller zu ziehen: Das ist gemeinsame Aufgabe für Wissenschaft und Politik – wenngleich in unterschiedlicher Weise.

Zur Verantwortung der Wissenschaft zählt es, Folge- und Anwendungsprobleme wissenschaftlicher Forschung einschließlich ethischer Fragen mitzubedenken – soweit möglich von Anfang an.

Wo es um die Klärung der praktischen Auswirkungen wissenschaftlicher Forschung geht, ist aber auch politische Initiative gefordert: Ich halte es für eine Aufgabe der Politik – und zwar gleichermaßen in Parlament und Regierung –, diesen Klärungsprozeß möglichst frühzeitig in Gang zu bringen.

Die Wissenschaft selbst wie auch die Durchsetzung technologischer Neuerungen brauchen in unserer offenen Gesellschaft außerdem das Verständnis der Bürger. Um diese Akzeptanz müssen sich Wissenschaft und Politik gemeinsam bemühen.

Über Folgen und Zukunft der wissenschaftlichen, der technischen und auch der medizinischen Entwicklung kann nicht ohne die Wissenschaftler selbst diskutiert werden. Ohne ihre Fachkenntnis, ohne die Hinweise aus ihrer mittelbaren Forschungsarbeit könnten einerseits mögliche Gefahren zu spät erkannt werden, andererseits aber auch vielversprechende Entwicklungen durch Katastrophengemälde blockiert werden.

Der Ursprung der Wissenschaft liegt im menschlichen Freiheits- und Erkenntnisstreben. Diese Quelle dürfen wir niemals verschütten. So muß sie freigehalten werden von Ideologien jeder Art, die den freien Fluß der Gedanken bedrohen.

Das Reifen wissenschaftlicher Erkenntnis ist unauflöslich verbunden mit offenem Meinungsaustausch, mit Diskussion und Dialog. Voraussetzung dafür ist die Freiheit der Wissenschaft. Sie muß auch über Ländergrenzen hinweg gelten. Sie geben heute ein vorbildliches Beispiel für solche Aufgeschlossenheit und Kommunikation.

Die Ergebnisse wissenschaftlicher Forschung sollten prinzipiell allen Menschen zugute kommen können. Das gilt insbesondere auch für das breite Feld der Neurowissenschaften.

Zu den komplexen Fragen, um die es hier geht, sind moderne Forschungszweige entstanden. Im vielfältigen Rückgriff auf Methoden und Erkenntnisse aus ganz unterschiedlichen klassischen Disziplinen entfalten sie eine eindrucksvolle Dynamik.

Die Neurowissenschaften zeichnen sich jedoch nicht nur durch ihre interdisziplinäre Orientierung aus. Sie standen auch von Anfang an gravierenden ethischen Fragen gegenüber – Fragen, die sich nicht allein auf die Anwendung der immer weiter vorstoßenden Forschungserkenntnisse beziehen, etwa bei der Feststellung des Todes. Schwerwiegende Fragen stellen sich vielmehr bereits in der Forschungsphase selbst:

Wenn wir Gehirnfunktionen am lebenden Menschen studieren – wie weit dürfen wir dabei gehen? Ich nehme an, auch in Ihrem Kreis wird bereits so mancher die persönliche Erfahrung gemacht haben, daß er vor der wissenschaftlichen Forschung erst einmal sein Gewissen erforschen muß. Hier trifft sich die Verantwortung des Mediziners als Wissenschaftler mit der Verantwortung des Arztes gegenüber dem Patienten.

Ich darf die Bitte an Sie richten: Seien Sie gerade in diesem Punkt in Ihren Gesprächen möglichst offen zueinander. Nur bei einem unbefangenen Austausch über Ihre eigenen Einstellungen, Reaktionen, auch Gewissensbisse kann es gelingen, die Grundlagen für eine Verständigung über einen gemeinsamen Standard zu schaffen.

Bei all dem ist mir durchaus bewußt, daß Sie es nicht nur mit Gefahren und Risiken in ethischen Grenzbereichen zu tun haben. Das Problem wird nicht selten dadurch verschärft, daß wir vielfach gerade aus ethischen Gründen regelrecht verpflichtet sind, die Erforschung von Krankheiten des Nervensystems zu forcieren. Zu viele Menschen sind davon befallen, zu viel Leid ist dadurch bedingt, als daß wir bei der Entwicklung wirksamer Therapien nachlassen dürften.

Ich nenne nur ein Beispiel: Wir brauchen dringend genauere Kenntnisse von Lern- und Gedächtnisvorgängen, um so auch neue Aufschlüsse über Erkrankungen des Gehirns zu gewinnen. Solche Kenntnisse dürfen andererseits niemals dazu mißbraucht werden, Menschen zu manipulieren.

Dem Spannungsfeld ethischer Kriterien können Sie sich nicht entziehen bei ihrem Bemühen, ein umfassendes Verständnis des Bewußtseins und der Gedächtnisleistungen des Menschen zu gewinnen. Dabei wissen Sie zugleich um den a-priori-Zweifel: Wird das Gehirn überhaupt jemals imstande sein, sich selbst vollständig zu begreifen?

Sie arbeiten also auf einem ungewöhnlich schwierigen Feld. Sie sind bestrebt, die Geheimnisse jenes menschlichen Organs zu ergründen, das komplizierter ist – und, intensiven Forschungen zum Trotz, weit weniger bekannt – als alle anderen. Und neben all diesen Fragen nach dem Möglichen sind Sie stets bedrängt von den Fragen danach, was erlaubt ist.

Ich haben hohen Respekt dafür, wie Sie diese wissenschaftlichen Herausforderungen bestehen und wie Sie sich zugleich den ethischen Fragen mutig stellen.

Ich erhoffe mir von Ihrer Tagung neben Aufschlüssen zu den angesprochenen ethischen Feststellungen auch Hinweise zu den Entwicklungslinien Ihrer Disziplin. Wer in politischer Verantwortung steht, ist besonders angewiesen auf sachverständige Ratschläge, wo bei der Gesundheitsfürsorge und der medizinischen Forschung, wo – auch in staatlicher Verantwortung – mehr für Kranke oder leidende Menschen getan werden kann.

Ich wünsche der Tagung einen erfolgreichen Verlauf und den Gästen aus dem Ausland einen angenehmen und anregenden Aufenthalt in unserem Land.

Grundlagenforschung in den Neurowissenschaften

Sitzung I

François Gros

Einleitung

Da ich der erste Vorsitzende bin, möchte ich zunächst Benno Hess und seinen Mitarbeitern im Namen aller Teilnehmer zur Wahl dieses sehr schönen Tagungsortes gratulieren und für die ausgezeichnete Organisation und die Herzlichkeit des Empfangs danken.

Diese Veranstaltung beginnt mit dem Teil, der der Grundlagenforschung in den Neurowissenschaften gewidmet ist, und an seinem Anfang steht der Vortrag von Dr. Numa. Seine Arbeit illustriert in einem gewissen Sinn das, was man als den am stärksten molekular orientierten Teil dieser Tagung betrachten kann, denn Dr. Numa befaßt sich mit den strukturellen Eigenschaften von Rezeptoren und Ionenkanälen, wie sie sich aus der DNS-Rekombinationstechnik herleiten, ein Forschungsergebnis, das, wie Sie wissen, eine bemerkenswerte Leistung darstellt.

Lassen Sie mich zuerst eine Bemerkung über die technischen Forschungsstrategien in den modernen Neurowissenschaften machen. Nicht nur die Neurowissenschaften im allgemeinen, sondern die Grundlagenforschung in der Neurobiologie im besonderen entwickeln derzeit transdisziplinäre Aktivitäten. In ihnen werden viele verschiedene methodische Ansätze miteinander verbunden, die aus den Biowissenschaften, der Physik, den Computerwissenschaften usw. entlehnt sind. Aber innerhalb dieser Fülle methodischer Ansätze in den Biowissenschaften entfaltet die DNS-Rekombinationstechnik sicherlich eine wachsende und immer umfassendere Wirkung. Sie hat sich beispielsweise als Ergänzung zur Proteinchemie bewährt und hat sich bei der Aufklärung der molekularen Struktur von Neuropeptiden sowie bei anderen Fragen als sehr nützlich erwiesen. In einigen Fällen hat die Kenntnis der DNS-Sequenz bestimmte klonierter Gene, die selektiv im Gehirn exprimiert sind, zur Vorhersage, Charakterisierung und Lokalisierung neuartiger Neurotransmitter geführt (man vergleiche zum Beispiel die Arbeiten von W. Hahn, G. Sutcliffe, S. Benzer und ihren Mitarbeitern). Die Bedeutung von Detektoren aus rekombinierter DNS bei der pränatalen Diagnose neuraler und geistiger Störungen ist hinreichend bekannt und muß daher hier nicht weiter erwähnt werden; zudem werden wir von Dr. Dinsdale mehr darüber hören.

Zweitens würde ich gerne eine Frage stellen, die sich auf der Linie dieser neuen Begegnung zwischen Gentechnik und Neurobiologie befindet. Ich bin besonders daran interessiert, etwas über den voraussichtlichen Nutzen des *globalen* Klonierens der Boten-RNS des Gehirns zu erfahren. Inwieweit könnte es sich herausstellen, daß hirnspezifische cDNS-Banken von Wert sind, um das Problem der Hirn*diversität* anzugehen und um beispielsweise subanatomische Funktionen des Gehirns zu erforschen? Wie Sie wissen, gibt es besonders in den Vereinigten Staaten mehrere Arbeitsgruppen, die diesen Ansatz weiterverfolgen. Dies könnte zu einigen interessanten Informationen über bestimmte funktionelle Kategorien führen, das heißt, man würde die Expression bestimmter Gene in Beziehung zu Hirnfunktionen setzen können. Was können wir zum Beispiel in Zukunft von der Klonierung sehr seltener hirnspezifischer Proteine erwarten? Wäre das nicht von großem Interesse, wenn man berücksichtigt, wie wenig wir über die Moleküle wissen, die am neuralen *Erkennen* beteiligt sind sowie am Aufbau reversibler neuraler Netze, die mit einer strengen Spezifität, aber auch mit einer großen Plastizität ausgestattet sind? Ich bin mir sicher, daß wir gleich von Ihnen, Dr. Numa, hören werden, wie Sie über diese allgemeinen Trends und Aussichten der Molekularbiologie und der Gentechnik in den Neurowissenschaften denken. Um noch genauer auf die Themen einzugehen, die Sie gleich diskutieren werden, möchte ich Sie fragen: Können wir unter der Perspektive, neuartige pharmakologische Wirkstoffe zu schaffen, neue Entwicklungen aus der künstlichen Herstellung von Rezeptorproteinen erwarten?

Um meine einführenden Kommentare abzuschließen, möchte ich noch bemerken, daß es sich auf einer Tagung wie dieser kaum vermeiden läßt, die allgemeine Relevanz der molekularen Ansätze zu diskutieren, wenn wir die verwickelten und komplizierten Situationen betrachten, wie sie uns durch die neuronalen Funktionen und Verhaltensweisen bereitet werden. Es ist auffallend, daß während der letzten zehn Jahre Biochemiker, Immunologen, Genetiker und physikalische Chemiker zu der Ansicht gekommen sind, ihre Forschungsergebnisse würden auf längere Sicht Erklärungen für Fragen von wachsender Komplexität liefern können, wie etwa Erklärungen der molekularen Basis der elektrischen Erregbarkeit der Zelle, der ontogenetischen Entwicklung von Neuronen und neuronaler Netze, der molekularen Basis der Hirndiversität, gar nicht davon zu reden, daß es zur Entwicklung geeigneter Modelle für Neuropharmakologen oder Neuropathologen kommen wird. In diesem Rahmen wurden sehr deutliche, zuweilen beeindruckende Fortschritte gemacht; sogar der Begriff „molekulare Neurobiologie" wurde bereits geprägt. Aber noch sind viele der unausgesprochenen (oder ausgesprochenen) Meinung, daß diese molekularen – ich sollte sogar sagen: reduktionistischen – Ansätze, so wirkungsvoll und intelligent sie auch sein mögen, bald an ihre Grenzen kommen werden und niemals mehr als einige Charakteristika neuraler Schaltungen (ich möchte sie die „Hardware" nennen) enthüllen werden. Nach Meinung dieser Kritiker werden molekulare Untersuchungen auf der zellulären Ebene uns kein Wissen über die neuronale „Software" verschaffen. Damit meine ich die Kodes für das Gedächtnis, die Sprache, komplexes Verhalten, den Zustand des Bewußtseins sowie die Natur des „Geistes" und der „Seele". Wird beispielsweise das Gehirn jemals in der Lage sein, sich selbst zu verstehen, eine Frage, die schon häufiger gestellt wurde? Andere Autoren entwickeln vollständig andere Vorstellungen. Allerdings glaube ich nicht, daß sie sich dabei notwendig eine dogmatische Einstellung zu eigen machen. Ich bin versucht, beispielsweise Jean-Pierre Changeux mit seinem Buch „Der neuronale Mensch" (Reinbek 1984) zu zitieren. Er formuliert den Kern dieses Problems sehr präzise, wenn er von „geistigen Objekten" spricht, wenn er als Ziel seiner Arbeit die Zerstörung der Grenzen zwischen dem „Geistigen" und dem „Neuronalen" angibt oder wenn er schreibt: „Fortan hat der Mensch nichts mehr mit dem ‚Geist' zu schaffen – es wird ihm genügen, ein neuronaler

Mensch zu sein“ (S. 216 der deutschsprachigen Ausgabe). Ich nehme an, daß Dr. Numas Vortrag die Gelegenheit zu einem Meinungsaustausch über diese sehr grundlegenden Fragen der persönlichen Einstellung geben wird, und zwar sowohl hinsichtlich der Forschungsdynamik als auch hinsichtlich ethischer Fragen wie sie beim Übergang vom Neuronalen zum Geistigen auftreten.

Shosaku Numa

Die Molekularbiologie der neuronalen Informationsübertragung – Struktur und Funktion von Ionenkanälen

Der Molekularbiologie steht mit der DNS-Rekombinationstechnik eine neue Methode zur Verfügung, mit der man die molekularen Mechanismen bei der neuronalen Signalübertragung verstehen kann. Durch sie werden derzeit Struktur und Funktion der Proteine aufgeklärt, aus denen sich die neuralen Elemente konstituieren. Unter diesen Proteinen sind der nikotinische Acetylcholinrezeptor und der Natriumkanal, wobei ersterer den Typ des durch Liganden regulierten Ionenkanals repräsentiert und der zweite den Typ des spannungsabhängig regulierten Ionenkanals. Diese Ionenkanäle steuern die neuronale Signalübertragung durch Modulation der Durchlässigkeit elektrisch erregbarer Membranen für bestimmte Ionen. Die Primärstrukturen des Acetylcholinrezeptors und des Natriumkanals wurden in einem mehrstufigen Prozeß erschlossen. Zunächst wurde die cDNS kloniert, die der mRNS der Polypeptide komplementär ist, die den Kanal bilden. Anschließend wurde eine Analyse der Nukleotidsequenz dieser cDNS vorgenommen. Danach wurde die cDNS, die die Untereinheiten des Acetylcholinrezeptors verschlüsselt, zur Expression gebracht, um den funktionellen Rezeptor zu erzeugen. In Verbindung mit Veränderungen der Rezeptorstruktur durch Eingriffe auf der Ebene der cDNS hat es dieses Expressionssystem möglich gemacht, die Beziehung zwischen Struktur und Funktion bei dem Rezeptor zu erforschen. Diese Untersuchungen über Struktur und Funktion sowie die Evolution des Ionenkanals werden im folgenden diskutiert.

Der nikotinische Acetylcholinrezeptor ist ein Komplex aus mehreren durch die Membran hindurchreichenden Proteinen, der sowohl die Bindungsstelle für Acetylcholin als auch den kationischen Kanal umfaßt. Beweismaterial, das mit biochemischen Methoden gewonnen wurde, läßt darauf schließen, daß der Acetylcholinrezeptor aus dem elektrischen Organ von Fischen aus vier verschiedenen Untereinheiten besteht, die in einer molaren Stöchiometrie von $\alpha_2\beta\gamma\delta$ zusammengesetzt sind. Die Primärstruktur aller vier Untereinheiten des elektrischen Organs von Fischen sowie die des Acetylcholinrezeptors im Muskel von Säugern wurde durch DNS-Rekombinationstechniken erschlossen. Außerdem wurde eine neue Untereinheit des Muskelrezeptors von Säugern entdeckt (ε-Untereinheit genannt), indem die ihn verschlüsselnde cDNS kloniert wurde. Ihre Primärstruktur wurde durch Sequenzierung der cDNS aufgeklärt. Die Untereinheiten des Acetylcholinrezeptors, die (ohne die Signalpeptide) aus 437 bis 501 Aminosäuren bestehen, zeigen eine markante Homologie der Aminosäuresequenzen und teilen gemeinsame strukturelle Merkmale. Die hydropathischen Profile und die vorhergesagten Sekundärstrukturen aller

Polypeptide der Untereinheiten ähneln einander. Das legt die Annahme nahe, daß alle Untereinheiten des Acetylcholinrezeptors dieselbe Transmembran-Topologie haben, indem sie sich in einer pseudosymmetrischen Weise quer zur Membran orientieren und dadurch einen Ionenkanal bilden. Es wurde ein Expressionssystem entwickelt, in dem die Synthese funktioneller Acetylcholinrezeptoren durch die klonierte cDNS, die die konstituierende Polypeptide verschlüsselt, gelenkt wurde. Dieses System setzt sich aus zwei Schritten zusammen: Einmal aus der Transkription der cDNS *in vitro* (oder *in vivo*) und zweitens aus der Translation der daraus entstandenen mRNS in Oozyten von *Xenopus*. Die erfolgreiche Expression der cDNS hat in Verbindung mit der gezielten Mutagenese der cDNS einen Lösungsansatz für die Frage geliefert, welche Rollen die einzelnen Untereinheiten, Domänen oder Aminosäuren bei der Arbeitsweise des Acetylcholinrezeptors spielen.

Untersuchungen über die Expression der cDNS zeigen, daß alle vier Untereinheiten des Acetylcholinrezeptors von *Torpedo* notwendig sind, um eine normale Reaktion auf Acetylcholin hervorzurufen. Sie zeigen allerdings auch, daß entweder die δ- oder die γ-Untereinheit in einem gewissen Umfang überflüssig ist, was einschließt, daß diese beiden Untereinheiten (sie zeigen die engste Sequenzhomologie bei den Aminosäuren) einander im funktionellen Rezeptor bis zu einem gewissen Grade ersetzen können. Überdies kann die jüngst beim Rind entdeckte ε-Untereinheit – ebenso wie die γ-Untereinheit des Rindes – die γ-Untereinheit von *Torpedo* ersetzen und vermag so funktionelle Acetylcholinrezeptoren in Verbindung mit den α-, β- und δ-Untereinheiten von *Torpedo* zu bilden. Messungen der Ströme in einzelnen Kanälen der Acetylcholinrezeptoren von *Torpedo* und vom Rind sowie Hybride aus den Untereinheiten der beiden Spezies deuten darauf hin, daß diese Rezeptoren Kanäle bilden, die zwar eine ähnliche Leitfähigkeit, aber ein unterschiedliches Öffnungs- und Schließverhalten besitzen. Von besonderem Interesse ist die Entdeckung, daß der Einbau der δ-Untereinheit in den Rezeptor von *Torpedo* das Öffnungs- und Schließverhalten des Kanals drastisch verändert und es dem des Rezeptorkanals beim Rind ähnlich macht.

Die carboxyterminale Hälfte jedes Moleküls aller Untereinheiten des Acetylcholinrezeptors enthält fünf mutmaßliche Segmente (M1 bis M4), die in der Membran stecken, sowie ein amphipathisches Segment (MA). Expressionsuntersuchungen, die mit Hilfe gezielter Mutagenese der α-Untereinheit durchgeführt wurden, führen zu der Annahme, daß diese fünf mutmaßlich α-helikalen Segmente direkt oder indirekt an der Bildung des Ionenkanals beteiligt sind. Die Region zwischen den Segmenten M3 und M4 wird der zytoplasmatischen Seite des Membran zugeordnet, während die aminoterminale Hälfte jedes Moleküls der Untereinheiten, das einen oder mehrere potentielle *N*-Glykosylierungsorte enthält, der extrazellulären Seite der Membran zugeordnet wird.

Es gibt Beweise dafür, daß die α-Untereinheit die Bindungsstelle für Acetylcholin trägt und daß eine Disulfidbrücke in größter Nähe zu dieser Stelle vorhanden ist. Die extrazelluläre Region des Segments M1, es ist der Vorläufer des Moleküls der α-Untereinheit, enthält vier Cystein-Reste (die Reste 128, 142, 192 und 193). Die Cystein-Reste 192 und 193 gibt es nur bei der α-Untereinheit und sie haben sich bei allen bisher bei Fischen und Säugern untersuchten α-Untereinheiten des Acetylcholinrezeptors erhalten, während die Cystein-Reste 128 und 142 sich in sämtlichen Untereinheiten finden. Die Mutation aller vier Cystein-Reste zeigt, daß sie alle für die Funktion des Rezeptors erforderlich sind. Außerdem lassen die funktionellen Eigenschaften der Rezeptormutanten vermuten, daß die der α-Untereinheit benachbarten Cystein-Reste 192 und 193 (sie bilden vermutlich eine Disulfidbrücke in der Nähe der Bindungsstelle für Acetylcholin) eine besondere Rolle bei der Bindung von Agonisten und möglicherweise auch bei der Signalübermittlung spielen, während die Cystein-Reste 128 und 142 aller Untereinheiten (sie bilden vermutlich in jeder von ihnen eine Disulfidbrücke) wesentlich sind, um die richtige Konformation der extrazellulären Region des Rezeptormoleküls aufrechtzuerhalten.

Der Grad, in dem die β-, γ- und δ-Untereinheiten des Acetylcholinrezeptors homolog in bezug auf die Aminosäuresequenz sind, ist bei Säugern und Fischen vergleichbar (55 bis 60 Prozent), während er bei den α-Untereinheiten weit höher liegt (80 bis 81 Prozent). Unter Verwendung der Unterschiede zwischen den Aminosäuren hat man ein Dendrogramm konstruiert, das den Verwandtschaftsgrad der Sequenzen der Untereinheiten des Acetylcholinrezeptors untereinander zeigt. Die γ- und die ε-Untereinheit haben sich wahrscheinlich bei der spätesten Aufzweigung voneinander abgespalten, was etwa um die Zeit der Trennung von Fischen und Säugern eingetreten sein könnte. Der Zeitpunkt der Abspaltung zwischen der γ- und der δ-Untereinheit wurde mit siebenhundert Millionen Jahren errechnet. Wahrscheinlich entstand daher die heutige $\alpha_2\beta\gamma\delta$-Struktur der Untereinheiten vor etwa siebenhundert Millionen Jahren. Ähnlich fand die Trennung zwischen der β- und γ/δ-Untereinheit vor schätzungsweise achthundertneunzig Millionen Jahren statt.

Die proteinkodierenden Sequenzen der menschlichen Gene, die die α- und die γ-Untereinheit des Acetylcholinrezeptors kodieren, sind in neun beziehungsweise zwölf Exons aufgeteilt. Beide Gene zeigen eine im allgemeinen ähnliche Anordnung von Exons und Introns. Die Proteinregion, die von unterschiedlichen Exons verschlüsselt werden, scheinen verschiedenen strukturellen und funktionellen Domänen der Moleküle der Untereinheiten zu entsprechen. Die Gene für die γ- und die δ-Untereinheit des Acetylcholinrezeptors beim Huhn zeigen im wesentlichen dieselbe Anordnung von Exon und Intron wie das Gen für die menschliche γ-Untereinheit. Zudem sind die Gene für die δ- und die γ-Untereinheit beim Menschen wie beim Huhn in derselben Ausrichtung nebeneinandergestellt. Diese Beobachtungen führen zu der Vermutung, daß das ursprüngliche Gen, von dem sich alle Gene für die Untereinheiten abgespalten haben, eine ähnliche Anordnung von Exon und Intron aufwies wie die heutigen Gene. Die deutliche Entsprechung zwischen Exons und Proteindomänen stützt die Ansicht, daß das ursprüngliche Gen durch Umstellung von Exons evoluierte.

Der Natriumkanal ist ein Transmembran-Protein, das die Permeabilität der Membran für Natriumionen spannungsabhängig verändert. Die Primärstrukturen des Natriumkanals im elektrischen Organ des Aales *Electrophorus electricus* und zweier verschiedener riesiger Polypeptide des Natriumkanals im Rattengehirn (sie werden als Natriumkanäle I und II bezeichnet) wurden durch Klonierung und Sequenzierung der cDNS aufgeklärt. Der Natriumkanal von *Electrophorus* und die Natriumkanäle I und II der Ratte bestehen aus 1820, 2009 (oder 1998) beziehungsweise 2005 Aminosäureresten (einschließlich des initiierenden Methionins). Außerdem wurde die Teilsequenz einer Aminosäure eines dritten Proteins im Rattenhirn – sie ist den riesigen Polypeptiden im Natriumkanal homolog – aus der cDNS-Sequenz erschlossen. Der Grad der Homologie der Aminosäuresequenzen beträgt für das Paar Ratte I/Ratte II 87 Prozent, für das Paar Ratte I/*Electrophorus* 62 Prozent und für das Paar Ratte II/*Electrophorus* ebenfalls 62 Prozent.

Ein Vergleich der Homologie-Matrix der Aminosäuresequenzen enthüllte das Vorkommen von vier internen Repetitionen mit homologen Sequenzen, genannt Repetitionen I, II, III und IV. Diese Beobachtung läßt es als sehr sicher erscheinen, daß die vier repetitiven, homologen Einheiten durch interne Verdoppelungen aus einem einzigen gemeinsamen Vorfahren entstanden. Jede interne Repetition besitzt fünf hydrophobe Segmente (S1, S2, S3, S5 und S6) sowie ein positiv geladenes Segment (S4), die alle eine prognostizierte Sekundärstruktur zeigen. Die Segmente S1, S2 und S3 enthalten generell einige geladene Reste. S3 trägt einige negative Ladungen und S2 einige negative und positive Ladungen, während S1 in bezug auf die Ladung nicht einheitlich ist. Segment 4 enthält vier bis acht Arginin- oder Lysinreste; jede dritte Aminosäure in der Sequenz wird von einer basischen Aminosäure eingenommen und die Positionen zwischen ihnen sind meistens von unpolaren Aminosäuren besetzt. Die Segmente S5 und S6 sind sehr stark hydrophobe Regionen ohne irgendwelche geladenen Reste (mit Ausnahme von S6 in der Repetition II von Natriumkanal I). Die Annahme scheint vernünftig, daß die vier repetitiven und homologen Einheiten des Natriumkanals in einer pseudosymmetrischen Weise die Membran durchqueren und so einen Ionenkanal bilden. Das führt zu dem Postulat, daß es in jeder Repetition eine gleiche Zahl von Transmembransegmenten geben muß, denn außerhalb der Repetitionen werden keine zusätzlichen hydrophoben Segmente vorhergesagt. Die Segmente S1 bis S6 in jeder Repetition durchqueren die Membran wahrscheinlich unter Bildung α-helikaler Strukturen. Die Transmembran-Topologie des Natriumkanalmoleküls wurde vorgeschlagen.

Das spannungsabhängige Öffnen und Schließen des Natriumkanals impliziert das Vorhandensein eines Spannungssensors, von dem man annimmt, er bestehe aus einer Ansammlung von Ladungen oder von äquivalenten Dipolen, die sich unter dem Einfluß des elektrischen Feldes der Membran bewegen; tatsächlich kann diese Bewegung beim Öffnen und Schließen als Strom gemessen werden. Die Entdekkung, daß ein Äquivalent von vier bis sechs Ladungen sich durch die gesamte Membran bewegen muß, um einen Natriumkanal zu öffnen, führt zu der Annahme, daß viele Dipole, die sich über kürzere Strecken fortbewegen, innerhalb der Membran liegen. Die einzigartige Struktur von Segment S4 in allen Repetitionen ist bei den Natriumkanälen von *Electrophorus* und der Ratte überraschend genau konserviert. Sehr wahrscheinlich repräsentieren die positiven Ladungen, die in diesem Segment vorhanden sind und von denen viele vermutlich als Dipole vorliegen, den Spannungssensor. Sie würden sich demnach in Reaktion auf die Depolarisierung nach außen bewegen. Dabei verursachen sie Konformationsänderungen und die mögliche Neuordnung von Ionenpaaren. Die Anwesenheit von vier homologen Repetitionen in einem einzigen Molekül des Natriumkanals ist vereinbar mit der sigmoiden Aktivierungskinetik, die für diesen Kanal charakteristisch ist.

Bekannt ist, daß mehrere Typen von Tetrodotoxin-Bindungsstellen oder von Natriumströmen in vielen erregbaren Membranen vorliegen; aber es wurde noch nicht festgestellt, ob diese unterscheidbaren Typen von Natriumkanälen ihre Existenz verschiedenen Zuständen desselben Kanalproteins oder verschiedenen Kanalproteinen verdanken. Die strukturell unterscheidbaren Natriumkanäle, die man findet, könnten den verschiedenen Typen von Natriumkanälen zugrundeliegen, die in erregbaren Geweben entdeckt wurden.

Von Interesse ist, die molekularen Strukturen des Acetylcholinrezeptors und des Natriumkanals miteinander zu vergleichen, da beide einen Transmembran-Ionenkanal haben. Der Acetylcholinrezeptor ist ein pentamerer Proteinkomplex, der aus homologen Untereinheiten besteht, während der Natriumkanal ein einziges großes Polypeptid ist mit einer Molekulargröße, die der des gesamten Acetylcholinrezeptor-Komplexes vergleichbar ist. Es enthält vier homologe interne Repetitionen. Die strukturellen Repetitionen des Natriumkanals könnten funktionell insoweit den Untereinheiten des Acetylcholinrezeptors entsprechen, als beide eine ungefähr gleiche Zahl von Transmembran-Segmenten tragen und als beide vermutlich in einer pseudosymmetrischen Weise durch die Membran hindurchreichen und so einen Ionenkanal bilden. Daher könnte es sein, daß sich beide Kanalproteine in ihrer zugrundeliegenden strukturellen Organisation ähneln, auch wenn das Öffnen und Schließen bei ihnen in unterschiedlicher Weise bewirkt wird. Zusätzlich teilen der Acetylcholinrezeptor und der Natriumkanal gemeinsame evolutionäre Merkmale. Die Untereinheiten des Acetylcholinrezeptors werden durch verschiedene Gene verschlüsselt, die durch Genverdoppelung aus einem einzigen gemeinsamen Vorfahren entstanden sind, und die vier repetitiven Einheiten des Natriumkanals werden durch ein einziges Gen verschlüsselt, das wahrscheinlich durch interne Verdoppelungen aus einem Ur-Gen evoluierte.

Zusammenfassend: Derzeit werden die Struktur und die Funktion elementarer Bestandteile des Nervensystems – etwa der Ionenkanäle und der Rezeptoren von Neurotransmittern – auf einer molekularen Ebene aufgeklärt. Allerdings stellt dies erst den ersten Schritt bei der Anwendung der DNS-Rekombinationstechnik auf die Neurowissenschaften dar. Die Zeit wird kommen, in der jene molekularen Mechanismen untersucht werden können, die für spezifische Verbindungen zwischen Neuronen und für die Integration verschiedener neuronaler Einheiten zu Hirnfunktionen verantwortlich sind. Natürlich wird der molekularbiologische Ansatz auch bei der Erforschung der Pathogenese neuraler und geistiger Störungen von Nutzen sein, von denen viele möglicherweise durch Abnormalitäten neuraler Elemente und neuronaler Verknüpfungen hervorgerufen werden. Diese Themen werden in dieser und den späteren Sitzungen der Konferenz diskutiert werden. (Das Thema der vorliegenden Arbeit wurde kürzlich mit größerer Ausführlichkeit dargestellt, vergleiche S. Numa, in: Biochem. Soc. Symp. *52*, 1986, Molecular Neurobiology.

Diskussion

Gros:

Vielen Dank, Dr. Numa, für Ihren sehr informativen Vortrag und für die vorzüglichen Forschungsergebnisse, die sie uns dargelegt haben, nicht nur über die Struktur der „Informationen übertragenden Proteine“, sondern auch über die phylogenetische Verwandtschaft der relevanten Gene und ihrer Produkte. Es wäre wohl vernünftig, sich zunächst auf die technischen und wissenschaftlichen Aspekte zu konzentrieren, bevor wir uns den allgemeinen ethischen Fragen zuwenden. Ich würde gerne selbst eine Frage stellen: Da derart verfeinerte und spezifische DNS-Marker zur Verfügung stehen, die in der Lage sind, Rezeptor- oder Ionenkanal-Boten-RNS zu „finden“, haben Sie wahrscheinlich versucht, das folgende berühmte Problem anzugehen: Was geschieht, während ein Muskel denerviert und wieder innerviert wird, ein Prozeß, bei dem man eine Neuverteilung der Rezeptormoleküle an der Oberfläche der Muskelfasern beobachtet (da in dem einen Fall die cholinergen Rezeptoren weit verstreut sind, während sie im anderen Fall am Ort der motorischen Endplatte konzentriert sind)? Aus der Literatur wurde niemals klar, ob der Vorgang der Neuverteilung durch einen Stabilisierungsmechanismus auf der Ebene der Proteine gesteuert wird, ob er die Ebene der RNS-Übersetzung einschließt oder ob irgendeine neue instruierende Genaktivität stattfindet.

Numa:

Es ist bekannt, daß während der Entwicklung im Skelettmuskel wenigstens zwei Formen der Acetylcholinrezeptors auftreten. Vor der Innervation dominiert der fötale oder außerhalb der motorischen Endplatte sich befindende Rezeptortyp, der sich über die gesamte Oberflächenmembran des Muskels verteilt. Er hat eine geringe Leitfähigkeit und eine lange Öffnungszeit. Nach der Innervation ändert sich die Lokalisierung des Rezeptors; er sammelt sich an der neuromuskulären Endplatte. Zusätzlich ändern sich seine elektrophysiologischen Eigenschaften; der adulte oder in der motorischen Endplatte konzentrierte Rezeptortyp hat eine größere Leitfähigkeit und eine kürzere Öffnungszeit. Wir haben nun Gewißheit darüber, daß dieser Unterschied zwischen dem fötalen und dem adulten Typ des muskulären Acetylcholinrezeptors auf einem Wechsel zwischen der γ- und der ε-Untereinheit des Rezeptors beruht. Wie ich bereits sagte, entdeckten wir eine neue Untereinheit (genannt ε-Untereinheit), indem wir ihre cDNS klonierten. Es gab überhaupt keine Daten darüber, daß die ε-Untereinheit ein Protein sein könnte, aber wir fanden ihre cDNS, die eine Proteinstruktur verschlüsselt, ähnlich der Proteinstruktur der anderen Untereinheiten des Acetylcholinrezeptors. Gegenwärtig können wir verschiedene Kombinationen der fünf (α-, β-, γ-, δ- und ε-) für die Untereinheiten spezifischen Formen der Boten-RNS in Oozyten von Fröschen injizieren. Dann können wir die Eigenschaften einzelner Rezeptorkanäle messen, die sich auf der Oberfläche der injizierten Oozyten gebildet haben (diese Experimente wurden in Zusammenarbeit mit Bert Sakmann durchgeführt). Die Ergebnisse weisen deutlich darauf hin, daß der fötale Rezeptortyp sich aus den α-, β-, γ- und δ-Untereinheiten zusammensetzt, während der adulte Typ aus den α-, β-, ε- und δ-Untereinheiten besteht. Im Verlauf der Muskelentwicklung läßt sich in der Genexpression ein Wechsel von der γ- zur ε-Untereinheit beobachten. Eine Abschätzung durch Northern Blot-Analyse darüber, welche Mengen von den fünf Formen der Boten-RNS im Muskel enthalten sind, zeigt, daß die Menge der Boten-RNS in der γ- und der ε-Untereinheit während der Muskelentwicklung einem reziproken Austausch unterliegt.

BRENNER:

Wie ich meine, lohnt es sich darauf hinzuweisen, daß diese Rezeptoren und besonders der Acetylcholinrezeptor Ziele für das zweite molekulare Gedächtnissystem sein können, das wir in uns tragen, Ziele für das immunologische Gedächtnis. Untersuchungen über den molekularen Aufbau dieser Rezeptoren enthüllten, daß manche Menschen ihre Rezeptoren mit ihren eigenen Antikörpern erkennen; besonders die Krankheit *Myasthenia gravis* entsteht durch eine solche Autoimmunität. Langsam lernen wir eine große Zahl dieser Autoimmunkrankheiten kennen und der Verdacht wächst, daß einige Krankheiten des Zentralnervensystems, insbesondere die degenerativen, auf diese Weise entstehen.

GROS:

Kann jemand von Ihnen den Wissensstand über die Versuche referieren, diese zirkulierenden Antikörper durch Agonisten oder Antikörper abzuwehren, die diese Rezeptoren selbst nachahmen?

BRENNER:

Es gibt experimentelle Ansätze, Antikörper gegen diese Antikörper herzustellen (das heißt, antiidiotypische Antikörper) und sie dazu zu benutzen, um die Zellen zu vernichten, die sie machen.

ROY:

Dr. Numa, Sie erwähnten den Acetylcholinrezeptorkanal und den Natriumkanal. Gibt es noch viele weitere solche Kanäle? Ist die Struktur des Acetylcholinrezeptorkanals möglicherweise ein Indikator für die Struktur anderer Kanäle? Oder ist es eher so, daß die bei der Untersuchung des Acetylcholinrezeptors eingesetzten Techniken wahrscheinlich auch hilfreich für die Untersuchung anderer Kanäle sind?

NUMA:

Es gibt noch viele weitere Kanäle. Ich vermute, daß alle Ionenkanäle eine ähnliche Grundstruktur haben, aber diese Vorstellung beruht auf der Kenntnis des Acetylcholinrezeptorkanals und des Natriumkanals, die bisher die einzigen Kanäle sind, deren Primärstruktur bekannt ist. In naher Zukunft wird man die Struktur vieler weiterer Kanäle entschlüsseln. Bezüglich der spannungsabhängigen Kanäle ist zu sagen, daß es eine sogenannte Öffnungsstruktur geben muß, die eine Veränderung des Membranpotentials registriert. Jede der im Molekül mehrfach vorkommenden Sequenzen des Natriumkanals hat ein einzigartiges Segment mit vielen positiven elektrischen Ladungen, die räumlich regelmäßig angeordnet sind. Jeder dritte Aminosäurerest ist positiv geladen und ist streng zwischen den verschiedenen Spezies konserviert. Ich bin davon überzeugt, daß diese Struktur als ein Spannungssensor arbeitet. Es gibt mehrere Arten von spannungsabhängigen Kanälen und eine solche Öffnungsstruktur müssen sie zumindest haben. Bei den Rezeptoren der

Neurotransmitter gibt es wahrscheinlich zwei große Klassen. Rezeptoren wie der nikotinische Acetylcholinrezeptor sind Proteine, die ihre eigenen Kanäle in sich tragen, während die Rezeptoren des anderen Typs, wie der muskarinische Acetylcholinrezeptor und der β-adrenerge Rezeptor, keine eigenen Kanäle haben. Letzterer empfängt das chemische Signal eines Neurotransmitters und übermittelt es einer anderen Klasse von Proteinen, genannt Guanin-Nukleotid-bindende regulatorische Proteine (G-Proteine), die ihrerseits mit verschiedenen Effektoren interagieren. Das chemische Signal wird so in verschiedene zelluläre Reaktionen überführt, einschließlich der Modulation der Kanalaktivität. Deshalb kann ich nicht behaupten, alle Rezeptoren hätten eine ähnliche Struktur. Aber wenigstens diejenigen Rezeptoren, die ihre eigenen Kanäle in sich tragen, könnten eine ähnliche Struktur aufweisen, und die andere Klasse der Rezeptoren könnte ebenfalls ähnlich in der Struktur sein, weil sie für gewöhnlich an G-Proteine gebunden sind.

ROY:

Gibt es eine spezifische Beziehung zwischen Neuronen und bestimmten Arten von Kanälen?

NUMA:

Gemeinhin nahm man an, daß ein bestimmtes Neuron nur Neurotransmitter von einer Art freisetzt. Das ist nicht mehr wahr. Mehrere Neurotransmitterkandidaten können sich zugleich in einem einzigen Neuron befinden.

CAZZULLO:

Haben sie irgendwelche Informationen über diese Arten von Kanälen und Arzneimittelrezeptoren? Die Arbeiten von Costa in Washington zeigten, daß der Benzodiazepinrezeptor etwas zu tun hat mit Chloridsignalen. Besteht da irgendeine Beziehung zu Acetylcholinkanälen?

NUMA:

Vom Benzodiazepinrezeptor nimmt man an, er sei identisch mit dem GABA-Rezeptor oder ihm zumindest sehr ähnlich, und der GABA-Rezeptor ist ein Chlorid-Kanal. Er könnte in seiner Grundstruktur Ähnlichkeiten mit dem Acetylcholinrezeptor zeigen.

GROS:

Könnten Sie etwas über die Natur und Organisation der Typen von Proteinen sagen, von denen man annimmt, sie lägen zusammen mit Kalziumkanälen in spannungsabhängigen Kanälen? Ist es außerdem vorstellbar, die Gene, die die Ionen-Kanäle und die Rezeptoren kodieren, zu „konstruieren“, um ihre Eigenschaften zu verändern, so daß man beispielsweise Rezeptoren erhält, an die viele Ligandenmoleküle binden können?

NUMA:

Meiner Meinung nach ist es vorstellbar, gentechnologisch Rezeptoren und Kanäle mit modifizierten Ligandenbindungs- und Kanaleigenschaften herzustellen.

GROS:

Könnten wir uns nun einem etwas anderen Aspekt zuwenden, der mit den Bemerkungen in Verbindung steht, die ich zu Beginn machte, nämlich den allgemeinen Zukunftsaussichten der DNS-Rekombinationstechnik in den Neurowissenschaften? Was halten Sie von dem systematischen Ansatz, „seltene" hirnspezifische Proteine zu klonieren? Vor zwei oder drei Jahren wurde von mehreren Arbeitsgruppen behauptet, dies sei einer der wichtigsten Schritte in Richtung auf die Analyse und Klassifikation von Hirnproteinen, von denen die meisten wahrscheinlich nur in sehr kleinen Mengen vorliegen, obwohl es sich herausstellte, daß sie als Verbindungselemente der Netzwerke wichtig sind, oder als informationsübermittelnde Elemente usw.

NUMA:

Dabei handelt es sich sicherlich um einen nützlichen Ansatz, der aber sehr viel Arbeit machen würde. Ich persönlich möchte mich lieber auf bestimmte Rezeptoren und Kanäle konzentrieren, gebe aber gerne zu, daß solch ein systematischer Ansatz ebenfalls sehr wichtig ist.

BRENNER:

Das ist ein Weg, um die Frage zu beantworten, wieviele Grundtypen von Zellen es im Gehirn überhaupt gibt. Man sagt, gestützt auf physiologische und morphologische Kriterien, die Retina enthalte 26 verschiedene Arten amakriner Zellen. Aber es ist niemals bewiesen worden, daß dies die einzigen Kategorien sind. Solch eine taxonomische Untersuchung wäre wichtig um festzustellen, ob es einen fundamentalen Plan gibt, der sich im Nervensystem wiederholt und den wir vielleicht wegen der topologischen Verzerrung nicht entdecken können.

ROY:

Wenn ich die Sache richtig verstanden habe, dann scheint die Aufklärung der Struktur, des Stoffwechsels und der Funktion der Kanäle ein zentrales Ziel der gegenwärtigen Arbeit auf diesem Gebiet zu sein. Gibt es bezüglich der Kanäle eine Frage höherer Ordnung, die zwar bereits formuliert, aber noch nicht beantwortet ist?

NUMA:

Eine entscheidende ungelöste Frage betrifft den Mechanismus, der der Bildung spezifischer neuronaler Verknüpfungen zugrundeliegt. Es muß ein chemisches Signal oder eine chemische Zusatzinformation (*cue*) geben, die an dieser spezifischen Verknüpfung beteiligt ist. Ich denke, daß diese Frage ebensogut durch den Einsatz der DNS-Rekombinationstechnik erforscht werden kann.

ROY:

Haben die Kanäle eine bestimmte Lebensdauer – ich meine, entstehen und verschwinden sie?

NUMA:

Ja, sie verwandeln sich. Ein Beispiel für Untersuchungen dieser Art ist, wie sich der nikotinische Acetylcholin-Rezeptor während der Entwicklung der Muskeln verändert. Wie ich bereits sagte, tritt der Wechsel von der γ- zur ε-Untereinheit anscheinend durch eine charakteristische Genexpression auf, und die Verwandlung dieser

Untereinheiten sowie der fötalen und adulten Rezeptorklassen könnte untersucht werden. Das wäre wahrscheinlich ein schönes System, weil die Wirkung der Innervation auf diesen Wechsel auf molekularer Ebene erforscht werden könnte.

BRENNER:

Man nimmt an, daß es kurzfristigere Veränderungen gibt, die aufgrund chemischer Modifikationen von Kanälen vor sich gehen, so daß es dann ein Potential für eine sofortige positive Rückkoppelung gibt. Wenn die Zelle stimuliert wird und der Kanal sich öffnet, kann es daher zu biochemischen Veränderungen kommen, die sie noch empfindlicher machen, oder die vielleicht ihre zeitliche Steuerung oder einen anderen Parameter verändern. Außerdem gibt es längerfristige Veränderungen, die wir nicht verstehen. Ein weiterer Punkt betrifft die ausgeprägte Unveränderlichkeit der Struktur dieser Kanäle während der Evolution. Es gibt einen grundlegenden Satz von Neurotransmittern, der sich beinahe unverändert in der gesamten Natur findet. Der GABA-Rezeptor mit seinem Chlorid-Kanal beispielsweise tritt im Muskel des Hummers auf. Im Fortschreiten der Evolution führt die wachsende Komplexität nicht zu einer starken Vermehrung der Transmittertypen, sondern zu ausgefeilteren Wechselwirkungen zwischen einem kanonischen Satz von Transmittern.

GROS:

Meine Damen und Herren, sind Sie der Meinung, wir sollten uns nun eher ethischen Fragen zuwenden?

DOI:

Wenn ich Dr. Numas und Dr. Brenners Vorträge lese, so fürchte ich, daß ich von der technischen Seite sehr wenig verstehe. Aber ich habe den Eindruck gewonnen, daß es in der neurowissenschaftlichen Grundlagenforschung keine ethischen Fragen gibt, wenigstens bei dem gegenwärtigen Stand der Forschung, mit der Ausnahme vielleicht, daß das Engagement in dieser aufregenden Forschung der Moral der Wissenschaftler Auftrieb gibt, was natürlich ethisch zu nennen ist. Daher wäre ich froh, wenn mir die an der neurowissenschaftlichen Grundlagenforschung beteiligten Wissenschaftler zwei Fragen beantworten könnten. Erstens, können Sie den Tag absehen, an dem die neurowissenschaftliche Grundlagenforschung ernste ethische Probleme bieten wird? Zweitens, kann man sagen, der Fortschritt in den Neurowissenschaften werde zu der begründeten Hoffnung führen – wenn das keine Illusion ist –, daß alle psychischen Funktionen und besonders abnorme psychische Funktionen (die Psychopathologie) vollständig in der Sprache der Neurowissenschaften erklärt werden können? Wie ich glaube, hat diese Frage selbst ethische Implikationen.

OLIVERIO:

Meiner Ansicht nach könnte auf lange Sicht beispielsweise die Untersuchung der Struktur des GABAergen Rezeptors zur Entwicklung entweder von Peptiden oder psychotropen Arzneimitteln führen, die möglicherweise das Verhalten selektiver beeinflussen. Der GABAerge Rezeptor hat Auswirkungen sowohl hinsichtlich psychotroper Medikamente als auch hinsichtlich der Neuropeptide, die beide auf derselben Ebene einwirken. Zahlreiche Forschungen haben sich zum Ziel gesetzt, zwischen verschiedenen psychotropen Wirkstoffen zu unterscheiden, die Wirkungen auf einige Komponenten des Verhaltens zeigen und gemeinsame Mechanismen miteinander teilen.

NUMA:
Schizophrenie beispielsweise, denke ich, schließt viele Typen heterogener Störungen ein. Wenigstens einige von ihnen könnten durch eine ziemlich einfache Veränderung in einem neuralen Element verursacht sein. Falls eine Krankheit auf der Basis der Veränderung in einem einzigen neuralen Element verstanden werden könnte, dann kann man, wie ich hoffe, mit ihr fertig werden, indem man ein Medikament erfindet, das die Funktion dieses neuralen Elements moduliert. Dieser Weg sollte aber sicherlich ausschließlich zum Zweck der Heilung von Krankheiten gegangen werden. Könnten in dieser Hinsicht ethische Probleme entstehen?

GROS:
Wahrscheinlich nicht innerhalb des Ansatzes, dessen Ziel die Heilung von Menschen ist, doch aber durch die Eigenschaften der Produkte, die man letztlich zutage fördern muß, um dieses Ziel zu erreichen. Wie bekannt, können ethische Probleme aller Art jedesmal dann auftreten, wenn man versucht, die Zulassung für eine neue Klasse von Medikamenten oder eine neue Therapie zu bekommen.

BRENNER:
Lassen sie mich in diesem Zusammenhang auf einen faszinierenden Aspekt in neuesten Untersuchungen über das Nervensystem hinweisen. Wie es scheint, können sehr komplizierte seelische Fähigkeiten eine innere Repräsentanz in Form *einer* Chemikalie haben. Bisher dagegen mußte man annehmen, daß zur Hervorbringung von Stimmungen und Gefühlen ein sehr entwickeltes neuronales Reizleitungssystem mit zahlreichen Umschaltungen notwendig ist. Das könnte noch allgemeiner zutreffen und zu einer Technologie der Verhaltensmodifikation führen, die in Gestalt der psychotropen Wirkstoffe bereits existiert. Die beste Weise allerdings, das menschliche Nervensystem zu beeinflussen, wird Erziehung genannt. Eine umfassende chemische Technologie, die dies leistet, wird größere ethische Fragen aufwerfen. Werden wir Stoffe finden, die das Gedächtnis oder sogar die Intelligenzleistungen verbessern können? Könnten die Unterschiede zwischen Individuen auf unterschiedlichen biochemischen Merkmalen beruhen? Wir haben schon die Schwierigkeiten gesehen, die bei der Untersuchung der Beziehung zwischen Genen und Verhalten auftreten.

NUMA:
Auch ich meine, daß ethische Probleme in dem von Ihnen genannten Kontext auftreten werden. Meinem Gefühl nach wird es noch einige Zeit dauern, bis wir dieses Stadium erreichen werden, weil eine solche Manipulation das Verständnis spezifischer neuronaler Verbindungen einschließen würde. Für den Augenblick hoffe ich, daß es beispielsweise einen Typ der Schizophrenie gibt, bei dem die geistige Störung aus einer ziemlich einfachen Veränderung eines Neurotransmitterrezeptors oder -kanals entstanden ist. In diesem Fall wäre das Ziel wohldefiniert, aber ich bin mir nicht sicher, ob dieser Fall realistisch ist.

BRENNER:
Am Horizont zeichnet sich noch eine andere Konsequenz der neuen Gentechnologie ab. Uns fehlen noch die Mittel, um bei höheren Tieren eine gezielte räumliche Rekombination genetischen Materials hervorzubringen. Ich glaube, dies wird in den nächsten Jahren möglich werden. Somit werden wir über Tiermodelle neurologischer Krankheiten des Menschen verfügen und zwar in Gestalt spezifischer Stämme von Mäusen. Man könnte zum Beispiel eine Maus so verändern, daß sie eines der Neuropeptide nicht produziert. Dann könnten wir die klinischen Symptome dieses Defektes untersuchen.

GROS:
Es gibt bestimmte genetische Elemente, genannt „Enhancer", die aus DNS-Segmenten bestehen und für gewöhnlich in einigem Abstand von den sogenannten „kodierenden Abschnitten der Gene" gelegen sind. Diese Enhancer haben sehr wichtige regulatorische oder modulierende Funktionen. Im besonderen weiß man von einigen von ihnen, daß sie den Grad der Expression eines bestimmten Gens nur in einem ganz bestimmten Gewebe (und in keinem anderen) erlauben. Daher könnte es Gen-Enhancer geben, die letzten Endes für die Gewebsspezifität bei der Expression einiger Gene in neuralen Systemen sorgen könnten. Sollte sich dies bewahrheiten, wäre das gewiß sehr interessant und wichtig. Beispielsweise gibt es gute Argumente dafür, daß dies auf eine Reihe von Genen zutrifft, die spezifisch in der Bauchspeicheldrüse exprimiert sind. Einige dieser Elemente konnten schon kloniert werden. Daher mag es aufschlußreich sein, nach neurospezifischen Enhancern zu suchen. Aber die Frage ist, ob es sie gibt oder nicht.

NUMA:
Ich kann Ihre Frage nicht beantworten, weil wir über dieses Thema nicht arbeiten. Es ist aber sicherlich in der Diskussion, eine Lösung scheint mir allerdings nicht so einfach zu sein.

CAZZULLO:
Wenn ich noch einmal auf die Schizophrenie zurückkommen darf, so lautet Ihre Meinung, Dr. Numa, dabei handele es sich um eine multifaktorielle Krankheit. Wie Sie glaube auch ich, daß sich wahrscheinlich einige kleine, spezielle Gruppen schizophrener Patienten finden lassen, bei denen genetische Faktoren schwer wiegen könnten, also solche Faktoren, wie sie durch das HLA-System ermittelt werden. Bei anderen Patienten kann man sehr viel wichtigere Faktoren finden, sagen wir, einen Retrovirus. Aber Retroviren gehen trotzdem von bestimmten Strukturen aus. Wir haben über die α-2-Adreno-Rezeptoren gearbeitet, bei denen es einige Hinweise gibt, daß sie bei Schizophrenen vermehrt vorkommen. Eine bemerkenswert kleine Gruppe von Patienten hat den α-1-Typ. Auch aus diesem zusätzlichen Grund sage ich, daß Schizophrenie eine multifaktorielle Krankheit ist. Ich zweifle an der Möglichkeit, daß man in der Zukunft eine einzige Ursache wird finden können.

Wenn man an die Heterogenität der Schizophrenie glaubt, und ich halte sie für erwiesen, kann man Daten über homogene Patientengruppen sammeln, um bestimmte Untergruppen herauszufiltern, bei denen sich möglicherweise eine dominante Ursache finden läßt. Aber man muß berücksichtigen, daß in diesem Bereich Informationen aus der Biochemie und Molekularbiologie fehlen, obwohl wir aus der

Immunologie einige Informationen besitzen. Ich hoffe, daß sich diese Informationslücken in der Zukunft werden schließen lassen. Das vielleicht wichtigste Merkmal des psychotischen und besonders des schizophrenen Patienten ist sein Verlust der Fähigkeit, sich in die Realität einzubeziehen, in einem flüssigen und harmonischen Verbindungsprozeß zur Realität zu stehen. Daher verschiebt sich das Problem von dem einzelnen Element auf das Verbindungs- oder Integrationskonzept. Was halten Sie davon?

NUMA:

Was ich sagte, war nur die Hoffnung eines Laien. Ich bin mit diesem Aspekt nicht vertraut, deshalb bin ich Ihnen für Ihre Erläuterungen dankbar. Natürlich ist es eine sehr komplizierte Aufgabe, die molekulare Grundlage der Integration neuronaler Einheiten zu verstehen und es wird noch beträchtliche Zeit in Anspruch nehmen, bis die Molekularbiologie dieses Problem irgendwie wird anpacken können. Aber ich glaube, damit wir dieses Ziel erreichen können, muß die molekulare Analyse neuraler Elemente (unter Einschluß anderer Disziplinen) im Zentrum stehen.

GLOWINSKI:

Ich möchte die Vorstellung diskutieren, eine Krankheit wie die Schizophrenie könne nur in bezug auf die veränderte Produktion eines Transmitters oder von Rezeptoren dieses Transmitters gesehen werden. Obgleich die Dopamin-Hypothese der Schizophrenie wohlbegründet ist, glaube ich nicht, daß diese Krankheit lediglich auf einen Gendefekt reduziert werden kann, der beispielsweise die Synthese von Dopaminrezeptoren betrifft. Dies in der Tat sollte sich auf dopaminerge Rezeptoren in anderen Strukturen des Gehirns auswirken, die nur eine begrenzte Rolle bei kognitiven Prozessen spielen. Andererseits erklärt die große Verbreitung dopaminerger Rezeptoren in Hirnregionen, die an kognitiven Prozessen beteiligt bzw. auch nicht beteiligt sind, mit Leichtigkeit einige der Nebenwirkungen von Neuroleptika, jener Medikamente, die zur Behandlung der Schizophrenie eingesetzt werden. Eine Herausforderung besteht darin, pharmakologische Therapieformen zu entdecken, die spezifischer sind und die Nebenwirkungen soweit wie möglich begrenzen.

GROS:

Jetzt ist es wohl an der Zeit für Sie, Dr. Dietz, einen anderen ethischen Aspekt hervorzuheben, nämlich in welchem Ausmaß experimentelle Ansätze und molekulare Analysen dieser Art neue Formen chemischer Kriegführung in den Bereich des Vorstellbaren rücken könnten.

DIETZ:

Ich zögere, uns dieses ethische Problem aufzubürden. Aber Bundeskanzler Dr. Kohl erinnerte uns in seiner Eröffnungsansprache an die ethische Verantwortung der Wissenschaftler. Führen Entwicklungen in der Molekularbiologie der Neurotransmission unvermeidlich zur Entwicklung effektiverer (das heißt, tödlicherer, schwieriger zu verhütender oder weniger reversibler) Wirkstoffe für die chemische Kriegführung? Vielleicht haben bereits vorhandene Stoffe diese Eigenschaften in einem solchen Grade, daß neue Stoffe keine zusätzlichen Änderungen von irgendeiner Bedeutung mehr herbeiführen würden. Wenn das aber nicht der Fall ist, dann, fürchte ich, bewegt sich das innerhalb der möglichen Weiterungen dieser Forschung.

BRENNER:

Wegen der Universalität dieser Rezeptoren im Tierreich werden Entwicklungen auch bei der Suche nach Pestiziden stattfinden und es wird ein Interesse vorhanden sein, Rezeptoren zu landwirtschaftlichen Zwecken zu untersuchen. Wie jeder weiß, begannen viele Nervengase ihre Laufbahn als Insektenvertilgungsmittel.

GLOWINSKI:

Auch wenn man die große Zahl der Neurotransmitter oder Neuromodulatoren in Betracht zieht, die während der letzten zehn Jahre entdeckt wurden, ist das Repertoire pharmakologischer Werkzeuge zur Erforschung von Medikamenten, die bei der Behandlung neurologischer oder psychiatrischer Krankheiten eingesetzt werden können, doch noch ziemlich beschränkt. Es scheint mir eine unabdingbare Notwendigkeit, jene Forschung zu stimulieren, die zu neuen pharmakologischen Substanzen mit höherer Spezifität der Wirkung führt.

GROS:

Wenn ich versuche, diese Sitzung zusammenzufassen, so scheint mir, daß man ohne weiteres verschiedene Abschnitte der Diskussion unterscheiden kann. Ein Abschnitt war der Auswirkung der Molekularbiologie (genauer gesprochen: der DNS-Rekombinationstechnik) auf die Aufklärung einiger der Schlüsselelemente bei der neuronalen Informationsübertragung gewidmet. Auf dem gegenwärtigen Stand läßt sich dazu sagen, daß uns eines der illustrativsten Beispiele vorgetragen wurde, das zeigte, wie effektiv die Molekularbiologie bei der Entzifferung der Struktur jener ziemlich komplexen dreidimensionalen „Ensemble" ist, die auf der Oberfläche von Neuronen sitzen und die die postsynaptische Übertragung regulieren. Wie wir in Dr. Numas Vortrag im besonderen hörten, läßt sich diese Entzifferung so weit treiben, daß wir etwas über die feinen Details der Beziehung zwischen Struktur und Aktivität der Kanäle erfahren. Dies gelang weniger durch die Verwendung der klassischen pharmakologischen Mittel (Agonisten, Antagonisten usw.), sondern durch die Untersuchung der intramolekularen Verteilung, etwa der hydrophoben und hydrophilen oder der amphipatischen Domänen des Proteinkomplexes, der daran beteiligt ist. (Nebenbei erinnert mich das an Arbeiten von Sydney Brenner über die Struktur von Myosin, wo er in ähnlicher Weise vorging.) Daher ist dies eine gute Veranschaulichung dafür, was ein ziemlich abstrakter und genereller Ansatz in der Molekularbiologie beispielsweise für unser Verständnis der Arbeitsweise eines spannungsabhängigen Kanals zu leisten vermag.

Zweitens kam in der Diskussion das Problem des „Ökonomieprinzips" während der Evolution auf. Es ist interessant und verblüffend zu sehen, in welchem Ausmaß die Natur Gebrauch von ziemlich einfachen genetischen „Modulen" gemacht hat, um von den niederen aufwärts zu den höheren Eukarioten Baupläne von wachsender Komplexität zu realisieren. Ich glaube, Dr. Numa hat uns ein gutes Beispiel dafür vorgeführt.

Eine dritte Bemerkung über den technischen Teil von Dr. Numas Vortrag bezieht sich auf die Möglichkeiten, die sich durch die Proteintechnologie eröffnen (das heißt, durch die Verwendung der *in vitro*-Mutagenese plus DNS-Rekombinationstechnologie). Wir wurden durch die Entwicklungsmöglichkeiten von Strategien überrascht, die darin bestehen, Stücke dieser Proteine mit anderen zu rekombinieren und Aminosäuren an den richtigen Stellen zu ersetzen, um einige Affinitätseigenschaften anwachsen oder schwinden zu lassen. Man bekommt das deutliche Gefühl, daß wir hier einen vielversprechenden und aufregenden Aspekt der pharmakologischen Zukunftstechnologie berühren.

Nun möchte ich kurz auf andere allgemeine Implikationen von Dr. Numas Vortrag eingehen. Dr. Doi hatte gefragt: „In welchem Grad entstehen aus dieser Art von Experimenten reale ethische Probleme?" Aus der Diskussion ergab sich, daß sie es tun, falls die Übertragung von Grundlagendaten über die Eigenschaften zellulärer Makromoleküle (wie der Rezeptoren) auf klinische oder pharmakologische Fragen zu schnell vor sich geht und in einer zu direkten Weise. Wegen der enormen Komplexität einiger psychopathologischer Zustände (wobei das Beispiel Schizophrenie sicherlich eines der am meisten in die Augen fallenden ist) muß man äußerst vorsichtig sein, sobald eine solche Extrapolation oder Übertragung gemacht werden muß. Dies widerlegt keinesfalls die Ansicht, daß die molekulare Methode bei der Suche nach zukünftigen Medikamenten zur Behandlung von Krankheiten wirklich grundlegend ist, aber es ist eine Warnung vor Übervereinfachung beziehungsweise vor der Rechtfertigung des Gebrauchs neuer Medikamente, sofern deren Aktivität nicht von einem *allgemeinen* Gesichtspunkt aus wohlbekannt ist. In diesem Zusammenhang stellte Dr. Glowinski zwei Probleme zur Diskussion: das Problem der Lokalisierung der Rezeptoren und anderer ähnlicher Parameter, das in die Betrachtung mit einbezogen werden muß, sowie das Problem der Nebenwirkungen. Ich war überrascht von den Schwierigkeiten, mit denen man konfrontiert ist, wenn man eine bestimmte Krankheit angeht, indem man unkomplizierte molekulare Phänomene direkt auswertet. Besonders bei den Geisteskrankheiten ist die Komplexität derart, daß man bei der Extrapolation aus einfachen biochemischen Schemata noch sehr vorsichtig sein muß.

Am Ende brachte Dr. Dietz noch einen weiteren Punkt zur Sprache: die Möglichkeit, aus diesen phantastischen molekularen Methoden einige Pseudoanwendungen abzuleiten, nämlich neue Mittel zur chemischen Kriegführung zu entwickeln. Diesen Punkt müssen wir sicherlich im Auge behalten.

Sitzung II

MASAO ITO

Einleitung

In dieser Sitzung begeben wir uns von der molekularen und zellulären Ebene auf die neurale Ebene des Gehirns. Neurale Hirngewebe sind im wesentlichen hochkomplexe neuronale Netze, die eine riesige Zahl von Neuronen und von Prozessen zwischen diesen Neuronen umfassen. Diese Elemente sind nicht nur hart verschaltet, sondern sie enthalten auch flexible Bestandteile, beispielsweise plastische Synapsen. Während der vergangenen zwanzig Jahre wurden vier grundlegende Typen synaptischer Plastizität entdeckt: Langzeitpotentiale, langzeitige Unterdrükkung von Potentialen, erhöhte Sensibilisierung für Neurotransmitter sowie die Aufzweigung von Synapsen. Ein neurales Gewebe, das diese verschiedenen Typen synaptischer Plastizität enthält, nimmt die Fähigkeit zur Selbstorganisation an; sie bildet die Grundlage für Gedächtnis und Lernen. Eine Anzahl neuronaler Netze sind zu großdimensionierten funktionellen Systemen zusammengefaßt, die für das Erkennen, die motorische Kontrolle, Emotionen, den Wach-Schlaf-Rhythmus usw. zuständig sind. Zur Erforschung dieser komplexen Vorgänge und Elemente im Gehirn wurden während der vergangenen zwanzig Jahre zahlreiche neue Techniken eingeführt, doch benötigen wir sicherlich noch weitere Techniken. Nicht nur die experimentelle Analyse muß vorangetrieben werden, sondern auch die theoretische Synthese, denn die wesentliche Eigenschaft neuronaler Netze läßt sich eher mit dem Begriff „Information“ als mit dem Begriff „Materie“ umschreiben. Während uns die Neurowissenschaften auf molekularer und zellulärer Ebene Mittel an die Hand geben werden, um Gehirnoperationen durchzuführen und Krankheiten und Verletzungen zu heilen, werden uns die Neurowissenschaften auf der Ebene der Netze und Systeme in die Lage versetzen, künstlich die großartigen informationsverarbeitenden Fähigkeiten des Gehirns zu simulieren und sie werden Wege zum Verständnis der Mechanismen unserer geistigen Funktionen eröffnen. Daher umfassen die Neurowissenschaften auf diesen verschiedenen Ebenen unterschiedliche ethische Aspekte.

Sydney Brenner

Konstruktionsprinzipien neuronaler Netze

Die zentralen Nervensysteme höherer Lebewesen sind die kompliziertesten zellulären Strukturen, die in der Evolution entstanden sind. Das Verständnis des Nervensystems ist die große Herausforderung an die gegenwärtige biologische Forschung, ein Bereich, der sich durch die Entwicklung und Anwendung neuer Methoden der Molekulargenetik und der Zellbiologie sehr rasch wandelt. Ein Teil der Schwierigkeiten in der neurobiologischen Forschung besteht darin, daß sie den Gesamtbereich aller biologischen Ebenen vom Molekül bis zum Organismus umfaßt. Zwischen der Analyse der Gene und ihrer Produkte einerseits und beispielsweise der Untersuchung der Sprache und ihrer Grammatik andererseits besteht eine riesige Kluft. Der Weg von den Genen bis zum Verhalten ist so lang und gewunden, daß der Gesamtbereich aufgeteilt werden muß. Am besten geschieht dies, indem wir Fragen der Konstruktion von Fragen der Funktion trennen. Wir müssen also herausfinden, wie Nervensysteme aufgebaut sind und wie die Gene an diesem Prozeß teilhaben. Diese Frage unterscheidet sich von der zweiten Frage, wie Nervensysteme Verhalten hervorbringen. Die Struktur des Nervensystems ist der ihnen gemeinsame Bereich, der beide Herangehensweisen zusammenführt.

Weil die Nervensysteme der Wirbeltiere so groß und komplex sind, hat sich die Arbeit der letzten Jahre zu einem beträchtlichen Teil auf die kleineren Nervensysteme der Wirbellosen konzentriert. Denn hier besteht eine gewisse Chance, die vollständige Struktur wenigstens von Teilen des Nervensystems herauszuarbeiten. In dem günstig gelagerten Fall des Nematoden *Caenorhabditis elegans* gelang es uns, sowohl die vollständige Struktur als auch die vollständige Entwicklungslinie aller Zellen zu bestimmen. Das Nervensystem dieser Tiere ist in einem hohen Grade determiniert. Es besitzt eine konstante Zahl von Zellen und unveränderliche Verbindungen zwischen ihnen, was die zukünftige Erforschung der Effekte von Genmutationen auf diese Struktur erleichtert.

Bei der Entwicklung von Nervensystemen muß nicht nur gewährleistet sein, daß differenzierte Zelltypen entstehen, sondern auch, daß diese Zellen in der richtigen Weise miteinander verknüpft werden. Die Forschungen an den Nervensystemen der Wirbellosen deuten darauf hin, daß diese Wachstumsprozesse entweder vor sich gehen, indem die Zellen Pfaden folgen, die von schon bestehenden Zellen zuvor gebahnt wurden, oder indem ihre Axone den Axonen anderer „Anführer"-Neuronen folgen. Befinden sie sich erst einmal in der richtigen Region, so werden ihre genauen Zielgebiete vermutlich durch einen Zellerkennungsprozeß selektioniert. Diese Theorie wandelt Roger Sperrys ursprüngliche Theorie der chemischen Affinität ab, da sie einen weniger großen Aufwand spezifischer molekularer Erkennungselemente erfordert. Hier zeigt sich ein weitverbreiteter Kunstgriff biologischer Systeme: Die Ausbeutung der Kombinationsmöglichkeiten in Prozessen bringt in diesem System sozusagen eine „Grammatik der Verschaltung" hervor. Daher besteht überhaupt keine Notwendigkeit für einen solchen Aufwand an relativ geringer Spezifität auf niederer Ebene, wie ihn (in Sperrys Theorie) die Punkt-für-Punkt Abbildung von ankommenden Neuronen und Zielzellen erforderlich macht. Bekanntlich übermitteln Nervenzellen Informationen in einheitlicher Weise mittels elektrischer Impulse – alle Vorgänge im Nervensystem werden letztendlich in diese gemeinsame Grundlage der Signalübermittlung verwandelt. Aber wenn die Nervenzellen auch direkt durch Veränderungen des elektrischen Potentials miteinander kommunizieren können, so wird doch in den meisten Fällen der Impuls an der Nervenendigung in ein chemisches Signal verwandelt, indem er einen Neurotransmitter freisetzt. Dieser Transmitter diffundiert durch den synaptischen Spalt und bindet an einen spezifischen Rezeptor an der postsynaptischen Membran der Empfängerzelle. Diese Wechselwirkung führt zu einer intrazellulären chemischen Veränderung, entweder durch das Öffnen einen Kanals in der Membran oder durch eine durch die Membran hindurch bewirkte Veränderung der Aktivität eines intrazellulären Enzyms. Diese Veränderungen können durch mehrere biochemische Reaktionsketten in der Zelle verstärkt und vermittelt werden. Obwohl es nur eine relativ begrenzte Zahl von Transmittern gibt, sind deren Reaktionen und die Weisen ihrer Übermittlung sehr vielgestaltig – eine Flexibilität, die durch das Mittel der Kombinatorik erreicht wird.

Es hat den Anschein, daß in den Nervensystemen von Wirbeltieren sehr ähnliche Prozesse ablaufen, wenn man davon absieht, daß viel mehr Zellen daran beteiligt und die Strukturen komplizierter sind. Trotzdem ist die innere Komplexität des menschlichen Gehirns mit seinen zehn Milliarden Neuronen möglicherweise gar nicht so sehr viel größer als die des Gehirns einer Fliege mit nur hunderttausend Neuronen. Denn ein Großteil dieser Struktur ist sozusagen repetitiv. Eines der Ergebnisse bei der Erforschung der Konstruktionsweise des Gehirns wird die Erstellung eines realistischen Maßstabs für diese Komplexität sein. Wir benötigen ihn, um Fragen der Evolution von Nervensystemen beantworten zu können.

Das Nervensystem von Vielzellern spielt eine zentrale Rolle bei deren adaptivem Verhalten. Bei einem kleinen Wirbellosen, der eine wohldefinierte ökologische Nische einnimmt und einen kurzen Lebenszyklus hat, reicht für das notwendige Verhaltensrepertoire anscheinend ein „hart verschaltetes" Nervensystem aus. Solche Organismen zeigen kaum oder gar kein Lernverhalten. Hier kann man mit Recht davon sprechen, daß das Gedächtnis in Sequenzen von Nukleotiden gespeichert ist. Aber es handelt sich hierbei um ein in den Genen niedergelegtes, artspezifisches Gedächtnis, das vorschreibt, wie ein Nervensystem konstruiert werden muß, das das betreffende Verhalten hervorbringt. Komplizierte stereotype Verhaltensreaktionen bei Insekten sind von dieser Beschaffenheit. Dennoch zeigen diese Nervensysteme noch Plastizität; bei dem Nematoden *C. elegans* beispielsweise gibt es verschiedene Neuronen, die ihre Eigenschaften und sogar ihre Verbindungen untereinander ändern. Aber das geschieht während eines vorgeschriebenen Entwicklungsprozesses und ist nicht Folge einer Reaktion auf Umweltänderungen.

Plastizität gehört zu den konstanten Eigenschaften höherer Nervensysteme, besonders von Wirbeltieren. Es kann als eine sehr gut gesicherte Erkenntnis gelten, daß während der Entwicklung diejenigen Neuronen, die axonale Prozesse vermitteln, überleben und die übrigen sterben. Wie es scheint, überdauern nur diejenigen Verbindungen, die funktional von Bedeutung sind. In einigen Fällen gibt es Hinweise auf Rückzugs- und Wachstumsprozesse, die eine Änderung der verbindenden Muster erlauben würden.

Zusätzlich zu diesen morphologischen Änderungen bestehen nun starke Anhaltspunkte dafür, daß die Wirksamkeit synaptischer Prozesse durch lokale Änderungen in Nervenzellen beeinflußt werden kann. Experimente, die mit Schnecken als Modellsystemen durchgeführt wurden, finden jetzt ihr Gegenstück in Experimenten mit dem Hippokampus von Säugern. Sie zeigen, daß Veränderungen in der Signalübertragung zwischen Zellen (wie sie durch synaptische Aktivität hervorgebracht werden) kurzfristige Wirkungen hervorbringen können, die wahrscheinlich durch chemische Modifikationen der Rezeptoren oder Kanäle entstehen. Außerdem können sie langfristige Wirkungen hervorbringen, die möglicherweise über dieselben intrazellulären Wege ablaufen, aber im Endergebnis zu einer veränderten Genexpression führen. Es ist verführerisch anzunehmen, diese Vorgänge könnten die Grundlage für das Kurzzeit- und das Langzeitgedächtnis bilden. Die aufregendste Entdeckung ist die, daß an der dazwischengeschalteten Biochemie verschiedenartige Proteinkinasen beteiligt sind, bei denen es sich um genau diejenigen handelt, von denen man mit Grund annimmt, daß sie an der Kontrolle des Zellteilungszyklus (Mitose), an der Regulation der Differenzierung und an weiteren physiologischen Prozessen in anderen Zellen beteiligt sind. Ob dabei die Neuropeptide eine besondere Rolle spielen und welche Beziehung dies zu trophischen Aktivitäten im Nervensystem im allgemeinen haben mag, bleibt zu untersuchen.

Alle diese Forschungen, die auf die molekularen Mechanismen der Funktion von Neuronen abzielen, vermitteln uns eine zu elementare Vorstellung vom Nervensystem. Es bleibt die wichtige Aufgabe zu entdecken, welche Arten von Verrechnungen *(computations)* von Neuronen und neuronalen Netzwerken durchgeführt werden können und wie die logische Struktur des Gehirns auf seine morphologische Struktur bezogen werden kann. Dies ist notwendig, wenn wir verstehen wollen, wie komplexe Verhaltensmuster entstehen und wie Information gespeichert und abgerufen wird. In diesem Bereich dürfen wir in der Zukunft wichtige theoretische Fortschritte erwarten, und hier wird es neue und bedeutende Anstrengungen in den Neurowissenschaften geben.

Losgelöst vom wissenschaftlichen Kontext dieser Forschung besteht zudem dringender Bedarf für eine Ausweitung der Erforschung des menschlichen Gehirns, weil die degenerativen Krankheiten und andere Dysfunktionen bedeutende soziale Konsequenzen haben. Trotzdem ist die intellektuelle Herausforderung dieser Forschung der größte Reiz für die Wissenschaftler mit den besten Hirnen, die dieses Organ selbstreferentiell zur Untersuchung seiner selbst benutzen.

Diskussion

GROS:

Sie erwähnten die relativ kleine Zahl von Genen, die an neuralen Funktionen beteiligt sind, sowie die Tatsache, daß das „Alphabet" wahrscheinlich ziemlich einfach ist. Was läßt sich über die Buchstaben dieses Alphabets sagen, das heißt in diesem Fall über die Transmitter und, noch genauer, über die Neuropeptide? Meine Frage ist, ob diese Peptide, die es wahrscheinlich nur in begrenzter Zahl gibt, tatsächlich zu verschiedenen Fragmenten verarbeitet werden können, geradeso wie viele Botschaften in verschiedene Neuronen geschickt werden.

BRENNER:

Was ich gleich sagen werde, wird wahrscheinlich diejenigen unter meinen Kollegen erzürnen, die Pharmakologen sind. Aber soweit ich weiß, steht nur bei einem einzigen Peptid fest, daß es als ein Neurotransmitter wirkt, und das ist Substanz P. Alle übrigen Fälle scheinen anders gelagert zu sein. Wir sollten deshalb die Möglichkeit in Betracht ziehen, daß diese Peptide eine andere Funktion haben, vielleicht eine trophische Funktion oder eine Funktion bei Lernvorgängen. Die Natur ist sehr opportunistisch und zwar der Weise, daß, wenn Elemente zur Hand sind und für irgendetwas anderes verwendet werden können, sie auch tatsächlich dafür verwendet werden. Das könnte erklären, weshalb alle diese Peptide sich in den Eingeweiden befinden, denn sie können sich eigentlich nicht dort zur Erläuterung des folgenden Satzes befinden: „Ich habe ein gutes Gefühl in den Eingeweiden." [Unübersetzbares Wortspiel mit „gut" – Eingeweide – und „good" – gut –, Anm. d. Übers.] Die Zahl der Neurotransmitter könnte recht klein sein.

ITO:

Die Schwierigkeiten bei der Erforschung neuronaler Netze werden oft verglichen mit denjenigen, die entstehen, wenn man versucht herauszufinden, was in einem Buch steht, indem man dessen chemische und physikalische Eigenschaften analysiert. Fallgruben dieser Art sollten wir vermeiden.

PLOOG:

Ich möchte die Ansicht in Frage stellen, daß Schaltpläne und all das, was damit zusammenhängt, Verhalten erklären könnten. Man kann diesen Sachverhalt auf den Kopf stellen und sagen: Die Umwelt hat das Nervensystem geformt und es besser angepaßt; die komplexen Systeme, die der Mensch während der Evolution des adaptiven Verhaltens ausbildete, wurden durch Bewältigung der Umwelt leistungsfähiger. Hilfreicher wäre es, den algorithmischen Transfer vom Verhalten zum Nervensystem zu kennen. Nicht einmal das Verhalten einfacher Organismen läßt sich bestimmen, indem man lediglich den Grundriß aufzeichnet und dann Vorhersagen über das Verhalten macht. Das ist ebenso, wie wenn man ein Spielzeugflugzeug hernimmt, sich dessen Schaltungen anschaut und fragt: „Wozu dient das?" Man würde niemals auf die Idee kommen, daß dieser Apparat zum Fliegen gemacht ist. Ich bin mir sicher, daß Sie viel dagegen einwenden können. Sie werden mich gewiß auch davon überzeugen können, daß die Analyse der Schaltpläne schließlich Verhalten erklären wird. Ich wüßte aber gerne, ob Sie diesen Ansatz zur Erklärung von Verhalten nicht paradox finden.

BRENNER:

Hierbei gibt es zwei Fälle. Ich würde gerne den Fall eines plastischen Nervensystems gesondert betrachten, wo Verhalten und Nervensystem gut aufeinander abgestimmt sind, weil der Input durch die Struktur selbst übersetzt wird. Dies unterscheidet sich von der Situation, wo der Organismus gut an seine Umwelt angepaßt wird, weil der Input durch etwas übersetzt worden ist, das die Umwelt nicht direkt lesen kann, nämlich die Gene, und wo wir uns auf die natürliche Auslese berufen. Die natürliche Auslese kann nicht planen; sie kann Verhalten lediglich verwenden, um abzuschätzen, ob die Gene ihre Arbeit gut gemacht haben. Jedoch gibt es sehr erfolgreiche Tiere, die sozusagen hart verschaltet sind. In diesen Fällen können wir eingegrenzte Fragen stellen, die es tatsächlich erlauben zu prüfen, was wir mit „Erklärung von Verhalten" meinen. Wir müssen eine Interpretation haben, die mehr aussagt, als daß Tiere gut an ihre Umwelt angepaßt sind. Die tiefere Interpretation muß die Gene und die Entwicklungsprozesse umfassen, die solche Nervensysteme konstruieren, die dieses wohlangepaßte Verhalten zeigen können.

PLOOG:

Wenn das wahr wäre, würden Sie keine Analyse von oben nach unten benötigen, sondern würden mit einer vollkommen deterministischen Form des adaptiven Verhaltens auskommen. Adaptives Verhalten soll heißen, daß der Organismus durch selektive Veränderung der Gene „lernt".

BRENNER:

Nein, der Organismus lernt nicht.

PLOOG:

Richtig, aber im Evolutionsprozeß tritt Anpassung nicht nur durch die Herstellung neuer Gene auf, sondern auch durch die Formung der genetischen Ausstattung entsprechend den Anforderungen der Umwelt. Eine vollständig deterministische Sichtweise kann nicht funktionieren, weil Veränderungen der Umwelt von einer Beschaffenheit sind, daß sie viele Arten auslöschten, die nicht in der Lage waren, Umweltveränderungen erfolgreich zu meistern.

BRENNER:

Sie haben recht. Aber es bleibt noch immer beträchtlich viel für uns übrig, was wir untersuchen, ausprobieren und erklären müssen. Ich glaube, wenn man etwas sehr Spezifisches anpackt, wird man diese allgemeinen Prinzipien herauspräparieren können.

GLOWINSKI:

Eines der interessantesten Probleme ist es zu erklären, wie eine vollständige funktionelle Erholung erreicht wird, etwa die des Gedächtnisses bei Transplantationsexperimenten, wo die transplantierten Zellen sich nicht in ihrer normalen Umgebung befinden, das heißt, wo sie abgetrennt sind von ihren Afferenzen.

BRENNER:

Dazu muß ich folgendes erklären können: Wenn ich bei einem Frosch den optischen Nerv durchschneide, wie können dann alle Fasern an die richtigen Stellen nachwachsen, so daß der Frosch die Welt wieder korrekt wahrnimmt? Meiner Ansicht nach sind die Bahnen noch da.

GLOWINSKI:

Aber in diesem Fall sind die transplantierten Zellen nicht dort, wo sie sich normalerweise befinden.

BRENNER:

Das macht nichts. Sie können an den Ort kommen, wohin sie sich bewegen.

GLOWINSKI:

Nein, diese Zellen produzieren ihren Transmitter und setzen ihn in ihrem normalen Zielgebiet frei; aber ihre Zellkörper befinden sich nicht an der geeigneten Stelle, um in angemessener Weise mit ihren Afferenzen verknüpft zu sein.

DINSDALE:

Sie haben kurz „MTPT“ als ein Modell für den Parkinsonismus erwähnt. Es ist das bisher beste Tiermodell, aber Sie deuteten an, Sie sähen andere interessante neue Entwicklungen. Vielleicht können Sie das näher erläutern.

BRENNER:

Erlauben Sie, daß ich ein Bild male. Angenommen, es wäre wahr – und ich glaube es –, daß sich Gene wegen einer bestimmten DNS-Sequenz spezifisch in bestimmten Zellen exprimieren. Das ist für das Insulin bewiesen, und ich nehme an, es stimmt auch beispielsweise für Somatostatin. Das Somatostatin-Gen könnte isoliert und mit einem anderen genetischen Element gekoppelt werden. Wir können uns eine Verbindung mit einem Gen vorstellen, dessen Produkt die Zelle umbringt. Damit könnte ich alle Somatostatin produzierenden Zellen entfernen. Wenn diese durch ihre Genexpression in Unterklassen zerfallen, werden wir diese ebenfalls finden. Ich vermute, wir werden in den nächsten Jahren in der Lage sein, Tiere mit spezifischen Genen herzustellen, die sich in spezifischen Zellen exprimieren.

OLIVERIO:

Ich vermute, daß sogar auf der Ebene der Hardware, etwa beim Fortbewegungsverhalten von Wirbellosen, einige Schwierigkeiten auftreten. Beispielsweise gibt es innerhalb derselben Fliegenart Populationen, die, sagen wir, 2 Meter fliegen und andere, die 20 Meter fliegen. Sie kreuzen sich niemals und schaffen – um in der Begrifflichkeit der Evolutionstheorie zu bleiben – eine Art Paarungsschranke. Diese Verhaltensweise besitzt vielleicht zusätzliche Komponenten, die durch die Analyse der Fortbewegungs-Hardware nicht gefunden werden können.

BRENNER:

Ich stelle die Frage in der allerextremsten Form: Kann man alles berechnen, wenn man lediglich den Schaltplan besitzt? Man könnte sagen, das sei ebenso, wie wenn man das Universum aus einem Verzeichnis der Elementarteilchen und ihrer Wechselwirkungen berechnen wollte. Aber biologische Organismen unterscheiden sich dadurch von physikalischen Systemen, daß sie Vorschriften für ihren Bauplan in sich tragen. Die Umwelt hat diese Vorschriften selektiert. Es ist daher gleichgültig, wie exakt oder ungenau das Verhalten ist, es reicht aus, denn es hat überlebt. Wir können fragen, ob *wir* es ebensogut wie die Organismen berechnen können.

HESS:
Einem neuronalen Netz entweder deterministische oder indeterministische Eigenschaften zuzuschreiben, könnte zu Unklarheiten führen, denn im Lichte neuer Entwicklungen über die Eigenschaften nichtlinearer Systeme sind diese klassischen Unterscheidungen ziemlich ungenau. Dennoch mag es hilfreich sein, den Grad der Komplexität durch eine Matrix der beteiligten Schaltpläne zu bestimmen. Würden Sie uns eine Vorstellung von der Größenordnung eines neuronalen Netzes bei Wirbellosen wie Nematoden oder Fliegen geben? Das könnte deren Komplexitätsgrad veranschaulichen.

BRENNER:
Weibliche Nematoden haben 323 Neuronen, männliche haben mehr. Für die Zahl der Verbindungen zwischen diesen Neuronen läßt sich eine Matrix aufstellen. Diese Zahl beträgt mit Sicherheit weit weniger als 323 im Quadrat, weil nicht jedes Neuron mit jedem anderen verbunden ist. Die Zahl der Verbindungen liegt etwa in der Größenordnung von Zehntausend, nicht von Hunderttausend. Fliegen sind komplexere Systeme, denn sie können lernen. Sie leben lange genug, daß Lernen für sie von Wert ist. Stürben die Tiere vor Abschluß eines Lernprozesses, hätte dessen natürliche Auslese nicht viel Sinn für sie. Ein gutes Beispiel liefert das Immunsystem. Warum lohnt es sich nicht, alles in der Keimbahn gespeichert zu haben? Einiges kann in der Keimbahn gespeichert sein. Man könnte bei einer bestimmten Spezies eine Voraussage über eine allgemeine Klasse von Antikörpern treffen, die optimal wäre für alle ihre Mitglieder. Aber es zahlt sich aus, zusätzlich ein individuelles Immunsystem zu besitzen, das durch eine Auswahl aus dieser allgemeinen Klasse von Antikörpern erworben wird, weil die Prognose für ein individuelles Leben sehr viel besser wird, sogar für solche Tiere, die nur eine Jahreszeit lang leben. Ebenso ist es von enormem Vorteil, ein flexibles Nervensystem zu besitzen, obwohl man dadurch sozusagen vollständig unwissend geboren wird. Denn mit ihm kann man letztlich eine größere Zahl von Aufgaben ist größerer Leichtigkeit ausführen als der Nematode, der bei seiner Geburt alles über Nematoden und deren kleines Universum weiß.

HESS:
Ich bin dankbar, daß Sie die Analogie mit dem Immunsystem in die Diskussion eingebracht haben, weil sie gewiß sehr illustrativ ist. Aber offensichtlich muß das Genom von Lebewesen, die ein Immunsystem besitzen, bedeutend größer sein. Daher wollte ich Sie fragen: Wo ist der qualitative Sprung von der einfachen Fliege (die natürlich eine gewisse Zahl von Eigenschaften nach den Gegebenheiten der Umwelt und durch Selektion festlegen kann) hinauf auf die Ebene, wo wirkliche Schwierigkeiten entstehen, weil die Größe des Genoms es erlaubt, bestimmte Reaktionen zu verarbeiten, die wir „Lernen“ nennen?

BRENNER:
Ein Lebewesen, das zu lernen vermag, kann die Größe seines Genoms reduzieren, weil nicht so viel im voraus festgelegt werden muß. Ein flexibles Nervensystem nimmt Information auf, indem es einen generalisierten Prozeß anwendet. Das mag weit weniger hart verschaltete Einzelvorschriften erfordern als etwa das Verhalten der Sandwespe, die Wissen über unterirdische Nester in ihren Genen gespeichert haben muß. Wie mir scheint, bietet ein plastisches Nervensystem offenkundige und bedeutende Vorteile.

OLIVERIO:
Ich möchte nicht paradox erscheinen, aber es handelt sich doch darum: Abnormes Verhalten wie Schizophrenie ist durch extreme Komplexität gekennzeichnet. Sogar bei Wirbellosen und niederen Wirbeltieren sind die sogenannten Verhaltenseinheiten komplex und manchmal ziemlich künstlich.

BRENNER:
Ich finde, das ist ein schwieriger Punkt, würde aber zustimmen, weil die meisten Verhaltensbeschreibungen narrativer und nicht analytischer Art sind. Man hat das Gefühl, daß es so etwas wie eine Verhaltenseinheit gibt. Wenn es möglich wäre, Verhalten in diese Einheiten zu zerlegen, dann könnten wir seine Repräsentationen suchen. Ich vermeide die Frage nach der Definition der Verhaltenseinheit, weil ich diese Einheit hervorbringen will, indem ich versuche, eine Vorschrift, einen Algorithmus, eine Struktur oder einen Plan dafür zu finden; ich bin an dem natürlichen Plan interessiert, der das Verhalten tatsächlich hervorbringt.

HAMPSHIRE:
Im Anschluß an das eben von Sydney Brenner Gesagte möchte ich eine Bemerkung zu dem Begriff „Erklärung“ machen. Wir sollten uns bewußt sein, daß die Vorstellung der Komplexität relativ ist in Bezug auf die Form der Erklärung, die man ins Auge faßt. Das heißt, wenn man eine Erklärung in quasi-mechanischen Begriffen anstrebt (etwa wenn man die Zahl gesonderter Einheiten berechnet, gleichgültig, ob es sich um Neuronen oder Synapsen handelt), dann kann man sagen, ein System sei komplexer als ein anderes, das weniger Elemente dieser Art hat. Aber was diese Elemente sind, das ist relativ zum Typus der Erklärung. Dieser Punkt tauchte bereits bei der Beschreibung von Verhalten auf. Man kann die harte Verschaltung dem Verhalten angleichen, indem man so lange an der Sache herumdreht, bis sie paßt. Dann erhält man eine bestimmte Form der Erklärung. Unabhängig davon, ob es sich um Würmer oder Menschen handelt, sollte klar sein, daß es nicht eine einzige Form der Erklärung gibt, nicht nur deshalb nicht, weil wir Raum lassen müssen für teleologische Erklärungen oder Erklärungen in der Art der Naturgeschichte, sondern auch in dem grundlegenderen Sinn, daß jede Theorie, die wir zu irgendeiner Einheit in Bezug setzen, bereits eine Theorie über die Einteilung der Elemente voraussetzt, die dann als bewegliche Bestandteile gelten sollen. Wir gleichen innerhalb eines theoretischen Rahmens den Output dem Input so an, daß er paßt. Hierbei besteht immer die Gefahr einer unangemessen realistischen Betrachtungsweise sowie der Vorstellung, bestimmte Dinge seien an sich komplexer als andere. Obwohl man das in einem gewissen Sinne sagen kann, sollte man doch nicht in diese Haltung verfallen, wenn man ernsthaft das Wesen der Erklärung diskutieren will.

DIETZ:
Wenn ich recht verstehe, umfaßt das Publikum, an das wir uns wenden, auch Nichtwissenschaftler. Ich würde gerne drei ethische Probleme darlegen, die sich durch Dr. Brenners Vortrag aufdrängen und die sich wohl auch dem Durchschnittsbürger aufdrängen würden. Bei dem ersten Problem handelt es sich um folgendes: Wenn Sie, Dr. Brenner, postulieren, daß das menschliche Nervensystem sich auf der Ebene der Komplexität nicht so sehr vom Nervensystem der Wirbellosen unterscheidet, sagen Sie dann nicht, daß der Mensch *nicht* der Mittelpunkt des Universums ist? Manchem Bürger wird ihr Postulat ebenso häretisch erscheinen wie Galileis Ansichten dessen Zeitgenossen erschienen sind. – Das zweite Problem betrifft die Frage, ob die Grundlagenforschung uns Auskunft geben kann über die Unmöglichkeit der Gedankenkontrolle in der nahen Zukunft. Dies ist für den Durchschnittsbürger ein sehr substantielles Problem. Für ihn wäre es beruhigend zu wissen, daß es in absehbarer Zukunft keine kommunistischen Gene oder republikanischen Moleküle geben wird und daß die Kontrolle politischer Ideologien außerhalb der absehbaren Reichweite der Grundlagenforschung liegt. – Die dritte Frage ist, ob die Neurowissenschaften uns über den freien Willen aufklären können oder nicht. Der Durchschnittsbürger fürchtet unter anderem, die Konzentration auf Struktur und Funktion des Nervensystems werde uns zu einer rein deterministischen Betrachtungsweise führen. Wenn es sich anders verhält, sollte auch diese Furcht ausgeräumt werden.

ROY:
Mir fällt es etwas schwer, einen roten Faden in dieser Diskussion zu finden. Bitte erlauben Sie, Dr. Dietz, Ihre letzte Frage an Dr. Brenner aufzugreifen. Vor ein oder zwei Jahren las ich im *Scientific American*, daß einige Wissenschaftler imstande seien, das Fortpflanzungsverhalten einer bestimmten Schnecke in Verbindung zu bringen mit einem spezifischen Set von Genen. Das scheint dem nahezukommen, was Sie, Dr. Brenner, eine Erklärung genannt haben: Wenn wir ein Verhalten in Relation setzen können zu dem Schaltplan, dann haben wir eine Erklärung dafür. Meinen Sie, daß wir versuchen sollten, so viele Erklärungen dieser Art wie möglich für das menschliche Verhalten zu finden und daß wir dann zusehen sollten, wohin uns das führt? Falls Sie dieser Ansicht sind, kann ich nur sagen: warum nicht. Ich denke, es wird noch lange dauern, bis wir dies erreichen und inzwischen haben wir noch viel Zeit, um die Ethik des freien Willens zu klären.

BRENNER:
Meiner Ansicht nach ist die Tatsache, daß ich mich entschloß diese Art von Arbeit zu machen, ein Akt freien Willens meinerseits. Ich glaube nicht, daß ich einige Gene habe, die mir sagten: „Vorwärts, arbeite über Nematoden!“, und andere Gene, die mir sagen: „Vorwärts, arbeite für den Menschen!“ Zu den bemerkenswerten Eigenschaften biologischer Forschung gehört, daß die technischen Mittel, die in den letzten zehn oder fünfzehn Jahren entwickelt wurden, es jetzt tatsächlich erlauben, vollständige Beschreibungen beliebiger biologischer Forschungsobjekte ins Auge zu fassen. Meiner Meinung nach ist es richtig zu fragen: Wenn wir diese Information bekommen, was kann sie bedeuten? Wie können wir sie zusammenfügen, damit sie

ein Teil des eigentlichen Inhalts der Wissenschaft wird? Darin besteht unsere Aufgabe und wir müssen diese Fragen stellen. Das Nervensystem von Nematoden mag total langweilig sein und letztendlich mag es nur ein einziges interessantes Nervensystem im gesamten Universum geben – unser eigenes. Vielleicht sollte man mit der Arbeit an Schnecken, Nematoden und Fliegen aufhören und am menschlichen Nervensystem arbeiten, aber nicht jetzt. In fünfzig Jahren werden wir möglicherweise zu diesem Schluß kommen.

ROY:
Wie mir scheint, besteht im Falle dieser Schnecke eine Punkt-zu-Punkt Beziehung zwischen ihrem Schaltplan und ihren einzelnen Bewegungen. Daher muß man vermutlich nicht notwendigerweise sehr viel über die Umwelt dieser Schnecke wissen, um aus dem Schaltplan vorhersagen zu können, welche Bewegungen sie ausführen wird. Allerdings ist es schwierig sich vorzustellen, daß sogar dann, wenn wir den ganz detaillierten Schaltplan von Dr. Brenners Gehirn hätten, wir vorhersagen könnten, er werde sich mit diesen Nematoden abgeben, obwohl wir eine Menge über die Umwelt wissen, in der sein Schaltplan arbeitet, nämlich in einer bestimmten wissenschaftlichen Umwelt zu einer bestimmten Zeit. Weshalb spielen wir herum und versuchen herauszuarbeiten, wie das Schaltsystem einer Schnecke, eines Wurmes oder wessen sonst eine bestimmte Verhaltensweise hervorbringt? Wie können wir sie Punkt für Punkt in Verbindung setzen mit dem Schaltsystem? Ich weiß, die Frage klingt vielleicht etwas einfach. Aber mir scheint, sie entscheidend zu sein in Bezug auf das, was Sie, Dr. Brenner, zur Erklärung von Verhalten sagen.

BRENNER:
Vielleicht darf ich beinahe vulgär sein und darauf hinweisen, daß Wissenschaftler immer noch an Kausalität interessiert sind. Bei dem Nematoden ist Kausalität verbunden mit den Genen, und – wie ich vermute – sie wurzelt auch beim Menschen teilweise in den Genen. Aber bei ihm ist eine weitere Kausalkette mit der Geschichte der Inputs verbunden, und wir müßten damit beginnen zu prüfen, wie wir auch sie untersuchen können. Mein Schaltplan ist ein Produkt meiner Gene *und* meiner Erfahrung, und ich würde gerne wissen, wie die Erfahrung in ihm verschlüsselt wurde. Wie könnte ich meinen gegenwärtigen Schaltplan ermitteln?

ROY:
Aber ich glaube nicht, daß Sie hoffen können, jemals in der Lage zu sein, Ihren eigenen Schaltplan zu ermitteln.

BRENNER:
Weshalb nicht? Man nennt das Introspektion.

ITO:
Wenn wir Neurophysiologen über die zentralen Nervensysteme von Säugern wie Ratten, Kaninchen, Katzen und Affen arbeiten, glauben wir, daß unsere Untersuchungen zu einem Verständnis der Hirnmechanismen führen werden, nach einigen geeigneten Extrapolationen sogar der Mechanismen des menschlichen Gehirns. Deshalb lausche ich dieser hektischen Diskussion über die Implikationen der Untersuchung neuraler Netze mit Überraschung.

HAMPSHIRE:
Wir müssen, glaube ich, verstehen, daß Sydney Brenner einfach ein wenig provokativ ist, wenn er sagt, er wolle alles erklären. Was er meint ist, daß er alles erklären will innerhalb einer klassischen kausalen Theorie der Arbeitsweise des Gehirns. Diese unterstellt bereits eine Teilung des Gehirns in Elemente, in Übereinstimmung mit dem Wissen der Physik und Chemie, das bestimmt, welche Elemente herausgegriffen werden. Denn man greift sich die Elemente heraus, von denen man bereits weiß, wie sie arbeiten. Es ist falsch zu sagen, dabei handle es sich bereits um eine Totalerklärung aus jeder nur vorstellbaren Perspektive. Es ist einfach ein rhetorischer Kunstgriff zu sagen, daß erstens die primäre Form der Erklärung eine kausale ist, daß man zweitens alle Untersuchungen mit kausalen Erklärungen beginnt und schließlich, daß das, was kausale Erklärung bedeutet, sich in jedem Forschungsprogramm finden läßt, das seinerseits wiederum bestimmt ist durch das, was aus der Grundlagenforschung bekannt ist. Einfach unwahr ist die Behauptung, eine kausale Erklärung erschöpfe alles, was sich zur Erklärung der Funktionsweise des Gehirns sagen läßt. Daher denke ich, daß viele der Argumentationen, in die wir hineingezogen werden könnten (aber nicht sollten), von dem Anspruch abhängen, sie seien die einzigen, erschöpfenden oder letzten Erklärungen – sie sind die ersten, aber keinesfalls die einzigen oder letzten.

ITO:
Wir verstehen heute bis zu einem gewissen Grad die einfachen Nervensysteme von Nematoden, von Aplysia und sogar das Rückenmark und das Kleinhirn von Säugern. Über andere Teile des Säugerhirns dagegen, etwa den zerebralen Neocortex, den Hippocampus und die Basalganglien, ist unser Wissen noch mager. Daher ist es eine Frage der Zeit, bis wir zu einem substantiellen Verhältnis von Struktur und Funktion neuronaler Netze in allen Teilen des Gehirns kommen werden. Ist es nicht ehrlich anzunehmen, daß wir dann unseren Geist auf der Grundlage unseres Wissens über das Gehirn verstehen werden?

HAMPSHIRE:
Wenn ein Augenarzt die Arbeitsweise des Auges vollkommen versteht und zwar unter dem Gesichtspunkt, daß er imstande ist, die gewöhnlichen Augenkrankheiten zu heilen – würden Sie dann sagen, er verstehe alles, was sich über das Sehen sagen läßt? Sie würden das nicht behaupten! Sie würden sagen, dies sei ein Instrument, das funktioniert und das einen bestimmten Bereich des menschlichen Lebens, nämlich das Sehen, determiniert. Aber es gibt noch viele andere Dinge, die sich über das physikalische Objekt Auge sagen ließen, andere Dinge als sie eine Theorie von der Art enthält, wie sie der Augenarzt benötigt, um das Auge zu heilen. Sogar im Bereich der kausalen Erklärung gibt es verschiedene Ebenen und Typen der Erklärung.

ITO:
Aber viele Hirnforscher glauben, das Wissen über neuronale Netze sei substantieller.

HAMPSHIRE:

Die Hirnforscher haben offensichtlich recht mit ihrem Glauben. Aber ich streite ausschließlich dafür, daß diese Sichtweise ihren Gegenstand nicht erschöpft, nicht einmal bei einem Organ wie dem Auge, das meiner Vermutung nach relativ gesehen einfacher als das Gehirn ist. Diese Betrachtungsweise erschöpft ihren Gegenstand nicht, weil es alle möglichen funktionellen Fragen gibt, alle möglichen ästhetischen Fragen und dergleichen mehr, an denen man möglicherweise interessiert ist, wenn man das physikalische Objekt Auge untersucht. Beispielsweise könnte man daran interessiert sein, wie man das visuelle Unterscheidungsvermögen verbessern kann, und zwar nicht notwendigerweise in dem grundlegenden körperlichen Sinn, sondern im Sinne einer visuellen Sensibilität oder dergleichen. Wenn man über das Gehirn spricht, ist man letzten Endes an Fragen dieser Art interessiert.

ITO:

Um anatomischen Strukturen Funktionen zuordnen zu können, müssen wir über konstruktive Modelle verfügen. Die Netzwerke des Kleinhirns beispielsweise wurden von David Marr, Albus und anderen im Modell nachgebildet und man kann sich das Ganze als ein einfaches Perzeptron oder einen anpassungsfähigen Filter vorstellen. Bei anderen Teilen des Gehirns hat sich der Ausbau des konstruktiven Ansatzes sehr verzögert, so daß große Lücken zwischen Strukturen und Funktionen bleiben.

ROY:

Wie ich – in sehr einer verwirrenden Begrifflichkeit – gehört habe, gibt es wenigstens zwei (vielleicht sogar mehr) Bedeutungen des Wortes „Verstehen". Dr. Ito verwendete das Wort „Verstehen", Dr. Brenner das Wort „Erklärung" und Dr. Hampshire versuchte uns nahezubringen, es gebe verschiedene Formen der Erklärung, wobei jede dem Wort „Verstehen" eine andere Bedeutung gibt. Wir sind hier nicht versammelt, um die gesamte Epistemologie der verschiedenen Formen des Verstehens durchzugehen. Der einzige Appell, der, wie mir scheint, deutlich durchzuhören ist, lautet: Wir sollten nicht auf die Gesamtheit des menschlichen Wissens unkritisch ein einziges sehr starkes und sehr bedeutendes Modell des Verstehens anwenden.

ITO:

Ich habe mich zwar auf mehrere ethische Fragen in den Neurowissenschaften vorbereitet, hier aber scheint mir das faszinierendste ethische Problem die Möglichkeit zu betreffen, daß wir unseren Geist in Begriffen von neuronalen Netzen und Systemen verstehen können. Beeinträchtigt diese Möglichkeit das Gefühl der menschlichen Würde?

HAMPSHIRE:

Ich zögere, auf diese sehr weite Frage eine Antwort zu geben. Ich selbst bin nicht dieser Ansicht. Denn man untersucht ein Organ, das wichtig, zugleich aber ein Organ ist, das benutzt wird. Deshalb verwies ich auf die Analogie mit dem Auge. Denn mir scheint, wir erkennen, daß das Auge etwas ist, das wir zum Sehen verwenden und wir erkennen ebenso, daß wir das Gehirn zum Denken und zu anderen Dingen verwenden. Aber ich sehe keinen Grund, irgendwelche absehbaren Fortschritte beim Verstehen (im Sinne von Sydney Brenner: kausales Verstehen) des Gehirns zu sehen, irgend etwas, das uns dazu bringen könnte, nicht mehr in der Weise vom Gehirn zu sprechen, wie wir es gegenwärtig tun. Denn wir müssen miteinander über unsere Wünsche, unsere Überzeugungen und andere Einstellungen sprechen. Dieses Vokabular würde gewiß ein Verstehen des Gehirns überleben, ebenso wie das Vokabular des Sehens das Verstehen der Arbeitsweise des Auges überlebte.

HESS:
In dieser Diskussion könnte es von Nutzen sein, einige neue Aspekte zu akzentuieren, die sich aus interdisziplinären Untersuchungen über die Eigenschaften komplexer Reaktionsnetze ergeben haben. Diese Netze sind wesentlich gekennzeichnet durch ihre von vielen Komponenten abhängigen und daher nichtlinearen Interaktionsstrukturen. Wegen der Nichtlinearität gekoppelter Interaktionen sind die globalen dynamischen Eigenschaften solcher Netze vielfältiger Art; sie sind nicht einfach das Ergebnis einer Summation ihrer einzelnen Eigenschaften. Hier beobachten wir mehrere stabile Zustände und komplexes hysteretisches Verhalten koexistierender Zustände, periodische Schwingungen und besonders aperiodische Schwingungen, die unter dem Namen Chaos bekannt sind. Wie man weiß, treten alle diese Zeitstrukturen in einfachen Neuronen und neuronalen Netzen auf. Als ein neuer komplexer dynamischer Zustand ist Chaos in diesem Zusammenhang von besonderem Interesse. Obwohl chaotische Schwingungen zufälliger Natur zu sein scheinen, können diese Schwingungen durch deterministische Gleichungen beschrieben werden und erhielten daher den Namen „deterministisches Chaos". Andererseits sind trotz dieser deterministischen Eigenschaft langfristige Voraussagen über chaotisches Verhalten nicht möglich. Denn chaotische Zustände sind empfindlich für mikroskopische Fluktuationen. Daher haben wir es hier mit dynamischen Zuständen zu tun, die weder streng deterministisch im klassischen Sinne sind noch zufällig. Interessant ist die Feststellung, daß relativ wenige (zwei oder drei) Variablen in einem Interaktionsnetz ausreichen, um chaotische Zustände hervorzubringen. Gegenwärtig werden die mechanistischen und Interaktionseigenschaften komplexer Systeme, die chaotische Zustände aufweisen, vielerorts analysiert. Im Gefolge dieser neuen Charakteristika sollten wir unsere Aufmerksamkeit richten auf die Bedeutung der inneren Dynamik als Basiseigenschaft von Hirnfunktionen, von Wahrnehmung, von plastischen Reaktionen und von molekularem Lernen. Außerdem sollten wir uns die Frage nach einer grundlegenden Neuformulierung klassischer Konzepte wie Determinismus beziehungsweise Indeterminismus stellen.

ITO:
Die Diskussion vollzog sich in drei Schritten. Zunächst wurden die Perspektiven der Neurowissenschaften bei der Aufklärung von Struktur und Funktion neuronaler Netze des Gehirns diskutiert und verschiedene Meinungen über Umfang und Grenzen der Neurowissenschaften vorgetragen. Erfolge bei der Analyse einfacher Netze wie der von Nematoden scheinen offensichtlich. Doch lassen sie sich auf Wirbeltiere oder den Menschen übertragen? Mit Hilfe neuer Techniken und neuer Methodologien bleibt noch viel zu erforschen, bevor wir imstande sein werden zu verstehen, daß neuronale Netze das Wesen unseres Gehirns sind. – Der zweite Teil der Diskussion beruhte auf der Voraussetzung, neuronale Netze könnten möglicher-

weise erklärt werden. Das verband sich mit der Frage, ob nicht die Barrieren zwischen den Hirnmechanismen von Wirbellosen, Wirbeltieren und Menschen niedergerissen werden, wenn ihnen allen neuronale Netzstrukturen gemeinsam sind. Diese Frage enthält ethische Implikationen von genau der Art wie die Frage, die sich erhob, als der Nachweis der Kontinuität der DNS-Struktur zwischen den verschiedenen Arten auf dieser Ebene die Diskontinuität der Arten beseitigte. – Die abschließende Diskussion wandte sich der Frage zu, ob das Wissen über das Gehirn es erlaube, das Gehirn durch eine Maschine zu ersetzen. Diese Frage beruhte einmal mehr auf der Voraussetzung, daß irgendwann jede Einzelheit unsere Hirnmechanismen aufgeklärt sein wird. Deshalb gab es darauf keine sichere Antwort. Allerdings wurde betont, sogar ein solches Wissen über das Gehirn habe nichts zu tun mit den Erfahrungen, die Individuen in ihren Gehirnen gespeichert haben.

Sitzung III

JACQUES GLOWINSKI

Neue Erkenntnisse über die chemische Erregungsübertragung im Gehirn

Vor zwanzig Jahren steckte die Neuropharmakologie noch in den Kinderschuhen. Die Gruppe der Neurotransmitter, die man im zentralen Nervensystem identifiziert hatte, beschränkte sich im wesentlichen auf die Monoamine. Der Funke, der zur Initialzündung für die Entwicklung dieser Disziplin wurde, kam von schwedischen Studien, in denen zum ersten Mal die Existenz einzelner monoaminerger Stoffwechselwege im Gehirn nachgewiesen wurde. Die Analyse des zentralen Katecholaminstoffwechsels (von Noradrenalin und Dopamin) stand noch am Anfang, aber sie ermöglichte die Untersuchung der Reaktionsmechanismen verschiedener psychotroper Medikamente, deren Wirkungen auf das Verhalten in der Psychiatrie bereits einige Jahre zuvor beschrieben worden waren. Verglichen mit den hochentwickelten und eleganten Methoden der Elektrophysiologie waren die experimentellen Techniken der Neurochemie noch sehr grobschlächtig. Biochemische Untersuchungen waren im wesentlichen auf das Verständnis präsynaptischer Phänomene eingeschränkt, weil es keine Techniken gab, um die postsynaptischen, rezeptorgesteuerten Aspekte der Transmitterfunktion zu untersuchen. Der Versuch, biochemisch die postsynaptische Transmitterfunktion zu verstehen, wurde auf eindrucksvolle Weise durch die Entdeckung bestätigt, daß nigrostriatale dopaminerge Neuronen bei der Parkinsonschen Krankheit degenerieren sowie durch ermutigende Resultate, die den Wirkungsmechanismus antidepressiver und neuroleptischer Medikamente betrafen: Es wurde für möglich gehalten, daß Depressionen durch eine Funktionsstörung zentraler noradrenerger Neuronen hervorgerufen werden, während einem Teil der schizophrenen Symptomatologie eine Hyperaktivität dopaminerger Transmission im limbischen System zugrunde liegen könnte.

Seit damals ist unser Wissen über die elementaren Mechanismen neuronaler Kommunikation bedeutend gewachsen. Die Neuropharmakologie hat großen Anteil an dieser Entwicklung, denn die Entdeckung einer riesigen Zahl experimenteller Techniken hat sich als Angelpunkt erwiesen sowohl für die Zusammenführung der verschiedenen neurobiologischen Disziplinen wie auch bei Fortschritten in unserem Verständnis der Neurotransmission.

Drei komplementäre Forschungsstränge haben besonders zu den Fortschritten auf diesem Gebiet beigetragen. Erstens hat die Entdeckung einer Fülle von Neurotransmittern und ihren Rezeptoren den Reichtum an chemischen Signalen zwischen Neuronen aufgezeigt. Außer dieser Vielfalt verschiedener Signale besitzen die

Neuronen noch ein bemerkenswertes Repertoire von Reaktionsformen auf diese Signale und demonstrieren so die Komplexität der Informationsverarbeitung im Nervensystem. Als Ergebnis der raschen Entwicklung neuer neuroanatomischer Techniken wurde schließlich die Kartierung neuronaler Bahnen und Netzwerke möglich. Dieses Wissen hat sich als unschätzbar bei der Untersuchung der zerebralen Funktionen und ihrer Störungen erwiesen, ganz zu schweigen von den Effekten psychotroper Substanzen auf das Verhalten.

Neurotransmitter und Rezeptorvielfalt

Mehr als fünfzig Kandidaten für Neurotransmitter oder Neuromodulatoren sind bis jetzt beschrieben worden und diese Liste wächst ständig (obwohl man zugeben muß, daß in vielen Fällen der endgültige Beweis, daß es sich tatsächlich um einen Neurotransmitter handelt, keineswegs klar geführt worden ist). Diese Moleküle gehören zu drei Familien: den Aminen, den Aminosäuren und der ständig anwachsenden Familie der Neuropeptide. Viele dieser Neuropeptide erwiesen sich als alte Bekannte – man kannte sie bereits als zirkulierende Hormone, gastrointestinale Hormone oder als Faktoren aus der Hypophyse. Während die Vielfalt dieser neuronalen Boten schon als solche bemerkenswert ist, hat die Entdeckung von Hökfelt und Mitarbeitern, daß zwei oder drei dieser Boten im selben Neuron koexistieren, unser Konzept der Neurotransmission völlig verändert. Immer häufiger findet man, daß Neuronen nicht nur einen klassischen Neurotransmitter enthalten (eine Aminosäure oder ein Monoamin), sondern auch ein Neuropeptid, dessen Identität sogar innerhalb einer Neuronengruppe variieren kann. So enthalten zum Beispiel bestimmte dopaminerge Neuronen Cholecystokinin, während andere Neurotensin enthalten. Wir sind weit davon entfernt, die funktionelle Bedeutung dieses gleichzeitigen Vorkommens mehrerer Boten zu verstehen. Neuere Studien im peripheren Nervensystem legen jedoch nahe, daß der selektive Ausstoß des klassischen Transmitters oder des Neuropeptids von der Stimulationsfrequenz abhängt und daß außerdem das Neuropeptid die Reaktion auf den klassischen Transmitter verstärkt oder abschwächt.

Die letzten zehn Jahre zeigten, parallel zur Beschreibung neuer chemischer Botenstoffe, daß unser Verständnis der Rezeptoren dieser Boten bedeutend gewachsen ist. In den Anfängen hat die Arbeit von Snyder und Mitarbeitern Wesentliches zu unserem Verständnis beigetragen. Es gibt eine große Zahl synthetisierter, radioaktiv markierter Substanzen, die zur Charakterisierung der Rezeptorbindungsstellen auf neuronalen Membranen verwendet werden können. Mit Hilfe dieser Substanzen wurde deutlich, daß mehrere verschiedene Klassen von Rezeptoren von demselben chemischen Boten erkannt werden können. Diese Rezeptor-Subtypen können – ebenso wie die Enzyme, die an Neurotransmittersynthese und -abbau beteiligt sind – neue Ziele für zukünftige Medikamente darstellen.

Dieser Überblick zeigt, wie weit die Neuropharmakologie sich entwickelt hat. Einige der vielversprechendsten Entwicklungen verdienen jedoch eine genauere Betrachtung. Bei den Aminosäuren sind es GABA, Glutamat und Aspartat, die als Neurotransmitter an der großen Mehrzahl der Synapsen ausgeschüttet werden. Postsynaptische (Typ A) GABA-Rezeptoren (sie inhibieren die Zielneuronen) waren Gegenstand besonders eingehender Untersuchungen, weil sie den Wirkort von Benzodiazepinen und Barbituraten darstellen. Präsynaptische (Typ B) GABA-Rezeptoren dagegen haben ein anderes pharmakologisches Profil und sind normalerweise auf Endigungen monoaminerger Neuronen zu finden. Neue Perspektiven tun sich auch für die exzitatorischen Aminosäuren auf. Zum Beispiel haben Coyle und Mitarbeiter vorausgesagt, daß Glutamat und Aspartat in bestimmten Fällen Hydrolyseprodukte von Di- und Tripeptiden sein können, die in der Tat die eigentlichen Substanzen sind, die bei der Neurotransmission ausgeschüttet werden. Schließlich führten sowohl Studien zum Mechanismus der Kainsäure und verwandter Neurotoxine als auch die Entdeckung mehrerer Glutamat-Antagonisten zur Charakterisierung von mindestens drei Klassen exzitatorischer Aminosäure-Rezeptoren.

Im Bereich der Monoamine verdienen mehrere Durchbrüche Beachtung. Durch die Anwendung wirkungsvoller neuer Techniken in der Molekularbiologie wurden die Sequenz und Struktur der vier Polypeptidketten bestimmt, die den nikotinischen Acetylcholinrezeptor bilden. Endogene Substanzen wurden entdeckt – möglicherweise handelt es sich um Peptide –, die vielleicht den Aufnahmeprozeß für Monoamine modulieren und daher ihre Inaktivierung regulieren. Diese Entdeckungen eröffnen ganz neue Möglichkeiten für die Konstruktion neuartiger antidepressiver Medikamente sowie für das Verständnis der Wirkungsmechanismen bereits verfügbarer Medikamente. Unser Wissen über die verschiedenen Unterklassen der Dopaminrezeptoren wurde jüngst durch die Entwicklung neuer selektiver Agonisten und Antagonisten verbessert. Besonders gute Forschungsergebnisse wurden bei den Benzamiden erzielt, eine neue Familie der Neuroleptika, deren Archetyp das Sulpirid ist. Hinzu kommt noch die Entdeckung, daß der Neurotransmitter Dopamin dendritisch ausgeschüttet wird; Untersuchungen der Wirkungen dieses ausgeschütteten Amins lassen es möglich erscheinen, daß in Neuronen einen Informationsfluß in zwei Richtungen besteht.

In der bemerkenswert kurzen Geschichte der Peptidforschung fanden die spektakulärsten Entwicklungen auf dem Gebiet der Opioidpeptide und der Tachykinine statt, von denen Substanz P am besten bekannt ist. Die Bedeutung dieser Forschung für unser Verständnis von Schmerzwahrnehmung und Analgesie ist unklar. Neuronen, die diese Peptide enthalten, innervieren eine große Zahl verschiedener Hirnregionen, und es ist daher zu vermuten, daß sie an der Kontrolle unterschiedlicher Hirnfunktionen beteiligt sind, einschließlich der des limbischen Systems. Erstaunlich an der Evolution der Forschung über Opioidpeptide ist die Geschwindigkeit, mit der die cDNSs und mRNSs – sie kodieren die Vorläufer dieser Peptide – kloniert und sequenziert wurden. Die ersten beiden Opioidpeptide, Leuenkephalin und Metenkephalin, wurden erst 1975 von Hughes und Kosterlitz aus Gehirnen isoliert. Anschließend wurde gezeigt, daß sie an Opiatrezeptoren binden. Seither wurden drei verschiedene Vorläufer des Opioidpeptids in drei voneinander unterschiedenen neuronalen Systemen gefunden. Diese Systeme sind jetzt kartiert worden. Die drei Vorläufer sind Proopiomelanocortin, Proenkephalin und Proneoendorphin-Dynorphin; aus ihnen entstehen durch enzymatische Spaltung β-Endorphin, Metenkephalin beziehungsweise Leuenkephalin, einige größere aktive Peptide und schließlich α- und β-Neoendorphin sowie Dynorphin A und B. Diese außerordentliche Verschiedenheit endogener Moleküle spiegelt sich in einer Vielzahl von Opioidrezeptoren, von denen vier, nämlich μ, δ, κ und σ, charakterisiert wurden. Jedes der Opioidpeptide bindet mehr oder weniger selektiv an einen dieser Rezeptoren, genau wie Morphin und seine Derivate.

Die Entdeckung, daß Substanz P in den C-Fasern enthalten ist, die die Schmerzinformation weiterleiten, hat in den letzten fünf Jahren zu zahlreichen Untersuchungen über dieses Peptid geführt. Die Untersuchungen von Otsuka und Mitarbeitern über Substanz P im Rückenmark deuten darauf hin, daß Substanz P die Funktion eines Neurotransmitters hat: Sie wird nach Stimulation der Dorsalwurzel kalziumabhängig ausgeschüttet und wirkt auf bestimmte spinale Neurone stark exzitatorisch. Darüber hinaus zeigte diese Arbeitsgruppe, daß Substanz P im unteren Bauchganglion eine neuromodulatorische Funktion hat. In diesen Zellen induziert Substanz P eine spät einsetzende, aber langandauernde Depolarisation, durch die die Zelle zwar noch keine Aktionspotentiale erzeugen kann, die aber die Bildung von Aktionspotentialen als Reaktion auf den Input durch andere Zellen erleichtert. In einem ähnlichen Ablauf der Ereignisse wie bei den Opioidpeptiden vollzog sich die Erforschung von Substanz P; sie wandte sich rasch auch anderen verwandten Tachykininen zu, besonders aber zwei Peptiden, die kürzlich im Zentralnervensystem von Säugern gefunden wurden: Substanz K und Neuromedin K. Diese Peptide wurden folgendermaßen untersucht: Ihre Vorläufer wurden isoliert; deren Aufspaltung in Peptide wurde untersucht; es wurden verschiedene Klassen von Tachykininrezeptoren im Gehirn und in peripheren Geweben charakterisiert; und schließlich wurde nach spezifischen Agonisten und Antagonisten gesucht, eine der Hauptschwierigkeiten in der Neuropeptidforschung.

Variabilität der durch Neuromediatoren hervorgerufenen Reaktionen

Unsere Vorstellung von der Kommunikation zwischen Neuronen wurde jahrelang durch das an den Vorgängen an der neuromuskulären Endplatte gebildete Modell beherrscht, sie war durch dessen Grenzen zugleich aber auch verengt. Heute hat sich unsere Vorstellung von der interneuronalen Kommunikation bedeutend erweitert. Dem Begriff des Neuromodulators wurde der des Neurotransmitters gegenübergestellt. Letzterer ist ein Neuromediator, dessen Wirkung zeitlich wie räumlich begrenzt ist, während die Wirkung eines Neuromodulators, wie oben bereits für Substanz P beschrieben, langandauernd ist. Er verändert die Durchlässigkeit eines Neurons für einen klassischen Neurotransmitter, ohne daß er selbst eine direkte erregende oder hemmende Wirkung auf das Neuron hätte. Ein ziemlich andersgearteter Aspekt dieser Hypothese legt die Annahme nahe, daß Neuromodulatoren auf Rezeptoren wirken können, selbst wenn diese sich in einiger Entfernung vom Ort der Exozytose der Neuromodulatoren befinden. Deshalb können sie das Verhalten von ganzen Neuronengruppen beeinflussen, vielleicht sogar das von Gliazellen. Neuere Untersuchungen haben gezeigt, daß Gliazellen eine heterogene Zellpopulation sind, die unterschiedliche Rezeptoren auf ihrer Zelloberfläche tragen; außerdem sind sie erregbar. Neuromodulatoren scheinen also Moleküle zu sein, deren Eigenschaften in der Mitte zwischen denen eines klassischen Neurotransmitters und denen eines Hormons angesiedelt sind. Auf der neuronalen Ebene könnten sie an Lern- und Gedächtnisvorgängen beteiligt sein und als Vermittler von Wechselwirkungen zwischen Neuron und Glia dienen. Es ist durchaus möglich, daß das nämliche Molekül sowohl als Neurotransmitter wie auch als Neuromodulator wirksam ist, in Abhängigkeit von der Zielzelle beziehungsweise von dem Rezeptortyp, den diese trägt. In den meisten Fällen scheinen die Monoamine und Neuropeptide allerdings die Rolle von Neuromodulatoren zu spielen.

Die Wechselwirkung zwischen Neuromediatoren und ihren Rezeptoren führt zum Öffnen eines Ionenkanals oder zur Produktion eines intrazellulären zweiten Boten. Von mehreren chemisch gesteuerten Ionenkanälen ist bekannt, daß sie entweder mit speziellen Rezeptorproteinen assoziiert oder sogar Teil von ihnen sind. Neue elektrophysiologische Techniken, die es erlauben, das Verhalten von einzelnen Ionenkanälen auf Membranabschnitten zu untersuchen, haben es außerdem erleichtert, die funktionellen Antworten solcher Kanäle zu erforschen. Darüber hinaus wurde die Untersuchung ihrer Sensitivität für Neurotoxine und andere pharmakologische Agentien sowie die Kinetik ihres Öffnens und Schließens durch diese neuen Techniken bedeutend vereinfacht.

Schnelle Fortschritte sind auch im Bereich der cAMP-, cGMP-, Inositolphosphat- oder Diacylglyzerol-Bildung und bei der durch Transmitter evozierten Mobilisierung von Kalzium als Antwort auf die Aktivierung von Monoamin- und Neuropeptid-Rezeptoren zu verzeichnen. Greengard und Mitarbeiter haben gezeigt, daß diese zweiten Boten verschiedene Proteinkinasen aktivieren und so zur Phosphorylierung bestimmter cytosolischer oder membrangebundener Proteine führen, von denen einige nur in ganz begrenzten Neuronenpopulationen gefunden werden. Die Bedeutung dieser Beobachtungen wird durch die Tatsache unterstrichen, daß einige dieser phosphorylierten Proteine Ionenkanälen entsprechen beziehungsweise Rezeptoren von Neurotransmittern oder Enzymen, die an der Synthese oder dem Ausschleusen von Neurotransmittern beteiligt sind oder sogar von endogenen Phosphatase-Inhibitoren wie DARPP 32, ein Protein, das anscheinend nur in dopaminsensitiven Neuronen auftritt. Dieser Forschungszweig ist sehr aktiv. Er hat den Horizont der experimentellen Neuropharmakologie durch die unterschiedlichen, neuerdings quantifizierbaren biologischen Reaktionen stark erweitert, die *in vitro* durch Neurotransmitter oder pharmakologische Agentien hervorgerufen werden können.

Neuronengruppen und ihre Regulation

Das Studium zerebraler Funktionen und ihrer Beeinträchtigung bei neurologischen und psychiatrischen Störungen sowie das Auftreten von Verhaltenseffekten, die durch psychotrope Drogen verursacht werden, kann nicht auf das Katalogisieren molekularer und zellulärer Ereignisse reduziert werden. Ergänzend müssen die Organisation und Regulation von Neuronengruppen in Betracht gezogen werden.

Auch auf diesem Gebiet sind bemerkenswerte Fortschritte zu verzeichnen; denn die biochemische „Landkarte" des Gehirns ist sehr viel genauer geworden. Nach der Entwicklung neuer Techniken zur Erkennung der Projektionsgebiete von Neuronen sowie der Entwicklung der Immunohistochemie und der Rezeptorautoradiographie steht eine große Datenmenge über die präzise anatomische Verteilung der verschiedenen Neurotransmitter und ihrer Rezeptoren zur Verfügung. So hat beispielsweise die Entdeckung einer dopaminergen Innervation des präfrontalen Kortex, einer

Region, die an kognitiven Prozessen beteiligt ist, erneut Argumente für die Hypothese geliefert, daß bei einer schizophrenen Erkrankung die Aktivität dopaminerger Neuronen gestört ist. Erst kürzlich wurde entdeckt, daß bei präseniler Demenz vom Alzheimer-Typ die cholinerge Innervation vom Meynertschen Nukleus zum zerebralen Kortex degeneriert ist.

Die wichtigsten Interaktionen zwischen bekannten neuronalen Systemen werden zunehmend identifiziert und katalogisiert. Mehr noch, die Sokoloffsche Methode, die erst kürzlich auf das menschliche Gehirn angewandt wurde, erlaubt die gleichzeitige Sichtbarmachung des Energieverbrauchs verschiedener Hirnregionen und gibt daher ein Gesamtbild der Aktivität neuronaler Netzwerke in einer speziellen physiologischen Situation oder nach einem speziellen pharmakologischen Test. Seitdem bekannt ist, daß viele Neurotoxine nur auf ganz bestimmte Neuronenpopulationen wirken, können bestimmte neurologische Störungen des menschlichen Gehirns im Tiermodell reproduziert werden. Diese experimentellen Modelle sind unschätzbar für die Entwicklung und Erprobung neuer Therapien.

Das eleganteste Beispiel für diese Arbeitsweise ist die Verwendung einer neurotoxischen Verunreinigung des synthetischen Heroins MPTP, die den nigrostriatalen dopaminergen Trakt zerstört und daher bei Affen ein Parkinsonsyndrom hervorruft.

Diese kurze und notgedrungen unvollständige Skizze zeigt dennoch die bedeutendsten Fortschritte bei der Erforschung der Neurotransmitter. Diese Forschung ist eng mit der anbrechenden Ära der Neuropharmakologie verknüpft und umreißt unser bedeutend differenzierteres Verständnis der Mechanismen beim Informationstransfer im Nervensystem. Darüber hinaus verdeutlicht sie die extreme Komplexität des Problems, die sich durch die Vielzahl von chemischen Signalen stellt, die ein einzelnes Neuron erreichen, wie auch durch die Reichweite der dadurch induzierten Langzeit- und Kurzzeiteffekte. In dieser Erörterung der Neurotransmitter und Neuromodulatoren bleibt noch auf die noch immer geheimnisvollen Effekte der trophischen Faktoren oder membranspezifischen Moleküle hinzuweisen, die bewirken, daß ein Neuron durch ein anderes erkannt wird, und die das Überleben oder den Tod einzelner Neuronen oder Synapsen kontrollieren. Die Pharmakologie dieser Faktoren ist noch immer vollständig unbekannt. Fortschritte auf diesem Gebiet sind aber unbedingt nötig, um die Technologie für die Transplantation intakter, embryonaler Gehirnzellen in Gebiete mit Funktionsstörungen voranzutreiben. Diese Verpflanzungen sollten die Normalisierung gestörter Funktionen bei neurologischen Erkrankungen erlauben.

Ohne Zweifel besteht die belebendste und vielversprechendste Wirkung dieser Untersuchungen darin, daß sie zum Entstehen eines neuen Konzeptes zerebraler Funktion führen. Über ein Netzwerk von unflexibel verschalteten und präzise definierten synaptischen Verbindungen ist ein anderes Netzwerk von neuronalen Verbindungen übergestülpt, quantitativ weniger umfangreich als das erste, aber diffuser und verschachtelter. Das erste Netzwerk besteht hauptsächlich aus Neuronen, die GABA oder exitatorische Aminosäuren benutzen; es vermittelt schnelle „an-aus" Botschaften zwischen Neuronen und bildet daher den ausführenden Aspekt der Informationsverarbeitung. Das zweite Netzwerk besteht aus monoaminergen und peptidergen Neuronengruppen; es orchestriert die Aktivität des ersten Netzwerkes durch seine räumlich und zeitlich oft weit ausgedehnten permissiven oder suppressiven Effekte auf die neuronale Empfänglichkeit für Transmitter.

Hervorgehoben werden soll aber, daß diese rigide Zweiteilung modifiziert werden muß, weil die Koexistenz von zwei oder drei Neuromediatoren mit verschiedenen und komplementären Eigenschaften berücksichtigt werden muß. Möglich erscheint, daß die Komponenten der beiden Netzwerke ursprünglich pluripotent sind, ihre Expression aber genetischer und epigenetischer Kontrolle unterliegt.

Diskussion

PLOOG:

Könnten Sie bitte folgendes erläutern: Weshalb benötigen wir Ihrer Meinung nach neue Arzneimittel für die zukünftige Forschung?

GLOWINSKI:

Schon mehrfach hat die Entdeckung neuer Arzneimittel (das heißt von Agonisten und Antagonisten für einen bestimmten Transmitter) es erlaubt, neue tierexperimentelle Verhaltensmodelle zu entwickeln. Beispiele sind Amphetamine und Neuroleptika im Falle der dopaminergen Neurotransmission sowie Morphin und Naloxon bei der enkephalinen Transmission. Da bereits zahlreiche Neuropeptide identifiziert werden konnten, und da wir für die meisten von ihnen bisher keine Agonisten und Antagonisten haben, glaube ich, daß rasche Fortschritte erzielt werden können, sobald diese Wirkstoffe zur Verfügung stehen. Man wird auch neue physiopathologische Tiermodelle finden.

ITO:

Äußerst interessant fand ich Ihre Bemerkung über die Wirkungsweise des zweiten Boten, der auf die Gene wirkt, um das Gedächtnis zu konsolidieren. Ich möchte Sie fragen, welche Informationsebene (ein Alphabet, ein Wort oder ein Satz) durch diesen Mechanismus gespeichert werden kann.

GLOWINSKI:

Ich bin nicht imstande, Ihre Frage vollständig zu beantworten. Ich wollte nur den Hinweis liefern, daß die schnelle Modifikation einer bestimmten Transmission zu einer Inhibition oder Erleichterung der Synthese spezifischer RNS-Boten in Zielzellen führt. Das konnte auch bei experimentellen Modellen beobachtet werden, bei denen einzelne Funktionen (etwa der Schlaf) gestört sind. In der Folge kann es zu vorübergehenden oder dauernden Veränderungen bei einigen Eigenschaften der Zielzellen kommen. Auf diese Weise können sich die Funktionen der neuronalen Netzwerke verändern, in denen sich diese Zellen befinden. Solche Mechanismen könnten auf der Zellebene eine Rolle bei Gedächtnisprozessen spielen.

CAZZULLO:

Auch ich meine, daß wir neue Medikamente brauchen. Wir setzen immer wieder dieselben Medikamente ein und machen eben deshalb oft Fehler, weil wir dies tun. Das ist oft eher gefährlich als hilfreich. Sehen Sie Möglichkeiten für alternative Therapien der Schizophrenie?

GLOWINSKI:

Die verschiedenen aufsteigenden dopaminergen Bahnen können nicht nur durch ihre anatomische Lage, sondern auch durch ihre Kotransmitter unterschieden werden. Bei der Ratte beispielsweise enthalten die dopaminergen Neuronen, die den Nucleus accumbens innervieren, Cholecystokinin und diejenigen, die den präfrontalen Kortex innervieren, sind reich an Neurotensin. Alle neuen Verbindungen, die auf die Neurotensin- oder Cholecystokinintransmission einwirken, könnten letztlich von einem gewissen Wert bei der Bestimmung neuer Typen von Neuroleptika (oder genauer: pharmakologischer Hilfsmittel) sein, die bei der Kontrolle von Funktionen eingreifen, die durch diese aufsteigenden dopaminergen Bahnen reguliert werden.

GROS:

Ich möchte kurz auf das Beispiel mit den Neuropeptid-Genen zurückkommen: Was weiß man über den Grad von genetischem Polymorphismus der Determinanten, die Neuropeptid-Vorläufer kodieren? Und inwieweit paßt dies in das Bild der Schaffung einer größeren Vielfalt von Neurotransmittern? Ich war beeindruckt von einigen Berichten über die Neuropeptid-Vorläufer des „Eier“-lege Hormons (ELH) von Aplysia. (Hier beziehe ich mich auf die Arbeiten von R. Axel und E. Kandel.) Sie scheinen darauf hinzuweisen, daß Möglichkeiten im Sinne von „Variationen über ein Thema“ bestehen, und zwar insoweit, daß wenigstens drei isogene Sequenzen sich aus einer gemeinsamen Vorform entwickelt haben und daß sie Vorläufer verschlüsseln, die einander zwar ähneln, aber nicht identisch sind. Vielmehr zeigen ihre Endprodukte unterschiedliche biologische Aktivitäten, wodurch die Zahl potentieller Ziele wächst. Eine solche Situation würde in die Richtung gehen, die Sie erwähnten: die Aussicht, daß sich etwa 2000 bis 3000 Unterarten von Neuropeptiden finden lassen.

GLOWINSKI:

In den vergangenen zehn Jahren wurde im Gefolge der Entdeckung der Enkephaline eine Familie der Opioidpeptide gefunden, die auch die Endorphine und Dynorphine einschließt. Innerhalb dieser Familie wurden mehr als zehn aktive Neuropeptide beschrieben, die auf verschiedene Klassen von Rezeptoren einwirken. Eine ähnliche Entwicklung tritt jetzt in der Familie der Tachykinine auf, da neben Substanz P, Eledoisin oder Physalaemin im Gewebe von Säugern noch zwei weitere Neuropeptide entdeckt wurden, Neurokinin A (Substanz K) und Neurokinin B (Neuromedin K). Substanz P, Neurokinin A und B wirken auf verschiedene Typen von Tachykininrezeptoren ein. Das illustriert einmal mehr die zukünftige Entwicklung pharmakologischer Hilfsmittel, von spezifischen Agonisten und Antagonisten für alle Unterklassen von Neuropeptiden, die in dieser Familie entdeckt wurden. Eine solche Diskussion könnte auch auf die Peptide der Gastrinfamilie zutreffen.

BRENNER:

Meiner Meinung nach wird die Zahl der Neuropeptide übertrieben; sie verdoppelt sich jedes Jahr. Letztes Jahr behauptete ein Autor noch, sie betrage hundert; dieses Jahr sagt er: zweihundert. Daher glaube ich nicht, daß sie hundert beträgt, und daß sie zweihundert beträgt, glaube ich noch weniger. Mein Glaube schrumpft in dem Maße, in dem sich die Zahl vergrößert.

NUMA:

Neuropeptid-Vorläufer sind gewöhnlich viel größer als die Peptide selbst und enthalten eine Anzahl aktiver Peptide. Als wir zuerst über Neuropeptid-Vorläufer arbeiteten, glaubten wir natürlich, alle Teile des Vorläufer-Moleküls könnten aktiv sein. Viele Peptide konnten von dem sogenannten „kryptischen Abschnitt“ abgeleitet werden. Beispielsweise stellte es sich heraus, daß der ACTH-Vorläufer zusätzlich zu β-Endorphin ein neues Peptid (genannt γ-Melanotropin) enthält. Die beiden anderen Opioidpeptid-Vorläufer enthalten ebenfalls viele wahrscheinliche Kandidaten für Neuropeptide. Mit alternativen Formen der proteolytischen Spaltung wächst die Vielfalt sogar noch. Gewöhnlich können wir Peptide, die von einem Vorläufer abgeleitet sind, vorhersagen, indem wir nach paarigen basischen Aminosäureresten (Lys-Arg, Arg-Arg usw.) suchen, weil eine dibasische Struktur im allgemeinen den Ort der proteolytischen Spaltung darstellt. Aber es wurde mir fraglich, ob alle beteiligten Peptide tatsächlich aktive Peptide sind. Einige Abschnitte des Vorläufer-Moleküls unterscheiden sich bei den verschiedenen Arten stark. CRF (der corticotropin freisetzende (*releasing*) Faktor) beispielsweise liegt in der carboxyterminalen Region seines Vorläufers, vor dem sich ein sehr großer kryptischer Abschnitt befindet. Bisher konnte dem kryptischen Abschnitt keine Aktivität zugeschrieben werden. Nun frage ich mich, ob einige Peptidkomponenten bloße Verschwendung sein könnten. Wie denken Sie darüber?

GLOWINSKI:
Ich stimme Ihnen zu, daß es nicht sicher ist, ob alle Neuropeptide aus einem Vorläufer-Molekül, die durch proteolytische Spaltung von dibasischen Aminosäureresten freigesetzt werden können, notwendig neue Neurotransmitter oder Neuromodulatoren sind. Wenn wir aber die Peptide der Opioidfamilie betrachten, so haben es histochemische Untersuchungen mit geeigneten Antikörpern erlaubt, eine Unterscheidung zwischen verschiedenen neuronalen Bahnen im Gehirn zu treffen, die entweder Enkephaline, β-Endorphin oder Dynorphin enthalten. Dies liefert einen weiteren Anhaltspunkt für eine physiologische Rolle dieser Neuropeptide in einzelnen Hirnregionen. Andererseits wurde die Ansicht geäußert, daß der endogene Ligand von Benzodiazepinrezeptoren ein Neuropeptid sein könnte, was wiederum eine neue Linie der Forschung im Bereich der Neuropeptide eröffnet. Diese Inflation von Neuropeptiden, die unser Verständnis der Neurotransmission kompliziert, ist eine Realität, der wir uns zu stellen haben.

BRENNER:
Ich denke, es gibt eine gute molekulare Erklärung dafür, weshalb wir diese Neuropeptide haben, und es gibt in der Tat eine gute Erklärung für ihre relativ kleine und begrenzte Zahl. Vielleicht kann ich das kurz darlegen. Beginnen wir mit einem Proteinmolekül, das ein Signal trägt, etwa einem Wachstumshormon. Die Oberfläche eines solchen Moleküls hat eine festgelegte Gestalt, denn das ganze Molekül hat eine wohldefinierte, dreidimensionale Struktur. Das bedeutet, daß ein Element auf der Oberfläche ausschließlich mit einem Rezeptor reagiert. Man vergleiche das mit einem kleinen Molekül wie Acetylcholin, das eine flexible Struktur hat und das mit zwei verschiedenen Rezeptoren in zwei unterscheidbaren Strukturen reagieren kann. Ich glaube, daß die Neuropeptide (und besonders die kleineren) eher Acetylcholin als einem Proteinmolekül ähneln und keine festgelegte Struktur besitzen. Von daher könnte jedes von ihnen mit mehr als einem Rezeptor interagieren. Weiter möchte ich behaupten, daß die Proteine, wie wir sie jetzt sehen, einstmals besondere Teile größerer Proteinmoleküle waren, die ausschließlich mit einem Rezeptor reagierten. Sobald die Segmente aus dem Proteinmolekül abgespalten waren, konnte sich der Bereich ihrer Reaktionsfähigkeit erweitern.

Diese Eigenschaft ist bei den verschiedenen Typen von Opiatrezeptoren deutlich ausgebildet. Möglicherweise sind die Aminosäuren und die den Neurotransmittern verwandten Aminosäuren die Grenze der Peptide. Dies ist ein Weg, die Mannigfaltigkeit der Reaktionen unter Verwendung desselben Mechanismus zu steigern. Die Signale werden konstant gehalten, aber die Rezeptoren vervielfältigen sich.

ROY:

Ich möchte folgendes fragen: Können Transmitter und Neuropeptide in demselben Neuron nebeneinander existieren und werden sie von denselben Nervenendigungen ausgeschüttet? Gibt es ein stabiles Beziehungsmuster zwischen den Peptiden und den Transmittern?

GLOWINSKI:

Nach Experimenten an peripheren cholinergen Neuronen, die VIP als Kotransmitter enthalten, scheint es so, daß die Ausschüttung des Kotransmitters eintritt, sobald die Nerven mit hoher Frequenz stimuliert werden. VIP kann auf seinen eigenen Rezeptor einwirken und ist auch in der Lage, die Empfindlichkeit des cholinergen Rezeptors zu verändern, was am Ende zu einer Vergrößerung der biologischen Reaktion führt. Die Gegenwart von Kotransmittern oder Modulatoren vergrößert daher die Mannigfaltigkeit der Signale, die ein einzelnes Neuron an seine Zielzellen schickt.

WIDLÖCHER:

Wenn wir zu der Frage der neuen Medikamente zurückgehen und die Tatsache betrachten, daß die Hauptklassen der von uns verwendeten Medikamente in erster Linie an den Nebenwirkungen von Medikamenten entdeckt wurden, die für andere Ziele eingesetzt wurden (ich meine Antihistamine und Tuberkulose), wäre es dann nicht möglich, daß dasselbe Abenteuer sich bei den Peptiden wiederholt?

GLOWINSKI:

Die Vielfalt der Rezeptormoloküle, die mit Bindungsassays identifiziert und untersucht werden können, hat die Forschungsstrategie der pharmazeutischen Industrie verändert. Jetzt setzt sie diese Bindungsassays mit verschiedenen Liganden ein, um nach möglicherweise aktiven chemischen Verbindungen zu suchen. Allerdings besteht eine der Schwierigkeiten darin, Verhaltensmodelle bei Tieren zu etablieren, die die Feststellung erlauben, ob diese Verbindungen klinisch von Wert sein könnten oder nicht und ob sie neue Medikamentenklassen von therapeutischem Interesse darstellen.

GYBELS:

Die Kenntnis einer permissiven oder suppressiven Wirkung hat natürlich einen großen Reiz für einen Kliniker. Meine Frage lautet: Kann man sich vorstellen, daß so etwas in einem ziemlich komplexen neuronalen System geschieht? Könnte es sein, daß die Substantia nigra eine irgendwie geartete permissive Funktion auf die motorische Aktivität ausübt?

GLOWINSKI:

Vereinfachend möchte ich zwei Klassen von Neuronen unterscheiden, diejenigen, die an ausführenden polysynaptischen Bahnen beteiligt sind, und diejenigen, die zu regulatorischen Netzwerken beitragen. In den Basalganglien wird die ausführende polysynaptische Bahn durch die kortikostriatalen glutamatergen Neuronen sowie die nigrostriatalen und nigrothalamischen GABAergen Bahnen repräsentiert. In diesen Fällen sind die Transmitter Aminosäuren. Unter den regulatorischen neuronalen Bahnen sind die nigrostriatalen dopaminergen Neuronen sowie die nigrostriatale Substanz P und Dynorphin-Neuronen am wichtigsten. In diesen Fällen sind Amine und Neuropeptide die Transmitter. Diese regulatorischen neuronalen Bahnen können in der ausführenden polysynaptischen Bahn, die eine grundlegende Rolle bei der Ausführung der Funktion spielt, den Informationsfluß modifizieren.

NUMA:
Habe ich Sie richtig verstanden, wenn ich sage, daß Monoamin- und Aminosäuetransmitter wesentlich für die Vermittlung synaptischer Transmission sind, während Neuropeptide an deren Feinsteuerung beteiligt sind?

GLOWINSKI:
Die Einteilung in ausführende und regulatorische Neuronen ist vielleicht zu stark vereinfachend, seitdem entdeckt wurde, daß Monoamine und Neuropeptide mit GABA beispielsweise koexistieren können. Dennoch sollte man sich daran erinnern, daß Neuronen, die exzitatorische oder inhibitorische Aminosäuren enthalten, die umfangreichste Neuronenpopulation im Gehirn darstellen, und daß Neuronen, die Monoamine oder Neuropeptide enthalten, weniger zahlreich sind. Interessanterweise wurden Unterschiede in der Sensitivität der einander entsprechenden Rezeptoren gefunden: Beispielsweise sind bei GABA millimolare Konzentrationen notwendig, während mikromolare beziehungsweise nanomolare Konzentrationen bei Monoaminen und Neuropeptiden erforderlich sind.

WEBSTER:
Sie haben betont, daß wir mehrere Typen neuer Tier- und Gewebsmodelle benötigen. Eines der Themen der letzten Minuten waren ja wohl Verhaltensmodelle. Könnten Sie einige der vielversprechendsten Anhaltspunkte für gute Verhaltensmodelle skizzieren, die entweder bereits jetzt bekannt sind oder zukünftige Erforschung lohnen, so daß man mit der Suche nach neuen Medikamenten beginnen und einige dieser Wirkungen genauer bestimmen kann?

GLOWINSKI:
Die Frage nach neuen Modellen für Verhaltensstudien ist gegenwärtig besonders im Bereich der Neuropeptide schwer zu beantworten, weil wir bisher einmal mehr über kein großes pharmakologisches „Repertoire" verfügen. In den meisten Fällen fehlen die Antagonisten, und Neuropeptide werden durch Peptidasen rasch inaktiviert. Trotzdem hat man bereits interessante Beobachtungen gemacht. Sehr oft führen Injektionen von Neuropeptiden in genau umschriebene Bereiche des Gehirns zu komplexen Mustern von Verhaltensreaktionen. Die an diesen Effekten beteiligten Mechanismen sind noch nicht verstanden.

WEBSTER:
Vielleicht habe ich mich nicht verständlich gemacht. Ich dachte an genau definierte

Verhaltensmodelle, die in mehreren Hinsichten gut untersucht und charakterisiert worden sind. Ein ziemlich komplexes Modell ist zum Beispiel das Gesangsverhalten von Kanarienvögeln, das durch Untersuchungen von Nottebohm und anderen charakterisiert worden ist. Die Gesangsmuster wurden sorgfältig physiologisch untersucht und die hormonellen Veränderungen, die diesem Verhalten vorausgehen, es begleiten und ihm folgen, sind genau bekannt. Die Neuronen, die für dieses Verhalten verantwortlich sind, wurden mit Techniken erforscht, die Sie für die neuronale Kartierung aufgelistet haben. All das hat zu der Schlußfolgerung geführt, daß sich tatsächlich eine sehr präzise umgrenzbare Neuronenpopulation jedes Jahr regeneriert. Deshalb kann man nun die Wirkungen von Substanzen auf dieses sehr genau charakterisierte komplexe Verhaltensmuster testen. Aber welche anderen Verhaltensmodelle verwenden Pharmakologen, um die Wirkungen von Medikamenten und anderen Substanzen zu untersuchen?

GLOWINSKI:

Ich kann Ihre Frage nicht präzise beantworten. Wie aber schon Dr. Brenner unterstrichen hat, wird die Weiterentwicklung von neurotoxischen Substanzen, die es erlauben, selektiv eine bestimmte Neuronenpopulation zu zerstören, unsere Fähigkeit zur Schaffung neuer physiopathologischer Modelle vergrößern. Im Bereich der monoaminergen Neuronen stehen Wirkstoffe wie 6-Hydroxidopamin oder 5,7-Dihydroxitryptamin bereits zur Verfügung. Kainsäure oder Ibotensäure werden verwendet, um selektiv die Zellkörper von Neuronen zu zerstören. Ich bin mir sicher, daß man für bestimmte neuronale Bahnen andere pharmakologische Hilfsmittel dieses Typs entdecken wird. Die Möglichkeit zur Transplantation embryonaler Zellen (was eine funktionelle Erholung erlaubt) ist eine neue Methode, die beim Verständnis der funktionellen Rolle bestimmter neuronaler Bahnen eine große Hilfe darstellt. Das beste Beispiel solcher Untersuchungen ist die Transplantation embryonaler dopaminerger Neuronen in das Striatum von Ratten. Dabei wird zunächst unilateral in der nigrostriatalen dopaminergen Bahn mittels 6-Hydroxydopamin eine Läsion gesetzt, was dann zu motorischen Störungen führt, die nach der Transplantation wieder verschwinden.

TAYLOR:

Was die Modelle betrifft, so scheint es in einigen Fällen verfrüht, sich direkt so komplexen Systemen wie tierischem Verhalten zuzuwenden. Die Auswertung individueller physiologischer Reaktionen auf ein Medikament, beispielsweise dessen Wirkungen auf die Körpertemperatur oder die hormonalen Sekretionsmuster, die auf relativ wohldefinierten neuralen Systemen beruhen, kann nützliche Informationen über die Wirkungen dieses Medikaments liefern. Was sich heute ebenfalls als wirksam erweist (und die Gegner der Vivisektion vielleicht in einem höheren Maße zufriedenstellt), sind *in vitro*-Systeme. Mit isolierten neuronalen Zellen oder Kulturen ist es möglich, Informationen über die Wirkungen und Wechselwirkungen zentral aktiver Substanzen in bestimmten Strukturen und auf der zellulären Ebene zu gewinnen. Natürlich müssen solche Informationen dann mit den Reaktionen des ganzen Tieres integriert werden, bevor sie medizinisch angewendet werden können. Ich möchte Dr. Glowinski bitten, daß er seine Meinung über die ethischen Probleme bei Transplantationen äußert.

GLOWINSKI:

Ein wichtiger Unterschied zwischen Transplantationen und pharmakologischen Therapien besteht darin, daß transplantierte Zellen irreversible Wirkungen hervorrufen können, die sich nur schwer kontrollieren lassen, während pharmakologische Therapien in den meisten Fällen zu reversiblen Wirkungen führen. – Ich möchte noch etwas zu den Vorzügen sagen, die man jetzt *in vitro*-Systemen (etwa Zellkulturen) zuschreibt. Diese *in vitro*-Systeme ergänzen *in vivo*-Untersuchungen, aber vor der klinischen Erprobung müssen immer *in vivo*-Untersuchungen an Tieren stehen.

DIETZ:

Wenn die Transplantationen mit embryonalem Hirngewebe erfolgreich und klinische Anwendungen der Mühe wert sein sollten, könnte dann am Ende ein Nachschubproblem bei der Beschaffung einer ausreichenden Zahl von Embryonen auftreten? Würde der Bedarf an Embryonen zu einem moralischen Risiko werden, indem er zur Abtreibung ermutigt? Würde das zur *in vitro*-Kultivierung von Embryonen als Quelle von Hirngewebe führen? Wird überhaupt jemals ausreichend Hirngewebe zur Verfügung stehen, um alle Alzheimerpatienten zu versorgen, falls sich die Transplantation bei ihnen als nutzbringend erweisen sollte?

PLOOG:

Wenden wir uns nochmals den Tiermodellen zu. Ich habe mich gefragt, weshalb bestimmte Tiermodelle nicht funktionieren. Eine Zerstörung des Nucleus coeruleus zum Beispiel zeigt keine merklichen Wirkungen auf das Verhalten, Zerstörungen in anderen Teilen des Gehirns hingegen verursachen schwere Verhaltensdefekte. Wenn man daher die Wirkungen von Medikamenten etwa auf das Sozialverhalten von Affen untersucht, kann man gewisse globale Einflüsse finden, aber sie können wiederum nicht zu einem bestimmten Medikament in Beziehung gesetzt werden. Ich glaube, daß wir noch einen langen Weg werden gehen müssen, bis wir ein klares Bild von der Wirkung von Transmittern, Peptiden und Rezeptoren auf das Verhalten haben werden. Um auf meine frühere Frage zurückzukommen: Die allgemeine Öffentlichkeit glaubt, wir hätten bereits zu viele Medikamente. Ich hingegen meine, daß wir erst am Anfang einer Periode der Entdeckungen stehen, in der man Medikamente entwickeln wird, die zum Wohl der Menschen das Verhalten sehr viel spezifischer ändern können. Hier entsteht das ethische Problem. Wir glauben, daß es notwendig sei, unsere Experimente fortzusetzen. Aber die Ethikkomitees fragen, ob ein Experiment mit dem Ziel einer spezifischen Verhaltensmodifikation wirklich notwendig ist. Hierin liegt heute das größte Handikap für einen experimentierenden Psychiater: Er ist immer in der Defensive bei dem Versuch nachzuweisen, daß seine Arbeit notwendig ist.

GYBELS:

Dr. Glowinski, Sie haben zwischen Transplantationen und Medikamenten in dem Sinn unterschieden, daß Transplantationen irreversibel seien, Medikamente dagegen reversibel. Sind aber Medikamente wirklich immer reversibel?

GLOWINSKI:

Es stimmt, daß Langzeittherapien mit Medikamenten zu irreversiblen Nebenwirkungen führen können, aber der Kliniker ist in der Lage, die pharmakologische Therapie den Erfordernissen anzupassen und sie zu korrigieren.

WEBSTER:
Vielleicht kann ich vom Vorrecht des Vorsitzenden Gebrauch machen und jetzt stärker auf ethische Fragen abheben. Ich möchte Dr. Glowinski fragen: Mit welchen ethischen Hauptproblemen sind gegenwärtige und zukünftige Forscher konfrontiert? Einige haben Sie, ebenso wie Dr. Ploog, bereits erwähnt. Könnten Sie bitte Ihre Gedanken zu diesem Thema zusammenfassen?

GLOWINSKI:
Bei den ethischen Fragen stellen meiner Ansicht nach die Transplantationen embryonaler Zellen, die ja bereits an Patienten vorgenommen wurden, ernste ethische Probleme. Dabei hätte man Langzeitexperimente an Tiermodellen durchführen sollen. Die Übertragung dieses neuen, vielversprechenden Ansatzes auf den Menschen erfolgte zu rasch. Andererseits wird es anscheinend immer schwieriger, klinische Versuche mit neuen Medikamenten durchzuführen. Die ethischen Probleme liegen auf der Hand. Allerdings ist in vielen Fällen die an Tieren gewonnene Information zu begrenzt, besonders bei Medikamenten, die bei psychiatrischen Krankheiten wirksam sein könnten. Da gibt es dann keinen anderen Weg als den klinischen Versuch.

ROY:
Im Bereich der chirurgischen Forschung besteht wegen der Notwendigkeit, Tiere in der Forschung zu verwenden, ein ganz offensichtliches Dilemma, das wegen seiner politischen und sozialen Implikationen sehr ernst genommen werden muß. Noch vor wenigen Jahren hatte ich das nicht für wichtig erachtet, aber die seitherigen Entwicklungen in Kanada zeigen, daß sich dieses Problem nicht beiseitewischen läßt.

Ein zweites, damit verwandtes ethisches Gebiet hat weniger mit der Ethik des Handelns oder Unterlassens zu tun, als mit der Ethik der Wahrnehmung. Es besteht eine Lücke zwischen der öffentlichen und der wissenschaftlichen Wahrnehmung bezüglich des Bedarfs an verstärkter Forschung und mehr Experimenten mit Tieren und Menschen. Hier vertrete ich eine Meinung, die nicht allgemein geteilt wird, daß wir nämlich derzeit einen Punkt erreichen, wo wir uns in der Forschung von der Ethik der Protektion hin in den Bereich der aktiven Bürgerbeteiligung bewegen müssen. Wir haben nicht das Recht, eine exzellente Medizin zu fordern, wenn wir nicht willens sind, mit der Forschergemeinschaft zusammenzuarbeiten.

Die meisten ethischen Probleme bei der Transplantation von Hirngewebe sind meiner Ansicht nach nicht substantiell neu. Sie stellen sich generell bei therapeutischen Neuerungen, wo man von der Ethik der angewandten Forschung fortschreitet zu klinischen Anwendungen. Da ergeben sich dann die Fragen der informierten, freiwilligen und von Verstehen begleiteten Einwilligung. Da gibt es die Fragen der Risiko-Nutzenabschätzung und der Eingriffe, die eine letzte Hoffnung oder Chance bedeuten. Wenn die Ethik der Transplantation von embryonalem oder fetalem Hirngewebe öffentlich problematisiert wird, dann bezieht sich das wahrscheinlich nicht in erster Linie auf den Empfänger, sondern auf die Quelle des Gewebes (ob mit Recht oder nicht, bleibt zu diskutieren). Diesem ganzen Bereich muß man offen gegenübertreten, und ich glaube, daß man diese Themen vernünftig diskutieren kann und daß hier vernünftige Ergebnisse erreichbar sind.

ANGELERI:
Meine Frage liegt außerhalb des Bereichs der Ethik. Ich würde gerne erfahren, was Dr. Glowinski davon hält, die Epilepsie nicht nur als ein Modell zur Untersuchung neuer Medikamente zu nehmen, sondern auch als Mittel, um neue biochemische Hypothesen über zerebrale Mechanismen und neurale Aggregate zu entwickeln.

DINSDALE:
Dr. Glowinski, ich interessiere mich für Ihre Einschätzung der erfolgversprechendsten Forschungsrichtungen, denen sich Neuropharmakologen bei der Suche nach wirksamen Therapien für Krankheiten des Nervensystems zuwenden sollten. Die meisten Tiermodelle für Krankheiten haben deutliche Grenzen und zeigen wichtige Unterschiede zu der natürlich auftretenden Krankheit. Zum Beispiel spiegeln Modelle der Demyelinisierung noch nicht den Verlauf der Multiplen Sklerose beim Menschen. Die Geschichte der langsamen Viren war eine aufregende Ausnahme und ist zugleich ein Beispiel, wie Entdeckungen außerhalb der Neurowissenschaften plötzlich ein Licht auf krankhafte Prozesse werfen können, die das Nervensystem angreifen. Könnten Sie in diesem Kontext die wichtigen Richtungen der zukünftigen Forschung kommentieren?

GLOWINSKI:
Die Aussage ist korrekt, daß die Wirkungen von Medikamenten sich in Abhängigkeit vom Zustand des Menschen oder Tieres unterscheiden können. Mit anderen Worten: der beste theoretische Ansatz besteht darin, so gut als möglich die Lage, in der sich Patienten mit gestörten Funktionen befinden, nachzuahmen, und das heißt, physiopathologische Modelle zu verwenden. Betont werden muß, daß die Psychopharmakologie ein wichtiges Gebiet darstellt, das weiterentwickelt werden sollte. Obwohl Entwicklungen in der molekularen Pharmakologie entscheidend sind, dürfen wir die Psychopharmakologie nicht vernachlässigen, die für Fortschritte bei der Entdeckung neuer Medikamente absolut notwendig ist.

OLIVERIO:
Ich möchte das kurz kommentieren. Meiner Ansicht nach gibt es zwei Ebenen, auf denen Tiere verwendet werden können. Zusätzlich zu den Modellen besteht auch das Problem der Toxizität von Medikamenten im allgemeinen und von auf das Verhalten wirkenden Medikamenten im besonderen. Beispielsweise betrachtet die Teratologie des Verhaltens die Wirkung von während der Schwangerschaft verabreichten Medikamenten auf die Nachkommen oder die Beziehungen der Mutter zu ihren Nachkommen. Eine Anzahl psychotroper oder neurologischer Vorgänge haben eine deutliche Wirkung und eine Vorhersage dieser Wirkung kann sich aus Tierexperimenten ergeben. Allerdings ist das nur eine grobe Annäherung, die wegen der Langzeitprüfung eines Medikaments aber wirklich notwendig ist. Zweitens fragt es sich aber, wie valide einige der Tiermodelle sind, die wir testen. Einige von ihnen sind ziemlich unzuverlässig – ich denke dabei an Formen des aggressiven Verhaltens bei Tieren, die nichts mit menschlicher Aggressivität zu tun haben.

Andererseits scheinen andere Modelle (etwa erlernte Hilflosigkeit, die ein gutes Modell für bestimmte Wirkungen psychotroper Substanzen darstellt) sehr zuverlässig und nützlich zu sein. Natürlich ist es einfacher, bei Primaten Bestandteile „menschlicher“ Verhaltensweisen zu identifizieren, während bei Ratten und Mäusen das Problem viel größer ist. Dennoch glaube ich, daß es einige interessante Modelle gibt (wie auch Dr. Glowinski betont hat), etwa stereotypes Verhalten, das gute Entsprechungen zu der Wirkung von psychotropen Medikamenten auf der Ebene des Dopamins aufweist. Deshalb besteht vielleicht ein Bedürfnis nach einer Art Katalog der Tiermodelle.

PLOOG:
Dr. Oliverio, könnten Sie etwas über Tiermodelle des Verhaltens mit genetischen Defiziten sagen sowie über deren Kompensation durch bestimmte Medikamente?

OLIVERIO:
Die Genetik ist ein wichtiges Hilfsmittel bei der Lösung einer Reihe von neurobiologischen Fragen. Natürlich ist sie nicht *das* Werkzeug schlechthin, aber sie kann einige Möglichkeiten eröffnen. Beispielsweise sind Seymour Benzers Experimente mit Fliegen wegen der Marker neurologischer Krankheiten von Interesse, obwohl diese Tiere wenig mit Säugetieren gemein haben. Die Verwendung neurologischer Mutanten von Mäusen hat zu interessanten Funden in der Physiologie des Kleinhirns geführt. Welche Vorteile bietet nun dieser genetische Ansatz des Verhaltens? Bei den Mäusen gibt es verschiedene Stämme, die unterschiedliche Opioidrezeptoren besitzen oder die klare Unterschiede der noradrenergen Funktionen zeigen, die für den Vorgang des Schlafens von Bedeutung sind. Ich denke dabei an die Experimente von Jouvet in Frankreich mit Stämmen, die beim REM-Schlaf beispielsweise unterscheidbare Muster aufweisen. Selektion ist, wie ich meine, ein sehr aussagestarkes Modell für die Toxizität oder das Suchtpotential von Medikamenten – man nehme nur den Alkohol. Durch die Manipulation von Genen ist es möglich, die neurobiologischen Korrelate verschiedener Verhaltensweisen zu analysieren.

DIETZ:
Ich werde zu einigen ethischen Fragen zurückkehren und einige neue aufwerfen. Was die Vivisektion betrifft, so besteht eine Teillösung, die gerade in den Vereinigten Staaten erprobt wird, in der Suche nach *in vitro*-Methoden. Das geschieht in einem spezialisierten, privat finanzierten Zentrum an der Johns Hopkins Universität, das sich mit Alternativen zum Tierexperiment befaßt. Eine Form der Lösung, die die Besorgnis wegen der Qualen, die in der Forschung fühlenden Organismen zugefügt werden, berücksichtigt, wären Verfahren oder Medikamente, die das Forschungstier schmerz- oder irgendwie beschwerdefrei machen können. Könnte man Verfahren entwickeln, bei denen Tiere zwar bei Bewußtsein bleiben, aber nicht leiden, welche Experimente auch immer durchgeführt werden müssen? Ich möchte annehmen, daß unsere Technologie sich an einem Punkt befindet, wo das möglich sein sollte. Und wenn das realisiert würde, könnte das einige Einwände ausräumen, die typischerweise geäußert werden?

Eine zweite wichtige Frage, Dr. Roy hat sie bereits erwähnt, ist die Bürgerbeteiligung an Entscheidungen. Viele der Kommissionen in den Vereinigten Staaten, die sich mit ethischen Fragen der Biomedizin und anderer Technologien befassen, haben eine Bürgerbeteiligung in allen Stadien des Prozesses vorgeschlagen. Das Kräftegleichgewicht in beratenden und prüfenden Ausschüssen muß genau eingehalten werden: Wenn ein Nichtwissenschaftler mit neun Wissenschaftlern in einem Ausschuß sitzt, wird sich der Bürger immer den Wünschen der Wissenschaftler anschließen. Kehrt man dagegen das Gleichgewicht um und nimmt acht Bürger und zwei Wissenschaftler, wird es schwierig, irgend etwas zu erreichen. Ich glaube nicht, daß wir derzeit das perfekte Gleichgewicht vorschreiben können. Aber eines wissen wir: Wenn Repräsentanten der Bürger und der Patienten (der Risikopopulation) an der Entscheidungsfindung von Anbeginn an beteiligt sind, können viele Sorgen der Allgemeinheit vorbeugend thematisiert werden.

Ich möchte jetzt noch ein weiteres ethisches Problem einführen (die moralischen Implikationen der Sucht), das aus der Forschung auf der Ebene der chemischen Übertragung stammt. Wie auch immer das Leitmodell der Sucht auf der Ebene der chemischen Übertragung aussieht, so gibt es analoge Verhaltensweisen, die auf dasselbe Modell passen. In den Vereinigten Staaten wurde das zum Gegenstand öffentlicher Debatten, und es gibt jetzt Hinweise darauf, daß Glücksspiel, Ladendiebstahl und abweichendes Sexualverhalten infern auf ein Modell der Sucht passen, als diese Verhaltensweisen einmal eine erhöhte Bereitschaft zur Suche nach Reizen zeigen und sie außerdem eine erhöhte Schwelle der Befriedigung aufweisen, was in mancher Hinsicht dasselbe wie die vergrößerte Toleranz des Süchtigen ist. Falls wir die Sucht auf der Ebene der chemischen Übertragung verstehen können und falls sie mit so etwas wie der Entleerung des Neurons von Neutrotransmittern oder der Blockierung von Rezeptoren (was zu einem vermehrten Bedarf an der chemischen Substanz führt, damit sich etwas ereignet) zu tun hat, dann könnte das auch auf die anderen Verhaltensweisen zutreffen, etwa auf sozial akzeptierte Verhaltensweisen wie Jogging oder übermäßiges Arbeiten. Was wird mit unseren Vorstellungen über das Unmoralische der Sucht geschehen, falls und sobald wir sie auf einer molekularen Ebene verstehen? Werden sich alle unsere moralischen Sorgen auf die Selbstverabreichung der ersten Dosis verschieben? Wird es möglich sein, Medikamente zu entwickeln, die den Suchtmechanismus blockieren? Wird es möglich sein, den Suchtmechanismus blockierende Verhaltensweisen zu entwickeln, etwa Formen der Meditation, die zur Ausschüttung eines spezifischen Neuromodulators führen, der den Betreffenden davor schützt, süchtig zu werden? Alle diese Fragen haben bedeutende moralische, ethische und soziale Implikationen. Außerdem sollte es in dem Maße, wie wir dies auf der molekularen Ebene verstehen, möglich werden, Lustgefühle auslösende Medikamente zu synthetisieren, die nicht die Nebenwirkungen der gegenwärtig verfügbaren Substanzen haben. Vielleicht wird es möglich, solche Medikamente zu synthetisieren, die nicht dasselbe Suchtpotential haben und nicht zur Zerrüttung sozialer Zusammenhänge führen. Sollte das eintreten, würde dann die Gesellschaft ihre moralische Einstellung zur Einnahme von Substanzen zu Erholungszwecken ändern? Würde das noch ermutigt werden? Gäbe es dann noch das Bedürfnis nach gesetzlichen Verboten?

GLOWINSKI:

Ich arbeite nicht direkt auf diesem Gebiet. Aber das Problem von Sucht und Toleranz kann auf der zellulären Ebene untersucht werden, obwohl dies (wie bereits erwähnt) nicht ausreicht. Untersuchungen an Neuroblastomen, die Opioidrezeptoren an ihrer Oberfläche tragen, erlauben uns ein Verständnis der Mechanismen langfristiger Veränderungen der Eigenschaften der Zellen wie sich sich aus einer langfristigen *in vitro*-Behandlung mit Opiaten ergeben.

ROY:

Ich habe ein großes Interesse daran zu erfahren, wie die Anwesenden über die Verwendung von Tieren in der Forschung denken. Heute ist dies eine Schlüsselfrage, und wir sind Zeugen, wie sehr verschiedene Weltanschauungen aufeinanderprallen. Es handelt sich nicht um die Frage der Verminderung von Schmerzen bei den Tieren. Einige vertreten die Einstellung, es sei moralisch verfehlt, die natürliche Entwicklung dieser Tiere zu unterbrechen und sie von der Erreichung ihrer natürlichen tierischen Ziele abzuhalten. Ich persönlich finde diese Einstellung schrecklich übertrieben. In diesem Fall ist Macht Recht: Wir haben die Gewalt über die Tiere und sollten sie zum Wohle der Menschheit nutzen, das Wohl anderer Tiere eingeschlossen. Das ist gewiß eine sehr provokative Aussage nach Art eines Manifests. Dennoch würden wir meiner Ansicht nach eine ausgezeichnete Gelegenheit versäumen, wenn wir diese Konferenz nicht dazu nutzen würden, einige dieser Fragen eingehender zu diskutieren. Wir sollten uns durch die genuin wissenschaftlichen Fragen nicht dazu verführen lassen, unsere Aufmerksamkeit von den brennenden ethischen Fragen abzuziehen.

PLOOG:

Unter Berücksichtigung dessen, was wir gehört haben, möchte ich nochmals betonen, daß wir folgende Schlußfolgerung ziehen können: Wir haben noch eine lange Zeit des Experimentierens vor uns, bevor wir Fragen über komplexe Verhaltensweisen werden beantworten können. Und aus der Tatsache, daß solche Experimente gerechtfertigt sind, darf man auf die Rechtmäßigkeit der Verwendung von Tieren in ihnen schließen. Daher sollten wir das ethische Problem nicht nur aus der Perspektive menschlicher Rechte sehen, sondern auch aus der Perspektive, daß unsere wissenschaftlichen Anstrengungen letztlich dem menschlichen Wohlergehen dienen. Diskussionen über Ethik sollten dem Aspekt der wissenschaftlichen Pflicht, Wissen zum Wohl der Menschheit einzusetzen, ebensoviel Gewicht geben wie dem Aspekt des Schutzes von Individuen.

ROY:

Ich stimme Ihnen zu. Es reicht nicht mehr aus, wenn das jemals der Fall gewesen ist, daß Wissenschaftler dieses Thema in wenigen kurzen Worten und im Brustton rationaler Überzeugung abhandeln. Vielleicht übertreibe ich, aber ich glaube, daß Bedarf nach einer kontinuierlichen und behutsamen Erziehung der allgemeinen Öffentlichkeit besteht. Dr. Ploog, Sie wissen, daß viele Leute Ihre eben geäußerten Ansichten nicht teilen. Diese Menschen verspüren nicht die Leidenschaft, die Grenzen des Wissens zu erweitern und halten Wissenschaftler für destruktive Leute, die zerstörend in die natürliche Gesetzmäßigkeit der Dinge eingreifen. Ich erwähne das nicht, weil ich selbst diese Ansicht teile. Das ist keineswegs der Fall! Aber diese Ansichten werden politisch gewichtiger. Die Wissenschaftler wären gut beraten, ihnen Rechnung zu tragen und etwas zu unternehmen. Denn bisher haben sie, soweit ich sehe, nicht genug getan.

WEBSTER:

Ich möchte fragen, ob die Probleme sich nicht ganz anders stellen, wenn die Tiere speziell für wissenschaftliche Experimente hergestellt, aufgezogen und unterhalten werden, etwa wie Rinder für die Zwecke der Ernährung? Macht das nicht einen Unterschied? Mit anderen Worten: man greift nicht in den natürlichen Lebenslauf einer Wistar-Ratte ein. Diese Ratte wurde für Forschungszwecke geschaffen, aufgezogen und an eine Forschungsorganisation verkauft.

MARSHALL:

Ich glaube nicht, daß das irgendeinen Unterschied macht. Die Verfechter der Rechte der Tiere halten das für ebenso anstößig wie die Verwendung anderer Tiere. – David Roy kann ich nicht zustimmen, wenn er sagt, daß Macht Recht ist. Ich bin mir gar nicht sicher, wo sich die Macht überhaupt noch befindet. Die Macht könnte eher bei der Bevölkerung sein als bei den Wissenschaftlern. Dieses Problem stellt sich in Kanada in einem großen Umfang, aber seine Lösung besteht in einer rationalen Debatte und in der Rechtfertigung des eigenen Tuns. Diese Lösung müssen wir suchen. Allerdings kann die Wissenschaft nicht weiterhin so verfahren wie in der Vergangenheit.

WEBSTER:

Auch ich meine, daß die Lösung des Problems in rationaler Debatte und Rechtfertigung liegt. Ich teile auch die öffentliche Sicht, daß Wissenschaftler zuweilen sorglos in ihrem Umgang mit Versuchstieren sind und in ihrer Durchsetzung von Regelungen über deren Unterbringung und Pflege. Kundgebungen wie jene vor den *National Institutes of Health* in Bethesda (Maryland) haben bei der Bewußtseinsbildung unter Forschern für die Wichtigkeit hoher Standards bei der Behandlung und Verwendung von Tieren eine Rolle gespielt.

MARSHALL:

Ich denke, wir sehen die Erkenntnis des Empfindungsvermögen von Tieren als einen Entwicklungsprozeß. Berücksichtigt man dies, so mag es doch Fälle geben, wo man dieses Vermögen ignorieren muß. Aber ich glaube, daß der Tag kommen wird (für Kanada bin ich mir da sicher), wo man darüber Rechenschaft ablegen muß und es gerechtfertigt ist, den Widerstand gegen die Vorstellung zu überwinden, daß das Empfindungsvermögen von Tieren ebenso gesehen werden muß wie das von Menschen.

HESS:

Ich stimme mit Justice Marshall darin überein, daß das Problem der Tierexperimente im Rahmen unserer Diskussion betrachtet werden sollte. Ohne Experimente besonders mit höheren Tieren würde der Fortschritt in der Hirnforschung ernsthaft behindert und die Entwicklung neuer Wege bei der Diagnose und Therapie von Krankheiten stark verzögert. Hier stehen wir offensichtlich vor einer ernsten ethischen Frage, die nur durch internationale Regelungen für die Grundlagenforschung auf diesem Gebiet gelöst werden kann.

BRENNER:

Absolut grundlegend ist die Unterscheidung zwischen der im großen Maßstab durchgeführten toxikologischen Prüfung von Produkten, die zu einer kommerziellen industriellen Tätigkeit geworden ist, und der Verwendung von Tieren im wissenschaftlichen Experiment.

WEBSTER:

Es ist Zeit, die Diskussion zu beenden und sie kurz zusammenzufassen. Dr. Glowinski erinnerte uns in seinem Vortrag daran, daß wir uns nur mit einem einzigen von zahlreichen Gebieten der neuropharmakologischen Forschung befaßt haben. Wir diskutierten einige der Substanzen, die an oder in der Nähe von Synapsen wirken. Andere nur beiläufig erwähnte Bereiche sind die Mikroumwelt des zentralen Nervensystems und die Gliazellen. Die Mikroumwelt des zentralen Nervensystems umfaßt die extrazellulären Räume und Bestandteile, die die Transmitter beeinflussen und noch weitere Wirkungen haben. In einem umfassenderen Sinn schließt sie die Astroglia ein, deren Fortsätze Gruppen von Synapsen umgeben und Ranviersche Knoten bedecken (Abschnitte myelinisierter Axone, die für die Signalleitung wichtig sind). Gliazellen schließen die Astroglia ein, die Teile der Blut-Hirn-Schranke und der Hirn-Parenchym-CSF-Schranke bilden. Viele Substanzen, darunter solche mit toxischer Wirkung, können auch auf die Oligodendroglia und die Markscheiden wirken, die diese Gliazellen bilden und versorgen. Die Eingrenzung des betrachteten Gebiets war hilfreich bei der Konzentration der Diskussion. Verschiedene Punkte wurden betont. Erstens ist unser Verständnis der Modifikation der synaptischen Funktion durch Transmitter und andere Substanzen noch begrenzt. Es besteht ein größerer Bedarf nach sehr viel mehr Forschung in diesem Bereich. Medikamente und andere Substanzen mit bekannten spezifischen Wirkungen gibt es nur begrenzter Zahl. Neue Substanzen müssen entdeckt und ihre Wirkungen charakterisiert werden. Viele Diskussionsteilnehmer erwähnten die Bedeutung genau definierter Modelle, aufsteigend von einfachen zu komplexen Formen. Besonders werden Modelle von Krankheiten benötigt, wie etwa das Modell des MTPT-induzierten Parkinson-Syndroms. Wenn sie gut charakterisiert sind, läßt sich an ihnen viel über die Wirkungen von Medikamenten, Toxinen und Substanzen lernen, die entweder therapeutisch von Nutzen oder toxisch sein können.

Alle Anwesenden stimmten darin überein, daß bei gegenwärtigen und zukünftigen Forschungen folgende Regeln grundlegende ethische Prinzipien für alle an der neurowissenschaftlichen Forschung Beteiligten darstellen: Der Einsatz von Versuchstieren muß auf solche Experimente beschränkt werden, wo sie unverzichtbar sind; ihre für ein Projekt erforderliche Zahl muß sorgfältig abgeschätzt und so klein wie möglich gehalten werden; schließlich müssen hohe Standards bei der Pflege und der Verhütung von Leid eingehalten werden.

Sitzung IV

DAVID ROY

Einleitung

Wir beginnen unsere Diskussion über die ethischen Implikationen der Genetik in Neurologie und Psychiatrie, indem wir unseren Blick auf die Alzheimersche und die Huntingtonsche Krankheit richten. Dr. Dinsdale aus Kanada hat sich freundlicherweise bereit erklärt, an die Stelle von Dr. Martin zu treten, der nicht kommen konnte. – Auf einem Symposium über die Alzheimersche Krankheit, das kürzlich stattfand, betonte Mike Briley vom Pierre Fabre Forschungszentrum in Frankreich, die Erforschung der Alzheimerschen Krankheit sei durch zwei Hauptprobleme ernsthaft behindert: durch das Fehlen eines Tiermodells und durch das Fehlen von biochemischen Markern, die eine eindeutige präklinische Diagnose erlauben würden. Ich nehme aber an, daß wir besonders bei der Chorea Huntington den Schwerpunkt auf die ethischen Fragen legen werden, wie sie Dr. Dinsdale darlegen wird.

Bei der Alzheimerschen Krankheit gibt es mehrere ethische Probleme. Eines davon betrifft die Ethik der Forschung: Wie kann man möglicherweise invasive Forschungsprojekte mit Menschen durchführen, die unfähig sind, nach Aufklärung ihre Einwilligung zu erteilen? Ein zweites Problem betrifft die Verlängerung des Lebens. In mehreren Institutionen, in denen ich gearbeitet habe, wurden Patienten mit fortgeschrittener Alzheimerscher Krankheit, sobald eine Lungenentzündung auftrat, keine Antibiotika verabreicht; diese Menschen starben friedlich. Mein eigener Onkel wurde viermal gegen Lungenentzündung behandelt und blieb rein biologisch betrachtet am Leben, allerdings in einem Zustand bar jeglicher Menschenwürde. Deshalb kann sich diese Frage durchaus stellen.

Bei der Chorea Huntington führt die Frage von präsymptomatischen Tests zu Problemen wie Autonomie versus Paternalismus: Sollten wir Menschen vor Informationen schützen, die auf sie möglicherweise verstörend wirken, oder die sie dazu bringen, ihre Lebensführung zu ändern? Und falls diese Informationen solche Auswirkungen haben, sollte es nicht eher die Entscheidung der Patienten als die der Ärzte sein, ob sie diese Informationen erhalten oder nicht? Weitere Probleme sind die Privatsphäre und die Vertraulichkeit. Ein zuverlässiger präsymptomatischer Test zum Nachweis der Huntingtonschen Krankheit könnte von großem Interesse für Versicherungsgesellschaften, künftige Arbeitgeber und andere Instanzen sein. Die Frage der Wahrheitspflicht ist eine verwandte Frage. Wie sagt man einem Patienten die Wahrheit, wenn diese schmerzlich und tief verstörend ist? Bei vorgeburtlichen Tests für die Huntingtonsche Krankheit sollten wir die ethische Frage stellen, ob dadurch nicht vorsätzlich ein Eugenikprogramm gegen die Huntingtonkranken der neuen Generation in Gang gesetzt wird.

Henry Begg Dinsdale

Chorea Huntington: Ein Beispiel für Fortschritte der Genetik, die ethische Probleme aufwerfen

In meinem Vortrag steht die Huntingtonsche Krankheit als Beispiel für eine erbliche, neurodegenerative Krankheit, bei der Fortschritte in jüngster Zeit zu einem besseren wissenschaftlichen Verständnis und dadurch zu einer verbesserten Diagnose geführt haben. Begleitet ist dies aber von bedeutsamen ethischen Erwägungen.

Die Huntingtonsche Krankheit ist eine autosomale, dominant erbliche Störung, die im vierten oder fünften Lebensjahrzehnt mit unwillkürlichen Bewegungen, Verhaltensänderungen und Demenz beginnt. Der Erbgang dieser Krankheit legt die Vermutung nahe, daß der genetische Defekt, der die meisten Krankheitsfälle verursacht hat, aus einer gemeinsamen Quelle stammt und daß neue Mutationen selten sind, möglicherweise sogar gar nicht existieren.

Die Risikopersönlichkeit wächst für gewöhnlich in einer Familie auf, in der sowohl bekannt ist, daß die Krankheit in ihr auftritt, als auch, daß alle Kinder eine fünfzigprozentige Aussicht haben, die Krankheit zu entwickeln. Von daher überrascht es nicht, daß Depression ein häufiges frühes Symptom ist. Gedächtnisschwierigkeiten bei erhalten gebliebener Konzentrationsfähigkeit sind gewöhnlich ebenfalls frühe Symptome. Bei einigen Patienten sind die Bewegungsstörungen ausgeprägter als der intellektuelle Niedergang, ein Merkmal, das in bestimmten Fällen über längere Zeit bestehen bleiben kann. Durchschnittlich beträgt die Zeitspanne von der ersten Diagnose bis zum Tod zwanzig Jahre, kann aber in einigen Fällen beträchtlich länger sein. Die Patienten sterben an interkurrenten Krankheiten und nicht direkt an den Wirkungen der Hirnerkrankung.

Die klinische Diagnose ist meist unkompliziert, weil bei der Risikopersönlichkeit typische Symptome und Anzeichen in einer Familie auftreten, in der die Krankheit gut dokumentiert ist. Falls die Familiengeschichte nicht greifbar oder offensichtlich normal ist, bringt das Auftreten von ansonsten charakteristischen klinischen Symptomen und Anzeichen den Neurologen in beträchtliche diagnostische Nöte, wenn man berücksichtigt, welche Folgen die Diagnose für die Geschwister und Kinder des Patienten hat. Die Krankheit beginnt nur selten beim Heranwachsenden. Die Symptome setzen meist erst dann ein, wenn der Patient oder die Patientin bereits im reproduktionsfähigen Alter ist. Natürlich hat jeder Mensch, der die Symptome und Anzeichen der Krankheit zu einem späteren Zeitpunkt zeigt, allen seinen Nachkommen bereits die Aussicht weitergegeben, mit fünfzigprozentiger Wahrscheinlichkeit ebenfalls zu erkranken. Deshalb bestand seit vielen Jahren ein Interesse an der Herstellung eines klinischen Markers, der für eine frühe Diagnose sorgen könnte.

Mit den Entwicklungen in der Gentechnologie konzentrierte sich das Interesse in jüngster Zeit auf die Schaffung eines DNS-Markers, der an das für die Huntingtonsche Krankheit verantwortliche Gen bindet.

Es überrascht nicht, daß man bei einer Krankheit, die zum Absterben verschiedener Zelltypen führt, mehrere Hirnchemikalien in verminderter Menge findet beziehungsweise deren relativen Anteile verändert sind. Untersuchungen wurden angestellt, um die bei der Huntingtonschen Krankheit degenerierten Zelltypen detailliert zu charakterisieren und um ihre Funktion zu den in ihnen enthaltenen Neurotransmittern in Beziehung zu setzen. Sollte sich ein spezifischer Mangel bei einem Neurotransmitter feststellen lassen, könnte das zu einer korrigierenden Therapie führen. Bekannt ist, daß anscheinend die Mengen einiger Neurotransmitter nicht verändert sind. Aber sogar dann, wenn sich spezifische Defizite finden lassen sollten, so wären unsere Fähigkeiten, die Menge der bekannten und der nur vermuteten Neurotransmitter im Gehirn zu verändern, sehr begrenzt. Die meisten von ihnen passieren die Blut-Hirn-Schranke nicht ungehindert, und bisher wurden nur wenige wirksame Agonisten und Antagonisten entwickelt, die mit mutmaßlichen Rezeptoren zusammenwirken. Probleme dieser Art bei der Entwicklung von theoretischen Behandlungsmethoden der Huntingtonschen Krankheit führten zu vermehrtem und gesteigertem Nachdruck bei der Erforschung der Genetik dieser Krankheit.

Sehr ermutigend war die Meldung, die DNS-Rekombinationstechnik habe zur Identifikation eines genetischen Markers geführt, der an dem für die Huntingtonsche Krankheit verantwortlichen Genort vorkommt. Die DNS von Mitgliedern aus Huntington-Familien wurde mit Bruchstücken markierter DNS (DNS-Marker) hybridisiert, die aus normaler genomischer DNS gewonnen worden waren. Unterschiede der DNS-Sequenzen bei Patienten mit Huntington wurden dadurch gefunden, daß Restriktionsenzyme, die die DNS in hochspezifische Fragmente zerschneiden, bei Huntington-Patienten ein anderes Fragmentmuster hervorbringen. Diese veränderten DNS-Fragmente oder fragmentierten Restriktions-Polymorphismen wurden an zwei sehr großen Verwandtengruppen mit Huntington untersucht, einer aus den Vereinigten Staaten und einer weiteren aus Venezuela. Die Absicht war, einen polymorphen Marker zu suchen, der an den Gendefekt bindet. Ein markierter DNS-Marker (G8), ein 17 Kilobasen großes kloniertes DNS-Stück, das auf Chromosom 4 sitzt, führte zum Erfolg. Sobald G8 bei diesen Familien von einem bakteriellen Restriktionsenzym verdaut wurde, zerfiel es in vier verschiedene Muster oder Haplotypen, genannt A, B, C und D. Der Marker war ausreichend weit genug entfernt von dem Gen, so daß sich ein Haplotyp unweigerlich abtrennte, sofern die Huntingtonsche Krankheit vorlag. Bei der amerikanischen Familie ist Haplotyp A an das Gen gebunden, während bei der venezolanischen Familie das Gen mit Typ C driftet. Eine ähnliche Verbindung mit der Huntingtonschen Krankheit konnte bei anderen Verwandtengruppen nachgewiesen werden. Bei weniger als einem Dutzend Familien wurden Stichproben genommen und typisiert; bisher liegen keine Anhaltspunkte dafür vor, daß die Huntingtonsche Krankheit genetisch heterogen ist. Sollte sich das Fehlen dieser Verbindung bei einer Familie nachweisen lassen, müßte man annehmen, daß es einen zweiten Genort gibt, oder daß ein anderes Chromosom ebenfalls Symptome ähnlich denen der Huntingtonschen Krankheit hervorrufen könnte. Diese Möglichkeit einer nicht-allelischen Heterogenität, wie sie in vielen

Erbkrankheiten auftritt, konnte bisher nicht ausgeschlossen werden. Derzeit werden Versuche unternommen, die Region von Chromosom 4, wo der Marker angesiedelt ist, komplett zu klonieren. In letzter Instanz geschieht das, um das für die Huntingtonsche Krankheit verantwortliche Gen selbst zu klonieren und zu charakterisieren. Solche Forschungen über den Gendefekt als solchen könnten zu wirkungsvollen Therapien führen. Etwa zwanzig große Familien werden im Augenblick untersucht, und die Arbeit sollte in ein bis zwei Jahren abgeschlossen sein. Zusätzliche, flankierende Marker, die den Zweck haben, das die Huntingtonsche Krankheit verursachende Gen einzukreisen, sollten bald zur Verfügung stehen.

Die Entdeckung eines an das Huntington-Gen gebundenen Markers führte zu besseren Aussichten auf einen Früherkennungstest für diese Störung. Um den Genotyp am G8-Genort zu bestimmen, kann DNS entweder aus dem Blut freiwilliger Individuen gewonnen werden, aus Zellen in amniotischer Flüssigkeit oder aus gefrorenem Hirngewebe Verstorbener. Falls DNS von bestimmten stark gefährdeten Verwandten zur Verfügung steht, könnte möglicherweise der Erbgang für das Gen der Huntingtonschen Krankheit beziehungsweise sein normales Gegenstück präklinisch oder pränatal erschlossen werden. Ein Früherkennungstest würde die Typisierung der DNS von Verwandten der Risikopersönlichkeit nach sich ziehen, weil man bestimmen will, welches Allel des Marker-Genorts mit dem Gen der Huntingtonschen Krankheit in dieser bestimmten Familie driftet. Dann würde die DNS der Risikopersönlichkeiten typisiert, um festzustellen, ob ihnen das besondere Allel des betroffenen Elternteils vererbt worden ist. Welche Familienmitglieder getestet werden müßten, hängt von ihrer genetischen Verwandtschaft zur Risikopersönlichkeit ab sowie von ihrer Bereitschaft mitzumachen. Die Genauigkeit des Tests hinge von der Verfügbarkeit der DNS der geeigneten Familienmitglieder ab, weil das Huntington-Gen jedesmal dann, wenn es vererbt wird, mit dem Marker-Genort rekombinieren kann. Aus diesem Grund wurden DNS-Banken eingerichtet, um Stichproben von Verwandten, insbesondere von Eltern, Großeltern und betroffenen Geschwistern, aufzubewahren, da diese sterben könnten, bevor sie untersucht werden können. Glücklicherweise ist die DNS widerstandsfähig und kann in Banken sicher aufbewahrt werden. Lymphozyten sind die am besten zugängliche Quelle, doch können auch gefrorenes Hirngewebe und andere Organe verwendet werden.

Früherkennungstests der Huntingtonschen Krankheit stellen viele Probleme, die bei routinemäßigen genetischen Beratungen nicht auftauchen. Der Berater muß einen relativ komplizierten Testablauf erklären, und zwar nicht nur der Risikopersönlichkeit selbst, sondern auch den Mitgliedern des weiteren Familienverbandes. Da der Test auf der Bindungsanalyse beruht, wird er niemals zu 100 Prozent sichere Voraussagen treffen können; ein „positives“ oder „negatives“ Ergebnis läßt sich eher als die Wahrscheinlichkeit interpretieren, Träger des Gens zu sein, denn als Gewißheit. Die Feststellung dieser Wahrscheinlichkeit erfordert eine komplizierte Berechnung, sowohl auf der Basis der genetischen Verwandtschaft der typisierten Personen als auch auf der Basis der Altersverteilung für das Alter, in dem bei den Trägern des Gens die Krankheit ausbricht. Vielen Risikopersönlichkeiten, die sich testen lassen wollen, wird man sagen müssen, sie ließen sich nicht testen, weil die geeigneten Verwandten nicht verfügbar sind oder nicht willens sind zu kooperieren. Darüber hinaus wird eine sichere Bestimmung manchmal sogar dann unmöglich sein, wenn alle notwendigen DNS-Stichproben gesammelt werden können, dann nämlich, wenn die Marker-Allele sich nicht in einer Aufschluß gebenden Weise voneinander abtrennen. Diese Schwierigkeit wird in dem Maße kleiner werden, wie zusätzliche Marker gefunden werden.

Vor dem Test müssen die Ergebnisse eines präsymptomatischen Tests und ihre möglichen Folgen auf das Leben einer Risikopersönlichkeit und die Familie sorgfältig erläutert werden, damit die Risikopersönlichkeit einen genauen Überblick über das Wissen, das zur Verfügung gestellt werden kann, sowie dessen Folgen erhält. Wegen der Beschaffenheit der Testprozedur muß die gesamte Familie beraten werden und nicht nur die möglicherweise mit einem Risiko belasteten Personen. Am Ende wird der Berater manchmal einem jungen, gesunden Menschen mitteilen müssen, er sei mit sehr hoher Wahrscheinlichkeit Träger eines Gens, das unvermeidlich zu langdauerndem physischen und geistigen Verfall und schließlich zum Tod führen wird. Oft wird der als Träger Diagnostizierte bereits über Wissen aus erster Hand verfügen, was die Zukunft für ihn bringen wird, weil er für einen erkrankten Elternteil gesorgt hat. Wie würde sich andererseits jemand fühlen, von dem bekannt war, daß er die Huntingtonsche Krankheit entwickeln wird, dem dieses Wissen aber vorenthalten wurde?

Viele der Risikopersönlichkeiten werden sich vielleicht dem Test unterziehen wollen, um ihr Leben besser planen und um zu entscheiden zu können, ob sie Kinder haben wollen. Wenn der Kranke dieses Wissen bekommt, könnte das aber möglicherweise auch verheerende Wirkungen auf ihn und seine Familie haben. Bei Huntington-Kranken liegt die Zahl der Suizide beträchtlich höher als im Durchschnitt der Bevölkerung. Deshalb ist der Effekt der Weitergabe von „positiven" Testergebnissen vielleicht von größter unmittelbarer Bedeutung für jemanden, der ein Gen besitzt, das letztlich beträchtliche Auswirkungen auf kognitive und emotionale Funktionen hat. Andere üble Effekte des Tests können die Zerstörung des Familienlebens und den Verlust der Arbeitsstelle einschließen. Sogar ein „negatives" Testergebnis kann schwere psychische Auswirkungen haben, besonders in solchen Situationen, in denen bei einem nahen Verwandten der Test „positiv" ausfiel. Offensichtlich müssen Laborirrtümer mit peinlicher Genauigkeit vermieden werden. Die Modelle für die Verfahren im Labor müssen strukturiert sein wie bei zentralen Referenzlabors, und den Patienten muß die Information vorenthalten werden, bis wenigstens zwei diagnostische Ergebnisse vorliegen.

Das Wesen der Huntingtonschen Krankheit und die Mechanismen des Tests erfordern es gebieterisch, daß prognostische Informationen nur dann vermittelt werden sollten, wenn eine umfassende Beratung vor und nach dem Test gegeben ist und wenn für eine langfristige Unterstützung gesorgt werden kann, um die möglichen negativen Auswirkungen auf die Risikopersönlichkeit und deren Familie zu minimieren. Eine solche Unterstützung kann die Beteiligung zahlreicher Fachleute aus verschiedenen Berufen erfordern, von Neurologen, Psychiatern, Spezialisten für genetische Beratung, Psychologen, Sozialarbeitern, Juristen ebenso wie von Laienorganisationen bestehend aus Familienmitgliedern der Huntington-Kranken. Bevor man umfassende Tests unternimmt, sollten die begrenzten Pilotstudien vervollständigt werden, um die sicherste und effektivste Weise abzuschätzen, in der die präsymptomatische und pränatale Diagnose durchgeführt werden kann.

Zusätzlich zu der Frage, wie der Patient die Diagnoseergebnisse mitgeteilt bekommt und wie weiter mit ihnen umgegangen wird, müssen viele rechtliche und soziale Probleme gelöst werden, bevor sich die Wirkungen eines präklinischen Tests abschätzen lassen. Beispielsweise könnte es sein, daß Arbeitgeber, Regierungsstellen und Versicherungsgesellschaften versuchen werden, jemanden zum Test zu zwingen oder selbst Gebrauch von Testergebnissen zu machen. Trotz unvermeidlichem äußeren Druck sollte über die Entscheidung, ob man sich testen läßt oder nicht, bei den Risikopersönlichkeiten selbst verbleiben.

Bisher wurde der G8-Marker noch nicht zu präklinischen Tests der Huntingtonschen Krankheit eingesetzt, weil die Möglichkeit einer nicht-allelischen Heterogenität nicht ausgeschlossen werden konnte. Bis dieses Problem gelöst ist, bleibt die Bedeutung jedes Testergebnisses unklar. Falls ein zweiter Genort auf einem anderen Chromosom die Huntingtonsche Krankheit ebenfalls auslösen könnte, würde die Anwendung des Bindungstests auf Familien, die dieses zweite Gen haben, zu falschen Vorhersagen führen. Unglücklicherweise ist die klare Feststellung, daß das defekte Gen an den G8-Marker bindet, nur in relativ großen Gruppen von Verwandten mit vielen betroffenen Individuen möglich. Um dieses Problem zu lösen, stehen nur wenige solcher Familien zur Verfügung. Falls solch ein zweiter Genort für die Huntingtonsche Krankheit existiert, besteht eine hohe Wahrscheinlichkeit, daß es bei den wenigen großen, bereits untersuchten Familien nicht gefunden wurde. Solange, bis das Huntington-Gen weiterer Familien (einschließlich solcher aus verschiedenen ethnischen Gruppen) an den G8-Marker gebunden werden kann, sollte der präklinische Test auf diejenigen Familien beschränkt bleiben, bei denen sichergestellt ist, daß sich der Defekt auf Chromosom 4 befindet. Bei diesen Familien würde die höchstmögliche Genauigkeit des Bindungstests 95 Prozent betragen, wobei man wegen der Häufigkeit von Rekombinationen zwischen den beiden Genorten nur den G8-Marker benutzen sollte. Die Identifikation zusätzlicher Marker, insbesondere auf der dem Gen für die Huntingtonsche Krankheit gegenüberliegenden Seite, also auf der anderen Seite von G8, sollte die Genauigkeit auf über 99 Prozent anwachsen lassen. Letzten Endes könnten die Klonierung des Huntington-Gens selbst und die genaue Beschreibung des Defektes einen direkten präklinischen Test erlauben, was die Untersuchung des DNS von Verwandten erübrigen würde.

Gegenwärtig ist dieser Test der einzige seiner Art und der einzige, der es möglicht macht, symptomfreie Individuen auf ein letales Gen zu untersuchen, das zu einem späten Ausbruch der Krankheit führt. Man muß sich bewußt sein, daß dieses Wissen eine Endgültigkeit hat, vor der es kein Entrinnen gibt: Sobald jemand sich entscheidet, Genaues zu erfahren, kann dieses Wissen nicht ungeschehen gemacht werden. Falls das Ergebnis positiv ist, gibt es gegenwärtig keine Prävention und keine Therapie der Krankheit sowie keine Gewißheit darüber, wann sie ausbrechen wird. Wie bei allen Risiken und Konflikten im Leben wird man das Verhalten des Einzelnen erst kennen, sobald der Fall tatsächlich eingetreten ist. Einige werden dieses Wissen dazu verwenden, ihr Leben konstruktiv zu planen; auf andere wird dieses Wissen unaufhaltsam zerstörerisch wirken. Auch sollten die Schuldgefühle der Überlebenden nicht unterschätzt werden. Ein Widerstreit der Meinungen darüber, ob der Test durchgeführt werden sollte oder nicht, kann zwischen den Generationen einer Familie ausbrechen. Fortschritte bei der Darstellung von Stoffwechselprozessen durch bildgebende Techniken könnten es erlauben, objektive Gewißheit über den Ausbruch der Krankheit bei solchen Patienten zu erhalten, die zwar noch symptomfrei sind, von denen aber bekannt ist, daß sie Träger des Gens sind.

Wegen des späten Ausbruchs der Krankheit beträgt das Verhältnis von Risikopersönlichkeiten zu kranken Patienten annähernd fünf zu eins. Daher stehen wir vor einer schmerzlichen Kluft zwischen unserer Fähigkeit, symptomfreien Menschen zu sagen, sie hätten diese Krankheit, und der Unfähigkeit, ihr vorzubeugen oder sie zu behandeln.

Sobald die Frage der genetischen Heterogenität gelöst ist, wird für viele Ehepaare die Entscheidung für oder wider pränatale Information zu einer realen Möglichkeit. Wenn das Chromosom 4 des Fötus vom nicht betroffenen Großelternteil stammt, so ist sein Risiko, die Huntingtonsche Krankheit zu entwickeln, beinahe Null. Stammt das Chromosom 4 dagegen von dem betroffenen Großelternteil, hat der Fötus ein fünfzigprozentiges Risiko zu erkranken, genau wie sein von diesem Risiko betroffener Elternteil.

Die Erforschung der Huntingtonschen Krankheit könnte Wege zur zukünftigen Untersuchung verschiedener anderer Erbkrankheiten weisen, unabhängig davon, ob diese dominant, rezessiv oder multifaktoriell sind. Die Erfahrungen mit der Huntingtonschen Krankheit haben gezeigt, wie wichtig es für den Erfolg der Forschungsbemühungen ist, die Gruppe der Verwandten klinisch zu charakterisieren. Ähnliche Techniken können jetzt auf die für die Neurofibromatose verantwortlichen Gene angewendet werden sowie auf die relativ seltene familiäre Alzheimersche Krankheit, manisch-depressive Krankheiten und eine Reihe anderer Störungen.

Das außerordentliche Wissen, das durch das Zusammenwirken von Molekularbiologen und Klinikern bereitgestellt wird, führt zu einem Bedürfnis nach jener Art interdisziplinärer Zusammenarbeit unter Wissenschaftlern, Ethikern und Ärzten, wie sie hier auf dieser Konferenz gegeben ist.

Diskussion

DIETZ:

Wissen wir tatsächlich, Dr. Dinsdale, ob es für den Patienten schlimmer ist zu glauben, daß die Wahrscheinlichkeit zu erkranken 50 Prozent beträgt, oder zu glauben, sie sei 5 Prozent oder 95 Prozent? Die denkbar schlimmste aller Situationen ist doch zu glauben, sie sei 50 Prozent.

DINSDALE:

Ich glaube nicht, Dr. Dietz, daß wir über das Wissen verfügen, um Ihre Frage beantworten zu können. In einer Untersuchung wurde ermittelt, daß wenigstens drei Viertel der Risikopersönlichkeiten wissen wollen, ob sie die Huntingtonsche Krankheit haben werden. Ich glaube aber nicht, daß diese Untersuchung durchgeführt wurde, um die psychischen Folgen zu ermitteln, die dieses Wissen hat.

PLOOG:

Wie mir scheint, liegt da ein Fehler vor. Die 50 Prozent, die Träger der Krankheit sind, bekommen sie mit hundertprozentiger Sicherheit. Das heißt, die Frage lautet nicht, ob man die Krankheit zu 50 oder 95 Prozent bekommt, sondern ob man ein Träger ist oder nicht.

DIETZ:

Statistisch gesehen haben Sie natürlich recht, aber die subjektive Wahrnehmung eines ungetesteten und wohlunterrichteten Patienten wird sein: Meine Chancen betragen 50 Prozent. Nach dem Test wird er seine Wahrnehmung auf dem einen oder anderen Extrem neu bewerten, aber nicht hundert oder eins, weil ihm gesagt wurde, der Test enthalte Unwägbarkeiten. Und die Unsicherheit ist wahrscheinlich dann am größten, wenn der Patient begreift, daß seine Wahrscheinlichkeit 50 Prozent beträgt.

DINSDALE:

Die Unvorhersagbarkeit individueller Reaktionen bekam ich einmal demonstriert, als ich ein Videoband mit einem spontanen Interview mit zwei intelligenten, artikulierten Kindern eines Vaters mit der Huntingtonschen Krankheit sah. Wie ich glaube, nahm der Interviewer an, die beiden, selbst Risikopersönlichkeiten, würden es vorziehen, keine Kinder zu haben, wenn sie wüßten, daß sie diese Krankheit bekommen werden. Zur großen Überraschung des Interviewers stellte die Tochter fest, ihr Vater habe ein äußerst glückliches Leben geführt, bevor bei ihm mit 42 Jahren die Krankheit ausbrach. Sie war froh darüber, daß ihm Gelegenheit gegeben worden war, dieses Leben zu leben. Statistische Trends machen keine Vorhersage über individuelle Reaktionen.

MARSHALL:

Wie mir scheint, könnte es sich dabei insofern um eine akademische Frage handeln, als an einem bestimmten Punkt eine Regierung beschließen könnte, dies sei etwas in der Art von Geschlechtskrankheiten, etwas, bei der die öffentliche Gesundheit es erfordere, diese Tests zwangsweise durchzuführen, um die abstoßenden Träger dieser Krankheit oder diese schlechten Gene auszuschalten, und die Träger dürften keine Kinder haben, weil das Wohl der Allgemeinheit höher zu bewerten sei als das Wohl des Individuums.

CAZZULLO:
Ich möchte fragen, wie häufig Depressionen bei solchen Patienten auftreten. Ich kann mich nicht an sehr tiefe Depressionen bei ihnen erinnern. Wie mir scheint, sind Suizidversuche selten, und einem Menschen, der zu Depressionen neigt, Informationen zu geben, ist eine schreckliche Angelegenheit.

DINSDALE:
Suizide sind in Familien mit der Huntingtonschen Krankheit ebenso häufig dokumentiert. Wenn die Krankheit fortschreitet, kann es zu ausgedehnten Zerstörungen des Intellekts kommen, so daß der Patient die Motivation oder die Entschlußkraft verliert, sich umzubringen.

HELGASON:
Ich frage mich, ob das wirkliche Dilemma nicht in Verbindung steht mit der Forschung zur Identifizierung der chemischen Substanzen und Neurotransmitter, die an der Entstehung der Huntingtonschen Krankheit beteiligt sind. Wie können wir in einem frühen Stadium in diese möglicherweise vorhandenen chemischen Störungen eingreifen, um auf diese Weise der Erkrankung vorzubeugen? Zu Forschungszwecken ist es deshalb notwendig, so viele Träger wie möglich ausfindig zu machen, um die beteiligten Gene zu identifizieren. Das würde einschließen, daß die Träger über die Ergebnisse informiert werden, was seinerseits Angst bei ihnen auslösen könnte. Aber um sie möglicherweise vor der Erkrankung zu schützen, ist es notwendig, ihre Neurotransmitter und die chemischen Störungen in ihrem zentralen Nervensystem zu untersuchen.

DINSDALE:
Ich habe es vermieden, die Pathologie der Huntingtonschen Krankheit zu diskutieren. Wenn wir die vollständige genetische Komponente der Krankheit entdecken und dies wirkungsvoll einsetzen können, dann bleibt uns hoffentlich erspart, die sich daraus entwickelnde Pathologie zu untersuchen.

PLOOG:
Sobald es eine immunologische oder eine andere Therapie gibt, würden dann nicht Familien, in denen Chorea Huntington auftritt, getestet, um Träger zu finden, denen man dann sagt: „Du bist zwar ein Träger, aber es gibt eine Therapie?“ Gesetze zum Schutz der öffentlichen Gesundheit würden vielleicht für solche Tests sorgen. Oder handelt es sich dabei um eine ethische Frage?

BRENNER:
Diese Frage muß man meiner Ansicht nach in eine Anzahl von Schritten zerlegen. Verbunden damit ist beispielsweise das sehr ähnliche Problem eines Tests für Krebs in den allerersten Anfängen, der noch überhaupt keine Symptome zeigt. Da stellt sich die Frage: Führt man diesen Test durch, obwohl es keine wirkungsvolle Therapie gibt? Außerdem besteht ein zweites Problem, das des Unterschieds

zwischen einer Massenuntersuchung und der Konzentration auf bestimmte Gruppen, die aus genetischen oder Umweltgründen besonderen Risiken unterliegen.

PLOOG:
In diesem Bereich gibt es noch weitere Krankheiten wie den Mongolismus. Ehepaare, die sich ein Kind wünschen, sich aber vor dieser Krankheit fürchten, suchen einen Arzt auf, der ihnen nach einer Amniozentese sagen kann, ob der Fötus Mongolismus hat oder nicht. Ist die Untersuchung eines menschlichen Wesens im Uterus unethisch, wenn die Eltern sie verlangen? Man übertrage das auf die Huntingtonsche Krankheit: Wenn alle Huntington-Familien sich freiwillig intrauterinen Kontrollen unterzögen, würde das zu einem ethischen Problem führen?

BRENNER:
Man muß Fälle unterscheiden, wo eine wirkungsvolle Auslese der Risikogruppe auf epidemiologischen Grundlagen (etwa dem Alter der Mutter) stattfindet, von, sagen wir, der Huntington-Familie, wo die Auslese der Risikogruppe auf der Basis eines Großelternteils mit dieser Krankheit stattfindet. Defekte an einzelnen Genen erlauben es, zu endgültigen Schlüssen zu kommen.

ROY:
So daß eine Frau, die zu einer pränatalen Diagnose geht, wenn dereinst ein Test verfügbar sein sollte, theoretisch Informationen über ihren Ehemann bekommen könnte, die ziemlich endgültig sind, und sie es vorziehen würde, ihn nicht zu kennen.

BRENNER:
Diese Untersuchungen enthalten Risiken eigener Art, die in dem Sinn an einen Grenzpunkt führen, als sichergestellt werden muß, daß nicht in größerer Zahl gesunde Säuglinge geopfert als abnormale verhindert werden. Auf diese Weise wurde die Altersgrenze bei Mongolismus festgelegt, und natürlich verhält es sich folgendermaßen: Je besser die Untersuchungsmethoden sind, desto größere Gruppen können überprüft werden.

DINSDALE:
Die Huntingtonsche Krankheit hat aus mehreren Gründen das Interesse auf sich gezogen. Spontane Mutationen sind selten, die Krankheit offenbart nach den Jahren, in denen man Kinder bekommen kann, deutlich ihren Charakter, sie wird öffentlich sichtbar wegen der unwillkürlichen Bewegungen und der Demenz und sie legt den Familien und der Gesellschaft große Lasten auf.

DIETZ:
Wir können diese einzigartige Krankheit verwenden, um die mit der Einwilligung verbundenen Fragen zu prüfen, wie sie sich in verschiedenen Stadien des Lebenszyklus bei einer Anzahl von Krankheiten stellen. Wenn wir den Lebenszyklus von der Empfängnis bis zum Tod betrachten, scheint es relativ genau voneinander abgrenzbare Stadien zu geben, bei denen jeweils andere Fragen der Einwilligung auftreten. In der pränatalen Periode (wir können sie das erste Stadium nennen) gibt es Fragen der Einwilligung in bezug auf eine Diagnose, eine Abtreibung und eine

Therapie, die alle durch die Zustimmung der Eltern, durch die Sozialpolitik und die medizinische Ethik entschieden werden. Von der Geburt bis zu dem Alter, in dem das Gesetz selbständige Entscheidungen erlaubt (das ist das zweite Stadium), werden Entscheidungen über Untersuchungen und Therapien gleichfalls von den Eltern getroffen. Deshalb haben wir sowohl im ersten wie im zweiten Lebensstadium stellvertretende Entscheidungsträger, im allgemeinen die Eltern. Die Mehrzahl der Menschen (mit Ausnahme beispielsweise der geistig deutlich Zurückgebliebenen) erreicht ein drittes Stadium, wo sie kompetent und autonom zu Entscheidungen fähig sind. Für einige Menschen kommt allerdings eine Zeit in ihrem Leben, in der ihre Fähigkeit zur Einwilligung eingeschränkt ist. Während des dritten Stadiums, solange autonome Entscheidungen möglich sind, kann der Einzelne jemandem eine schriftliche Vollmacht mit bindender Wirkung geben und kann dadurch wissentlich die zukünftige Entscheidungsgewalt einer Person übertragen, der in der Lage sein wird, eine Einwilligung zu erteilen, falls der Betreffende dazu außerstande sein sollte. Alternativ dazu kann der Einzelne während des dritten Stadiums besondere Festlegungen über die Zukunft treffen, etwa im voraus seine Zustimmung zur Teilnahme an Forschungsvorhaben erteilen, oder er kann eine Erklärung darüber niederlegen, daß sein Leben im Falle eines Hirntodes nicht künstlich verlängert werden soll. Falls solche Entscheidungen während des dritten Stadiums nicht getroffen wurden, wird es im vierten Stadium notwendig, wieder auf stellvertretende Entscheidungsträger zurückzugreifen. Beinahe könnte man behaupten, daß die Nichtbeachtung dieser Probleme und des Patientenwunsches nach einem Stellvertreter für Entscheidungen während des dritten Stadiums zu so enormen ethischen Problemen im folgenden Stadium führt, daß es eine ethische Pflicht ist, sich während des klaren und bewußten dritten Stadiums damit zu befassen.

PLOOG:

Über die Schwierigkeiten während des Stadiums vier läßt sich nicht wirklich debattieren, aber im Stadium drei muß man zu mehr als einer ethischen Entscheidung kommen. Einmal fragt es sich, ob ein Mensch als Träger der Huntingtonschen Krankheit diagnostiziert werden sollte, wozu er seine Einwilligung geben muß, sofern es nicht Gesetze gibt, die ihn dazu zwingen können. Zweitens, sollte ein Träger dieser Krankheit ermutigt werden, Kinder zu haben?

ROY:

Wenn Sie schon die Ermutigung erwähnen, Kinder zu haben: Weshalb sollte es die Aufgabe irgendeines Dritten sein und nicht der Huntington-Patienten selbst, darüber zu entscheiden, ob sie Kinder haben wollen oder nicht?

PLOOG:

Das ist offensichtlich: Die Öffentlichkeit hat die Last für 50 Prozent der Nachkommenschaft zu tragen.

ROY:

Wir müssen auch beträchtliche Ausgaben für den Nachwuchs zerstreuter Universitätsprofessoren auf uns nehmen, deren Kinder in die Notaufnahmestationen von Kinderkrankenhäusern gelaufen kommen, weil sie sich einsam und vernachlässigt fühlen.

PLOOG:
Verstehen Sie mich nicht falsch: Ich sage nur, daß dies Problem sich stellen wird, sobald wir eine Diagnose gestellt haben.

MARSHALL:
Wenn ich darüber nachdenke, so scheint es mir, daß die Huntingtonsche Krankheit Eigenschaften entwickelt, die von selbst zu ihrer Regulation und Kontrolle führen. Soweit ich verstehe, könnte diese Krankheit durch eine gründliche Kontrolle gänzlich zum Verschwinden gebracht werden. Mir scheint, dies wäre eine Gelegenheit, ein schreckliches Leiden auszurotten.

DIETZ:
Die Huntingtonsche Krankheit wurde bei Menschen verschiedener ethnischer Herkunft entdeckt, woraus man folgern könnte, daß sie durch spontane Mutationen entstanden ist. Ist diese Schlußfolgerung richtig oder falsch?

DINSDALE:
Bei dieser Krankheit sind spontane Mutationen selten. Eine einzige Familie aus einer englischen Grafschaft war die Quelle für die meisten Krankheitsfälle in Nordamerika.

ROY:
Wir können Justice Marshalls Beitrag über die Möglichkeit der Ausrottung dieser schrecklichen Krankheit aufgreifen oder auch nicht. Ich jedenfalls möchte an diesem Punkt einen weiteren Schritt tun und darauf hinweisen, daß wir damit gleichzeitig eine gewaltige Zahl von Menschen ausrotten würden, die, wie sie es auch schon in der Vergangenheit getan haben, ein hochproduktives Leben von 35 oder mehr Jahren leben könnten. Folgende Schlußfolgerung halte ich für ein ethisch beunruhigendes Konzept: Weil eine Gruppe von Menschen in mittleren Jahren eine schreckliche Krankheit bekommen wird, müßten wir folglich sicherstellen, daß diese Menschen nicht 35 oder 40 Jahre lang produktiv leben können; wir müssen diese Entscheidung im voraus treffen und sie aus diesem Grunde abtreiben.

GROS:
Ich bin ein wenig erstaunt darüber, daß wir in einem gewissen Sinn sowohl Fragen der Physiologie wie auch die Möglichkeiten, die durch eine neuronale Therapie eröffnet werden, aus der Diskussion vertrieben haben. Ich würde sehr gerne etwas darüber hören, ob wir ein wenig mehr über die (molekularen) Mechanismen wissen, durch die ein Gendefekt eine Funktionsminderung oder sogar ein Verschwinden von Neuronen des Striatums verursacht; außerdem würde ich gerne wissen, ob sich etwas aus Tiermodellen lernen läßt und ob es, allgemein gesprochen, auch noch andere Herangehensweisen gibt außer rechtlichen oder sozialen Eingriffen. Ich ziehe in Zweifel, daß es notwendig ist, eine solch radikale Haltung einzunehmen wie zu entscheiden, bestimmte Minderheiten sollten vollständig verschwinden. Diskussionen dieser Art haben wir bereits 1985 während der Konferenz von Rambouillet geführt, wenn auch auf einer allgemeineren Grundlage. Aus den damaligen Diskussionen gewann ich den Eindruck, daß die meisten Teilnehmer nicht damit einverstanden waren, eugenische Maßnahmen zu ergreifen (oder ausschließlich zu ergrei-

fen), um jede beliebige Krankheit genetischen Ursprungs vollständig auszurotten. Nicht daß ich etwas gegen pränatale Diagnosen und medizinische Empfehlungen hätte, aber mir wäre es recht, wenn die Diskussionen über rein legalistische oder juristische Gesichtspunkte sich die Waage hielten mit Diskussionen über die wissenschaftlichen und medizinischen Aspekte der Probleme, die sich durch Krankheiten dieser Art stellen.

OLIVERIO:

Es ist wahr, diese Krankheit ist schrecklich. Aber wir haben bereits in Rambouillet Betrachtungen darüber angestellt, auf welcher Ebene wir entscheiden können, ob eine Krankheit schrecklich ist oder nicht, indem wir die Frage stellen: Was rotten wir dabei aus und was nicht? Der richtige Grenzpunkt ist hier sehr schwer zu treffen. Ich sage nicht, daß wir bestimmte Dinge tun oder lassen sollten; aber sogar aus einer philosophischen Perspektive werden sich viele Probleme stellen, wenn wir über die Festlegung dieses Grenzpunktes diskutieren.

ROY:

Sobald ein zuverlässiger Test tatsächlich vorhanden ist, wird die pränatale Diagnose dieser Krankheit vielleicht eher im ethischen Bereich verwirrend sein. Ich weiß nicht, ob wir, indem wir dies diskutieren, einfach wiederholen, was in Rambouillet bereits gesagt wurde. Wenn daher die Mehrheit diesen Eindruck hat, können wir die Frage für einen Augenblick beiseite legen und den Punkt von Dr. Gros über die Verbindung zwischen Genetik und neurologischen Störungen aufnehmen.

DINSDALE:

Es ist immer gewagt zu versuchen, den Ertrag von Forschungen vorherzusagen und dadurch über Prioritäten zu entscheiden. Um auf die Frage von Dr. Gros zu antworten: Ich möchte die Wichtigkeit genetischer Forschung bei der Enträtselung der Probleme der Huntingtonschen Krankheit betonen. Bei Neurofibromatose liegen die Dinge ähnlich. Allerdings erfordert die Alzheimersche Krankheit vom nichterblichen Typ Forschungen über deren nicht genetisch bedingte Krankheitsursachen sowie über die unterschiedliche Anfälligkeit verschiedener Bahnen im Nervensystem.

ROY:

Kann ich daraus schließen, daß Sie der Ansicht sind, detaillierte Diskussionen über die neurologischen Wirkungen genetischer Defekte seien zwar keineswegs nutzlos, daß ihnen aber kein Vorrang eingeräumt werden sollte?

DINSDALE:

Genau. Im Fall der Huntingtonschen Krankheit ist die genetische Forschung vielversprechend, denn die Krankheit ist erblich bedingt. Im Fall der Alzheimerschen Krankheit ist der Umfang des wissenschaftlichen Ertrags weniger gewiß. Einige Forscher meinen, wir sollten uns auf die Untersuchung der Amyloide konzentrieren. Möglicherweise ist eine multi-faktorielle Erklärung, bekannt unter der Bezeichnung „Altern“, die Antwort.

Dietz:

Ich möchte Ihre Aufmerksamkeit auf einen Aufsatz richten, der aus den Ergebnissen einer Konferenz über senile Demenz vom Alzheimer-Typ entstand, die vom „National Institute of Aging" gefördert wurde (Melnick, V.L.; Dubler, N.N.; Weisbard, A.; Butler, R.N.: Clinical research in senile dementia of the Alzheimer type: suggested guidelines addressing the ethical and legal issues. *Journal of the American Geriatrics Society* 32 (7): 531–536, Juli 1984). Der Aufsatz behandelt das Problem der Einwilligung zur Teilnahme an Forschungsvorhaben nach Aufklärung bei Alzheimer-Patienten. In den Richtlinien werden mehrere Neuerungen vorgeschlagen, die sich nicht nur auf die Alzheimersche Krankheit anwenden lassen, sondern auf alle Psychosen und degenerativen Krankheiten des Nervensystems, insbesondere in bezug auf stellvertretende Entscheidungen und in bezug auf Entscheidungen, die vor der klinischen Verschlechterung des Gesundheitszustandes abgegeben wurden. Unter den Neuerungen in diesen Richtlinien befindet sich der Vorschlag für eine Hierarchie der Versuchspersonen, die bevorzugt in Forschungsvorhaben einbezogen werden sollten, wobei diejenigen Versuchspersonen, bei denen die Fähigkeit zur Einwilligung erhalten geblieben ist, in die oberste Kategorie eingeordnet werden. Man kann mehrere Klassen von Versuchspersonen ermitteln, die sich durch den Grad unterscheiden, in dem es sich aufdrängt, sie zu Forschungszwecken auszuwählen. In den Richtlinien werden eine Reihe von Mechanismen vorgeschlagen, die es ermöglichen, jemandem eine stellvertretende Entscheidungsgewalt zu übertragen. Wenn diese Richtlinien auch nicht alle Probleme lösen, so geben sie doch Mittel an die Hand, durch die man eine angemessene Zahl von Versuchspersonen bekommen könnte, um in der Lage zu sein, sogar äußerst invasive Formen experimenteller Arbeit durchzuführen.

Ploog:

Weit bedeutender als die Probleme mit der Huntingtonschen Krankheit sind die genannten Probleme mit der senilen Demenz und der Alzheimerschen Krankheit, weil diese Krankheiten sehr weit verbreitet sind. Je älter die Menschen werden, desto mehr senile und präsenile Demenzen werden wir haben, und die Übergangsphase von Stadium drei zu Stadium vier in dem Schema von Dr. Dietz wird sich wegen der besseren medizinischen Versorgung wahrscheinlich verlängern. Ich glaube, daß die sich hierbei stellenden ethischen Fragen dieselben sind wie bei der Huntingtonschen Krankheit. Natürlich stehen wir erst am Anfang der Forschung. Bis wir die verschiedenen Formen der Demenz verstehen, muß noch eine Menge klinischer und Grundlagenforschung durchgeführt werden.

Webster:

Ich teile viele der hier geäußerten Ansichten. Als Neurologe und Arzt habe ich dennoch einige ziemlich ernste ethische Bedenken bei der Behandlung kranker Menschen nach Plänen, die von Gruppen gesunder Individuen (von Ärzten, Rechtsanwälten, Gesetzgebern, Versicherungsfachleuten, Richtern und anderen Bürgern) aufgestellt werden. Für jeden einzelnen Patienten ist seine Krankheit und deren Ergebnis eine hundertprozentige Angelegenheit und keine bedeutungslose statistische Zahl innerhalb großer Zahlenreihen, die verwendet werden, um Entscheidungen über ganze Gruppen von Patienten zu fällen. Jeder Arzt weiß wahrscheinlich von Patienten, bei denen aus klinischen und Laborbefunden die Gewißheit bestand, daß sie eine fortschreitende, nicht behandelbare Krankheit im Endstadium haben, bei denen die Atmung aussetzte und die künstlich beatmet werden mußten und die sich dann, zur Verwunderung aller, gut genug erholten, um das Krankenhaus verlassen und noch für einige Monate oder Jahre leben zu können. Dürften Komitees, Gesetzgeber oder Gruppen von Ärzten dem Leben eines Individuums einen Wert geben? Wissen wir wirklich genug über *alle* Fälle *jeder* Krankheit, daß wir Gruppenentscheidungen verwenden können, um zu beschließen, ob einem einzelnen Menschen die Behandlung mit lebenserhaltenden Maßnahmen verweigert wird?

GLOWINSKI:
Sehr oft ist es schwierig, a priori zu entscheiden, welche Richtung die Forschung am besten einschlagen sollte, um die mit bestimmten Krankheiten (etwa der Alzheimerschen oder der Parkinsonschen Krankheit) verbundenen Fragen zu lösen. Grundlagenforschung über die Faktoren, die am Überleben der Neuronen beteiligt sind, werden uns vielleicht dabei helfen, die Grundmechanismen, die zur Degeneration spezifischer Gruppen von Zellen beitragen, tatsächlich zu verstehen. Eine solche Forschung, die nicht unmittelbar an eine bestimmte Krankheit gebunden ist, könnte wichtiger sein als Forschungsstrategien, die in einer zu dogmatischen Weise von einem wohldefinierten Forschungsgegenstand inspiriert sind.

TAYLOR:
Eine andere ethische Frage betrifft gegenwärtig die Verantwortung des Wissenschaftlers. Um auf Dr. Gros' Frage zu antworten: Ich glaube, daß unsere Verantwortung unter anderem sicherlich darin besteht, sowohl das Wesen möglicher pathologischer Erscheinungen als auch das normale Nervensystem zu erforschen, damit wir Therapien für solche Krankheiten wie die Chorea Huntington und verwandte Störungen finden können.

BRENNER:
Die Erforschung genetisch bedingter neurologischer Störungen beim Menschen bietet außerordentliche Möglichkeiten. Beim Menschen können wir zur zellulären und molekularen Ebene der Krankheit vorstoßen; und sogar dann, wenn wir keine Therapie finden können, werden wir wenigstens gute Gründe haben, um die Grenzen unseres Tuns abstecken zu können. Die biomedizinischen Wissenschaften haben immer nach dem Möglichen gesucht, aber ich glaube, wir müssen ebenso das Unmögliche ins Auge fassen.

DIETZ:
Dr. Glowinskis Bemerkung über die Lenkung der Forschung führt zu tiefschürfenden ethischen Fragen. Einerseits wäre es zu einschränkend, wollte die Regierung durch ihre Prioritäten bei der Vergabe von Geldern die Richtung aller Forschungsvorhaben vorschreiben. Andererseits würde ein vollständiges Fehlen einer zentralisierten Koordination zu einem Chaos in der Forschung führen. Die Entwicklung der Forschung an ihrer Spitze erfordert es, daß produktive Forscher in der Lage sind, neue Richtungen einzuschlagen, sobald sie unerwartete Perspektiven erkennen. Wir

in den Vereinigten Staaten sind so fixiert auf programmatische Forschung und auf an bestimmte Programme gebundene Gelder, aus denen nur kurzfristige Mittel vergeben werden, daß Forscher oft Jahre im voraus darüber entscheiden müssen, worüber sie arbeiten werden, und viel Zeit damit verbringen müssen, nach Forschungsgeldern zu suchen. Das ist schrecklich bürokratisch und eine riesige Zeitverschwendung für viele unserer besten Wissenschaftler.

BRENNER:
Wir müssen die Bedeutung erkennen, die wohltätige Stiftungen zumindest in Großbritannien und den Vereinigten Staaten haben. Viele von ihnen widmen sich nur einer einzigen Krankheit, etwa der Muskeldystrophie, der Epilepsie, oder der Zystischen Fibrose. Weil diese Stiftungen die Familien mit diesen Krankheiten einbeziehen und repräsentieren, hatten sie bei der Förderung genetischer Forschung gegenüber den Wissenschaftlern einen Vorsprung.

WEBSTER:
Es gibt Berichte, die Möglichkeiten zur Verwaltung der Forschung beschreiben. Wiederholt wurde gezeigt, daß die von Forschern angeregten wissenschaftlichen Projekte den besten Weg darstellen, um auf solchen Gebieten Fortschritte zu erzielen, wo nur geringe Kenntnisse vorliegen, wo die Ansätze zur Problemlösung begrenzt sind und wo das Ergebnis individueller Forschungsprojekte ungewiß ist. Wenn dagegen das Ziel und der Weg dorthin bekannt sind, bringen gut eingespielte, große Teams den raschesten Fortschritt.

DINSDALE:
Als allgemeine Regel gilt: Wenn man eine Forschungsabteilung aufbauen will, muß man sich die besten Leute aussuchen und darf ihnen dann nicht im Weg stehen. Allerdings sind Forschungsbudgets endlich und forschungspolitische Entscheidungen müssen getroffen werden. Gefordert ist ein Gleichgewicht zwischen von Forschern initiierten Ansätzen und einem Konsens über die Prioritäten. Manchmal haben Prioritäten ihre Quelle darin, wie und wofür Forschungsmittel vergeben werden. Grundlagenforschung ohne unmittelbare „Anwendung“ sollte am besten von der Regierung unterstützt werden. In Nordamerika bilden staatsfreie Institutionen wie die Herz- und Krebsstiftungen eine wichtige Geldquelle für Projekte, die sich bestimmten Krankheiten widmen.

GROS:
Ich habe das Gefühl, daß im Fall der Alzheimerschen Krankheit aus einem Grund, den Sie erwähnt haben – die in die Augen fallende Schwere der Symptome – eine ziemlich „passive“ Haltung eingenommen wird, und zwar in einem weit höheren Maße als bei anderen Erbkrankheiten, Muskeldystrophie beispielsweise, obwohl die Duchenne Dystrophien, was den Ausgang betrifft, beinahe ebenso gravierend sind. Aber vielleicht kommt das daher, weil sie weniger stark die emotionalen Reaktionen der Menschen beanspruchen als die Alzheimersche Krankheit. Einmal mehr würde ich sehr gerne wissen, wie weit hier die experimentellen Ansätze gediehen sind, etwa die Suche nach einem Tiermodell, das die selektive Zerstörung von Zellen des Striatums erlaubt, um feststellen zu können, Einflüsse welcher Art dies auf andere Zielzellen hat. Wissen wir irgend etwas über die Proteinerkennungsele-

mente, die an den Interaktionen beteiligt sind, die von Striatum-Neuronen und so fort gezeigt werden können? Könnte in diesem Rahmen gegenwärtig ein Klonierungsprogramm aufgelegt werden? Könnte man langfristig, wenigstens bei Tieren, eine Gentherapie versuchen? Aus Gründen, die ich nicht voll abschätzen kann (vielleicht weil ich mich sehr stark mit Molekularbiologie beschäftige), haben wir meinem Gefühl nach den Aspekt der pränatalen Diagnose dieser Krankheit weit mehr betont als deren mechanistischen Hintergrund.

HESS:
Senile Demenzen treten immer häufiger auf, und durch den wachsenden Anteil der Weltbevölkerung, der ein höheres Alter erreicht, könnte das zu einem sehr bedeutsamen sozialen Problem werden. Ich war von den Bemerkungen zur Forschungs- und Wissenschaftspolitik beeindruckt. Wirklich wichtig ist die Frage, wie wir die Forschung fördern sollten. Einige forschen deshalb über bestimmte Krankheiten, weil sie insofern eine Bedeutung für die gesamte Menschheit haben, als sehr viele Menschen von ihnen betroffen sind. Oder sollten wir jene Krankheiten untersuchen, von denen nur eine kleine Minderheit auf der Welt betroffen ist? Meine persönliche Sicht in diesem Punkt ist von Pragmatismus geprägt. Offensichtlich ist, daß man in der Forschung von Zeit zu Zeit eine plötzliche Lösung für Fragen der Therapie sieht. Der Grund ist gewöhnlich der, daß neue Methodologien oder neue Konzepte bekannt werden. François Gros hat den Akzent auf das genetische Konzept gelegt, und Komitees durchforsten derzeit Bereiche der Medizin, wo man diese neue Technik mit Erfolg einsetzen kann. Deshalb halte ich es nicht für besonders gut, wenn man in jenen Bereichen Forschung betreibt, in denen keine wirklich geeigneten Ansätze bekannt sind. In den sechziger Jahren war es offensichtlich zu früh, so viel Geld für das Krebsproblem auszugeben. Aber jetzt hat sich die Situation vollständig geändert, und man sollte daher ziemlich pragmatisch seine Ziele verfolgen.

BRENNER:
Wann, würde ich gerne wissen, wurde Senilität zu einer Krankheit? Die Schwangerschaft ist ja bereits vor einiger Zeit dazu geworden.

HELGASON:
Weil viele dies miteinander verwechseln, müssen wir deutlich den Unterschied betonen zwischen hohem Alter als Zustand der Senilität und den degenerativen Prozessen, die senile Demenzen hervorbringen. Ein großer Teil der sehr alten Menschen bewahrt seine kognitiven Fähigkeiten, aber ein kleinerer Teil, dessen Gehirn degeneriert, entwickelt kognitive Defizite. Dies sind die senilen Demenzen, die eine Hauptursache der Störungen und Krankheiten bei den Betagten darstellen.

DINSDALE:
Ein Großteil der Alten ist gesund. Die Alzheimersche Krankheit ist tatsächlich eine klinisch identifizierbare Krankheit. Eine nützliche Formel, um einige das Alter begleitende Veränderungen des Gedächtnisses zu beschreiben, lautet: „wohltätige altersbedingte Vergeßlichkeit“.

Roy:

Es ist Zeit für mich, die Diskussion in einigen Sätzen zusammenzufassen. Ich fand, daß diese Debatte von einem allgemeinen Mißstand durchzogen war, der Unfähigkeit, zwei oder drei wirklich produktive Diskussionslinien zu entwickeln. Ich werde daher nicht versuchen, all das zu wiederholen, was gesagt wurde. Dr. Dinsdales ausgezeichneter Vortrag über die Huntingtonsche Krankheit war eigentlich einer der beiden ursprünglich vorgesehenen Brennpunkte für diese Diskussion. Der andere sollte die Alzheimersche Krankheit sein. Diesem Themenkomplex wurde jedoch beinahe überhaupt nicht nachgegangen, obwohl es sich dabei allem Anschein nach um die Krankheit handelt, die in den kommenden Jahren am häufigsten auftreten und die gravierendsten sozialen Folgen haben wird. Die Diskussion über die Huntingtonsche Krankheit scheint uns in Richtung entweder auf präsymptomatische oder auf pränatale Tests zu führen, verbunden mit individualethischen und potentiellen sozialen Dilemmas. Eine Diskussion über die Alzheimersche Krankheit hätte uns vielleicht etwas tiefer in das Verhältnis der neurowissenschaftlichen Grundlagenforschung zur Therapie und zu den sie begleitenden ethischen Problemen geführt. Wir waren nicht in der Lage, dem nachzugehen. Wir konzentrierten uns auf das individuelle Dilemma, wie etwa in Dr. Websters Beispiel, ob es einem schwerkranken Patienten zu sterben erlaubt ist. Wir stellten Betrachtungen über das soziale Dilemma an, ob wir die Entscheidung für beziehungsweise gegen eigene Kinder bei Huntington-Kranken steuern sollten. Wir streiften kurz den Bereich der Neuropathologie und deren verschiedene Ansätze. Diese Themen wurden nicht wirklich entwickelt, und die Fragen, die sich folgerichtig aus diesen Diskussionen hätten ergeben müssen, kamen nicht auf den Tisch. Ich sehe nicht, wie anders ich diese ziemlich unzusammenhängende Diskussion zusammenfassen könnte.

Klinische Neurowissenschaften

Sitzung V

Franco Angeleri

Einleitung

Diese Sitzung ist jenen ethischen Problemen gewidmet, die beim Hirntod und in der Intensivmedizin auftreten. Wie Sie wissen, wurde die Diagnose des Hirntodes wegen der Chirurgie der Organtransplantation zu einem wichtigen Thema. Der Akutzustand des Hirntodes ist jetzt einmal genau durch seine Ursachen definiert, dann durch seine pathogenen Mechanismen und schließlich durch die durch Verletzungen bedingten Veränderungen, wie sie in den Großhirnhemisphären und im Hirnstamm auftreten. Gegenwärtig scheint eine sichere Diagnose auf der Grundlage von klinischen und apparativen Parametern ebenfalls möglich. Einige sind allerdings der Ansicht, apparative Untersuchungen seien nicht so notwendig. Ethische Probleme können hauptsächlich dann entstehen, wenn diagnostische Kriterien auf einen individuellen Patienten angewendet werden müssen. Hier können sowohl der Mensch als auch technische Geräte Fehler machen. Außerdem können besondere Bedingungen zu großen diagnostischen Schwierigkeiten führen. Das ist beispielsweise beim toxischen Koma der Fall, das durch eine Überdosis von Antidepressiva auf das zentrale Nervensystem entstehen kann, außerdem bei solchen hirntoten Menschen, bei denen bestimmte Inseln im Gehirn funktionell intakt geblieben sind, sowie bei Kindern unter fünf Jahren. Andere ethische Probleme betreffen die Zeitspanne, während der die klinische und die EEG-Beobachtung fortgesetzt beziehungsweise wiederholt werden muß. In Italien zum Beispiel beträgt laut Gesetz diese Zeitspanne gegenwärtig zwölf Stunden. Aber teilweise wird gefordert, sie auf sechs Stunden herabzusetzen.

Die Intensivpflege komatöser Patienten andererseits führt hauptsächlich deshalb zu ethischen und juristischen Problemen, weil einige Unterschiede bei der Definition des Todes und des irreversiblen Komas bestehen. So wurde etwa die absurde Situation beobachtet, daß ein irreversibel komatöser Patient, der bereits ein bis zwölf Stunden auf künstliche Beatmung angewiesen war, aber einen spontanen, beinahe normalen Blutdruck hat, in einigen Ländern für tot erklärt werden kann, in anderen dagegen für lebendig. Offensichtlich kann ein solcher Patient nicht tot und lebendig zugleich sein, je nachdem, in welchem Land er sich befindet.

Jan M. Minderhoud

Intensivbehandlung, vegetativer Zustand und Hirntod

Einleitung

Schwere Hirnschäden führen zu besonderen Problemen in der Ethik wie auch in den Neurowissenschaften. Die Gründe dafür liegen in der Natur des Gehirns selbst und seinem unmittelbaren Bezug zum Leben und Sterben des Menschen, zur Kommunikation, zu geistigen und psychischen Vorgängen sowie zu vielen weiteren Funktionen von hohem menschlichen Wert. Zwischen einer Schädigung des Gehirns und Verletzungen anderer Organe bestehen riesige Unterschiede. Allgemein gesprochen spielt jeder Teil des Gehirns eine spezialisierte Rolle innerhalb einer integrierten Funktion, die oft von hoher, humanspezifischer Qualität ist und die nicht von anderen Zellen oder Teilen des Gehirns übernommen werden kann. Im Gegensatz dazu beziehen sich beispielsweise die verschiedenen Teile der Leber nur mittelbar, über das Gehirn, auf das Leben und sie sind nicht so spezialisiert, daß ihre Funktionen nicht auch von anderen Teilen derselben Leber übernommen werden könnten oder sogar von einer fremden Leber im Falle einer Transplantation. Dies ist einer der Gründe, weshalb der Hirntod (Partialtod) gleichzusetzen ist mit dem Tod (Totaltod). Denn nach dem Hirntod bleibt der menschliche Körper nur noch als leere Hülse zurück.

Dem Hirntod verwandt ist der vegetative Zustand (auch beschrieben als „coma depassé“, apallisches Syndrom, verlängertes Koma usw.). In diesen Fällen funktioniert die Regulation dessen, was das „milieu interne“ genannt wird, zwar weiterhin gut; aber das gesamte Bewußtsein, alle emotionalen, psychischen und spezifisch menschlichen Interaktionen mit dem äußeren Milieu fehlen. Erhalten geblieben sind lediglich basale, unbewußte Kontakte mit der Außenwelt sowie unwillkürliche Reflexe.

Noch ein anderer anormaler Zustand des Gehirns wird Koma genannt, aber es muß betont werden, daß er in nur zeitlicher Beziehung zum verlängerten Koma beziehungsweise dem vegetativen Zustand steht. In vielen Sprachen wird das Wort Koma verwendet, um einen Zustand der Bewußtlosigkeit von unterschiedlicher Dauer und mit verschiedenartigen Ursachen zu bezeichnen. Das Koma kann sehr kurz dauern, etwa bei einer Ohnmacht, es kann künstlich herbeigeführt sein wie in der Anästhesiologie oder es kann im Falle schwerer Kopfverletzungen mehrere Wochen lang dauern. Zu den Charakteristika des Komas gehört eine Dysfunktion des inneren Milieus, die eine Intensivpflege notwendig macht.

Mit den modernen Möglichkeiten der Intensivpflege – darunter die künstliche Beatmung, die intravenöse Ernährung, die Verwendung von muskelentkrampfenden Medikamenten, die Überwachung vitaler Funktionen und des intrakranialen Drucks – können viele Patienten Verletzungen überleben, die in der Vergangenheit verhängnisvoll waren. Bei allen Fällen mit einer akuten und schweren Hirnverletzung endet das Koma, vom Standpunkt des Physiologen aus gesehen, innerhalb von zwei Monaten. Dann ist der komatöse Zustand entweder zu einem Hirntod geworden oder in einen vegetativen Zustand übergegangen (in dem, wie bereits gesagt, das innere Milieu gut funktioniert) oder das Koma endet mit dem Erwachen des Patienten. Daher haben die Erfolge der Intensivpflege zu Problemen mit dem Hirntod und jenen Patienten geführt, die in einem vegetativen Zustand überleben, sowie zu der ernsten Frage, ob wir sehr schwer verletzte Patienten im tiefen Koma immer therapieren sollten.

Hirntod

Die Definition des Hirntodes wurde wichtig, nachdem es möglich geworden war, Teile des menschlichen Körpers anderen Menschen einzupflanzen. Besonders während der ersten Epoche, in der Transplantationen durchgeführt wurden, war die Konservierung des Transplantationsorgans (Niere) von großer Bedeutung. Die Konservierung bleibt auch in einem menschlichen Körper noch gewährleistet, der in einer Hinsicht tot ist (in bezug auf das Gehirn), der aber in vielen anderen Hinsichten voll funktionsfähig geblieben ist (Kreislauf, Sauerstoffversorgung und biochemisches Gleichgewicht). Daher ist die Periode des Hirntodes ein Zustand zwischen Leben und Tod. Obwohl im Anfangssatz des ersten Berichtes über die Definition des Hirntodes (Ad Hoc Committee of the Harvard Medical School on the Definition of Brain Death) bereits vor zehn Jahren festgestellt wurde: „Unsere vorrangige Absicht ist es, das irreversible Koma als ein neues Todeskriterium festzulegen...", wurde sehr bald deutlich, daß das Koma als Endzustand allein kein zureichendes Kriterium dafür sein kann, mit der Entnahme von Transplantationsorganen zu beginnen. Deshalb wurden klare klinische Kriterien eingeführt, um den Hirntod als „einen irreversiblen Verlust aller Hirnfunktionen" diagnostizieren zu können, indem man die Reflexe prüft, an denen das Gehirn beteiligt ist. Das Gehirn wird als tot angesehen, wenn die Untersuchung keinerlei Aktivität irgendeines Hirnteiles einschließlich des Hirnstammes ergibt. Daher umfassen die klinischen Kriterien: – tiefes Koma (nach dem Glasgow Coma Score 1-1-1: keine motorischen Reaktionen auf schmerzhafte Reize mit Ausnahme spinaler Reflexe, keine verbalen Reaktionen, kein Öffnen der Augen);

- starre Pupillen, keine okulozephalen und okulovestibulären Reaktionen sogar bei Stimulation mit Eiswasser;
- Atemstillstand;
- schwache oder nicht vorhandene Regulation des Kreislaufs und der Temperatur.

Dennoch bleiben zwei wichtige Fragen: Sind diese diagnostischen Methoden zuverlässig (keine Befangenheit des Beobachters, Reproduzierbarkeit)? Und: machen diese Methoden Aussagen über das gesamte Gehirn, oder ist es möglich, daß noch funktionsfähige Teile des Gehirns durch Reflexaktivität nicht nachgewiesen werden können? Um diese Probleme zu lösen, wurde eine Reihe von Anforderungen formuliert:

- Die Ursache für den Zustand des Patienten muß gut genug bekannt sein, um diesen Zustand zu erklären; andere Ursachen wie Vergiftungen und Medikamente, Stoffwechselstörungen und Hypothermie als mögliche Auslöser des klinischen Zustands müssen ausgeschlossen werden können;
- nur Experten (oft Neurologen oder Neurochirurgen) dürfen diese Methoden zur Diagnose des Hirntodes anwenden;
- um eine direkte Beteiligung an der Transplantation zu vermeiden, wird zur Feststellung des Hirntodes ein Spenderteam gebildet, das getrennt von dem Transplantationsteam arbeitet. Das Spenderteam muß aus wenigstens zwei Experten bestehen, die unabhängig voneinander zu derselben Schlußfolgerung gelangen;
- die Beobachtung muß eine Zeitspanne einschließen, in der keine Veränderungen der Situation eintreten. Bei Kindern ist eine längere Zeitspanne notwendig, weil bei ihnen die Reversibilität höher ist.

Obwohl bei der Beobachtungszeit Unterschiede zwischen den verschiedenen Länder bestehen (von einigen bis zu 24 und mehr Stunden), ist die Anwendung dieser Methoden international akzeptiert, um die Abwesenheit von Hirnfunktionen klinisch zu diagnostizieren.

Größere Schwierigkeiten und ethische Probleme macht die zweite Frage. Damit die Gewißheit wächst, daß alle Teile des Gehirns funktionsuntüchtig sind, setzt man das Elektroenzephalogramm ein, insbesondere um die Aktivität des zerebralen Kortex zu messen. Oft werden zur Absicherung der klinischen Diagnose Hirntod wiederholt isoelektrische Enzephalogramme durchgeführt. In einigen Ländern und von einigen Ethik-, Medizin- und Rechtsexperten wird die Zuverlässigkeit des EEG in Zweifel gezogen, da es die Aktivität des Hirnstammes nicht mißt. Obwohl aber der Hirnstamm Teil des Gehirns ist, so scheint es dennoch klar, daß das menschliche Bewußtsein für die innere und äußere Welt vom zerebralen Kortex abhängt und also außerhalb des Hirnstammes angesiedelt ist.

Benötigen wir dann vollständige Information über die Gesamtaktivität des Hirnstammes, bevor wir die Diagnose Hirntod stellen können? Wenn dem so ist, stehen wenigstens zwei Methoden zur Verfügung. Erstens, die Einbringung von Elektroden in den Hirnstamm könnte dieses Problem lösen; aber die dadurch verursachten Hirnschäden machen diese Methode wertlos. Die andere Methode ist die Angiographie der zerebralen Gefäße. Bekannt ist, daß beim Hirntod die zerebrale Durchblutung aussetzt und daß sich daher bei der zerebralen Angiographie die Hirngefäße nicht mit dem Kontrastmittel füllen. Allerdings wird die Angiographie mit Hilfe einer Bolusinjektion des Kontrastmittels durchgeführt, was manchmal zu Hirnverletzungen führen kann, besonders dann, wenn eine ernste Schädigung bereits vorliegt. Deshalb kann die Angiographie zu einer sich selbst erfüllenden Prophezeiung werden. Viele medizinische Experten verwenden die Angiographie nur, wenn ein EEG nicht durchgeführt werden kann.

Ein anderer ethischer Aspekt des Hirntodes hat mit der Familie des Patienten zu tun. In allen Fällen mit akuten Verletzungen ist eine klare Unterrichtung der Familie sehr bedeutsam, noch mehr aber im Falle des Hirntodes und sobald die Möglichkeit einer Transplantation besteht. Das Beatmungsgerät sowie Medikamente, die den Blutdruck und andere Funktionen beeinflussen, führen dazu, daß ein

Körper zu leben scheint, der in Wirklichkeit hirntot ist. Emotional ist es oft nicht nachvollziehbar, daß Menschen, die (künstliche) Atembewegungen zeigen, die eine normale Gesichtsfarbe haben und Herzen, die schlagen, tatsächlich tot sind. Die Sachlage wird oft sogar noch verwickelter, sobald größere Zusatzuntersuchungen durchgeführt werden. Deshalb müssen die Entscheidungen über den Hirntod sowie der Kontakt mit der Familie einem Experten überlassen werden, der sich klar bewußt ist, worüber er spricht, und der Aktivitäten vermeidet, die zu einer größeren Unsicherheit über die tatsächliche Lage führen. Die Erfahrung zeigt, daß es in dieser Beziehung die bessere Methode ist, eine Elektroenzephalographie zu machen als den Patienten in eine andere Abteilung des Krankenhauses zu schaffen, um bei ihm eine Angiographie durchzuführen.

Zusammenfassend: obwohl man nicht beweisen kann, daß bei solchen Patienten, die klinisch und elektroenzephalographisch tot sind, alle Hirnzellen abgestorben sind, werden diese Methoden zur Diagnose des Hirntodes verwendet. Allerdings kann – so weit gegenwärtig die Kenntnis der Hirnfunktionen reicht – Gewißheit darüber erlangt werden, daß kein humanspezifisches, emotionales oder psychisches Bewußtsein bei jenen Patienten vorhanden ist, die von erfahrenen Experten mit Hilfe klinischer und elektroenzephalographischer Methoden für hirntot erklärt worden sind. Von äußerster Wichtigkeit ist, daß diese Methoden und Kriterien mit Sorgfalt gehandhabt werden, einschließlich einer sorgfältigen Beachtung der emotionalen Reaktionen der Familie und der Verwandten.

Vegetativer Zustand

Die Probleme des vegetativen Zustands sind ebenfalls das Ergebnis der modernen Möglichkeiten bei der medizinischen und technischen Fürsorge. Der Einsatz von Antibiotika, der intravenösen Ernährung, der künstlichen Beatmung und insbesondere der Intensivpflege bei der Krankenbetreuung hat zu einer wachsenden Zahl von Patienten mit ernsten Hirnschädigungen geführt, die – manchmal für mehrere Jahre – in einem vegetativen Zustand überleben. Obwohl auf die Ärzte Druck ausgeübt wird, der Entstehung von vegetativen Zuständen vorzubeugen, kann man keine allgemeinen Vorgehensweisen oder Vorschriften formulieren. Bei einigen berühmten Fällen (zum Beispiel Karen Ann Quinlan) wurden Entscheidungen auf einem Schlachtfeld getroffen, auf dem sich Ärzte, Rechtsanwälte, Ethikexperten und Politiker tummelten. Um das Problem des vegetativen Zustands zu illustrieren, soll hier eine (fingierte) Fallgeschichte folgen:

Ein junger, 23jähriger Mann wurde nach einem Verkehrsunfall in das Krankenhaus eingeliefert. Der Unfall ereignete sich, als er unter Alkoholeinfluß die Geschwindigkeitsbeschränkung von 60 Stundenkilometern überschritt und eine Verkehrsampel mißachtete. Bei der Aufnahme etwa zwei Stunden nach dem Unfall war er bewußtlos, sein Blutdruck war niedrig, die Frequenz des Herzschlags hoch, die Atmung flach und ungenügend. Der neurologische Zustand hatte folgende Kennzeichen: starre Pupillen, Spasmen der Streckmuskeln, die Augen wurden bei Reizung nicht geöffnet, es gab keine verbalen Reaktionen auf Reize und okulovestibuläre Reaktionen fehlten. Durch Bauchspiegelung wurde ein Leberriß entdeckt, der operiert wurde. Die ungenügende Atmung und die abnormen Blutgase waren wenigstens teilweise durch eine Quetschung des Lungengewebes und Einatmung von Blut verursacht worden. Entschieden wurde, ihm eine maximale Pflege für wenigstens 48 Stunden zukommen zu lassen. Ein intraventrikulärer Katheter wurde installiert, um den intrakranialen Druck zu messen, der während der ersten sechs Stunden nachweislich leicht anstieg. Er wurde an ein Beatmungsgerät angeschlossen. Seinen Eltern wurde mitgeteilt, die Lage sei kritisch und die Überlebenschancen seien gering, man habe aber intensivpflegerische Maßnahmen ergriffen. Die Eltern sagten, die für ihn ungewöhnliche Trunkenheit sei das Ergebnis einer Party zur Feier seines Geburtstages gewesen, zu dem er ein neues Auto bekommen habe. Am nächsten Tag, etwa 16 Stunden nach dem Unfall, hatte sich die Situation nicht deutlich verändert, mit der einen Ausnahme, daß der intrakraniale Druck angestiegen war, was den Einsatz von Mannitol notwendig machte. Die Pupillen waren noch immer starr; die übrigen neurologischen Parameter waren stabilisiert. Das Ausbleiben von Fortschritten bei der Gesundung wurde mit den Eltern diskutiert, denen mitgeteilt wurde, schwere Behinderung oder ein vegetativer Zustand seien mögliche Endzustände. Ihrer Meinung nach, so sagten sie, sei keiner der beiden Endzustände annehmbar, weder für sie selbst noch für ihren Sohn.

Etwa 24 Stunden nach dem Unfall hatte sich die klinische Situation insofern verbessert, als eine Pupille auf Licht reagierte und sich das motorische Muster zu einem Flexormuster gebessert hatte. Lebenswichtige Indikatoren wie Blutdruck, Herzfrequenz usw. waren normal. Die Zweifel über den Ausgang wuchsen, obwohl eine schwere Behinderung das Wahrscheinlichste schien. Achtundvierzig Stunden nach dem Unfall hatte sich der klinische Zustand wiederum ein wenig gebessert. Beide Pupillen reagierten auf Licht, die eine besser als die andere. Das motorische Muster zeigte auf der einen Körperseite gelegentliche Bewegungen, was als Vermeidungsreaktion auf schmerzhafte Reize gedeutet werden konnte. Okulovestibuläre Reaktionen traten wieder auf. Wegen des zweifelhaften, doch ungewissen Ausgangs wurde entschieden, die Intensivbehandlung um weitere 48 Stunden zu verlängern.

Um eine lange Geschichte abzukürzen: Während der ersten beiden Wochen wurden Entscheidungen unablässig hinausgeschoben. Die Eltern fanden ihre Hoffnung wieder, ihr Sohn werde überleben und der Ausgang werde weniger schwer sein, als ursprünglich vorhergesagt. Zehn Tage nach dem Unfall wurden die künstliche Beatmung und die Messung des intrakranialen Drucks eingestellt. Fünf Wochen nach dem Unfall begann der Patient, seine Augen spontan zu öffnen und auf äußere Reize mit reflexartigen Aktivitäten zu reagieren. Die Familie war in bezug auf weitere Erholung voller Hoffnung, besonders deshalb, weil der Patient zu reagieren schien, wenn sein Vater, seine Mutter oder seine Schwester mit ihm sprachen; er wurde dann unruhig, begann sich zu erregen und zeigte eine raschere Atmung. Seine Augen waren offen, obwohl er nicht fixierte. Er zeigte Perioden der Wachheit und Schlafperioden. Die Nahrung konnte ihm oral verabreicht werden, weil er einen deutlichen Saugautomatismus zeigte. Das Elektroenzephalogramm, das zunächst langsam und irregulär mit fokalen Abnormitäten gewesen war, wurde besser und zeigte nur noch in der Schläfenlappenregion beider Großhirnhemisphären leichte Abweichungen. Das Computertomogramm war ebenfalls normalisiert. Obwohl der Stab der Ärzte und des Pflegepersonals diese Reaktionen weniger optimistisch beurteilte als die Familie, war niemand zu der Überzeugung zu bringen, das wahrscheinliche Ende werde ein vegetativer Zustand sein. Der Vorschlag, einen

Lungeninfekt, der zehn Wochen nach dem Unfall auftrat, nicht zu behandeln, wurde zurückgewiesen.

Die klinische Situation stabilisierte sich fortwährend; bei dem Kranken zeigte sich im Laufe der nächsten drei Monate keine Veränderung, und die Familie, die Besserung erwartete, setzte ihre Besuche einmal oder zweimal am Tag fort. Sechs Monate nach dem Unfall wurde er in ein Pflegeheim überwiesen. Dort behandelte man ihn nach einer neuen Methode, bei der versucht wurde, ihn durch die Darbietung kontinuierlicher, intensiver und verschiedenartiger Stimuli aus seinem komatösen Zustand herauszuholen. Besonders seine Eltern beteiligten sich aktiv an der Behandlung. Etwa ein Jahr nach dem Unfall wurde die Behandlung abgebrochen, weil keine eindeutigen Ergebnisse auftraten. Fünf Jahre und drei Monate nach seinem Unfall starb er an einem Lungeninfekt und an einer Sepsis, die nicht durch Antibiotika behandelt wurden.

Im allgemeinen kann die Geschichte von schwerverletzten Patienten, die in einem vegetativen Zustand enden, in drei Perioden eingeteilt werden: Erstens in die Periode aktiver Behandlung und aktiver Hilfe in den ersten 24 bis 48 Stunden nach dem Unfall. Klare Voraussagen über den Ausgang können nicht gemacht werden und die Intensivbehandlung wird eingeleitet. Die Familie hofft, die Ärzte könnten Wunder vollbringen. In der zweiten Periode tritt die Besserung, die für einen guten Ausgang notwendig wäre, nicht ein, und die Zweifel beginnen. Die Familie versteht, daß die Ärzte keine Magier sind und bringt oftmals zum Ausdruck, ein Endzustand mit schwerer Behinderung sei unannehmbar. Die Ärzte zögern dennoch, Entscheidungen zu fällen, denn der Patient zeigt eine leichte Besserung. Zu Beginn der dritten Periode verfällt der Patient bei scheinbarer Besserung in einen vegetativen Zustand, und die Familie schöpft wieder Hoffnung. Aber die meisten Ärzte und Krankenschwestern sind nun davon überzeugt, der Patient werde sich nicht mehr erholen. Die Familie allerdings und einige der am stärksten beteiligten Krankenschwestern (und manchmal auch Ärzte) bleiben zuversichtlich und weigern sich viele Jahre lang, die Hoffnung aufzugeben.

Einmischungen von außen in diesen Prozeß sind wegen der ethischen Aspekte und deren Interpretation durch die Beteiligten unmöglich oder zumindest schwierig. Während der zweiten Periode macht es die Ungewißheit des Ausgangs schwierig, den Entschluß für einen Abbruch der Therapie zu fällen, obgleich der Patient von der Therapie abhängig ist und obgleich die Familie mit den Ärzten einer Meinung sein kann, daß die Chancen sehr schlecht stehen. Oft gerät in dieser Periode ihre emotionale Bindung an den Patienten noch nicht in Widerspruch zu einer klaren, objektiven Einstellung; aber in der dritten Periode ändert sich dies. In einigen Fällen, wenn auch nicht immer, kann eine neue Lage – beispielsweise ein schwerer Lungeninfekt oder eine Sepsis – der Augenblick sein, wo man sich entschließt, nicht mehr weiterzubehandeln.

Auch wenn das Problem der vegetativen Patienten kein Problem der Euthanasie ist (denn der Patient kann seine Meinung über den Ausgang und die Behandlung nicht kundtun), ist die Frage des Eingriffs in das menschliche Leben sogar noch schwerwiegender. Es ist unbekannt, ob diese vegetativen Patienten denken, fühlen oder die Außenwelt verstehen. Was wir wissen ist, daß es keine Anzeichen irgendeiner Interaktion mit der Außenwelt gibt, daß sensorische Impulse, anders als bei normalen Menschen, den Zustand des zerebralen Kortex nicht verändern und daß

Menschen, die sich für eine kurze Zeit in einem vegetativen Zustand befunden haben, sich an überhaupt nichts aus dieser Zeit erinnern können. Um Patienten davor zu bewahren, in einem vegetativen Zustand zu überleben, sollten schwierige Entscheidungen getroffen werden. In der dritten der oben beschriebenen Perioden, in der der Ausgang gewiß ist, verhindern emotionale Bindungen häufig rationale Entscheidungen. Eigentlich sollten Entscheidungen viel früher getroffen werden, doch die Ungewißheit des Ausgangs in den Anfangstagen nach dem Unfall schließt diese Alternative oft aus.

Literatur

Bennet DR (1978) The EEG in determination of brain death. Ann NY Acad Sci 315: 110–120

Campbell AGM (1984) Children in a persistent vegetative state. Br Med J 289: 1022–1023

Conference of Royal Colleges and Faculties of the United Kingdom (1976) Diagnosis of brain death. Lancet 2: 1069–1070

Crone RK (1983) Brain death. Am J Dis Child 137: 545–546

Fainberg WM, Ferry PC (1984) A fate worse than death, the persistent vegetative state in childhood. Am J Dis Child 138: 128–130

Goldensohn ES (1984) The relationship of the EEG to the clinical examination in determining brain death. Ann NY Acad Sci 315: 137–140

Higashi K, Sokata Y, Hatamo M et al. (1977) Epidemiological studies on patients with a persistent vegetative state. J Neurol Neurosurg Psychiat 40: 876–885

Hughes JR (1978) Limitations of the EEG in coma and death. Ann NY Acad Sci 315: 121–136

Jennet E, Plum F (1972) Persistent vegetative state after brain damage. A syndrome in search of a name. Lancet 1: 734–737

Jennet B, Teasdale G, Braakman R (1979) Prognosis of patients with severe head injury. Neurosurgery 4: 283–289

Jennet B, Gleave J, Wilson P (1981) Brain death in three neurosurgical units. Br Med J 282: 533–539

Kretschmer E (1940) Das apallische Syndrom. Zentralblatt Ges Neurol Psychiat 169: 576–579

Pallis C (1982) Diagnosis of brain death. Br Med J 285: 1558–1644

Pallis C (1983) The declaration of death. Br Med J 286: 39

Plum F (1980) Brain death. Lancet 2: 1377–1378

Posner JB (1978) Coma and other states of unconsciousness: the differential diagnosis of death. Ann NY Acad Sci 315: 215–224

Spudis EV, Penry JK, Link AS et al. (1984) Paradoxical contributions of EEG during protracted dying. Arch Neurol 41: 153–156

Diskussion

ANGELERI:

Um die Diskussion zu strukturieren, sollten wir meiner Meinung nach die folgenden Punkte unterscheiden:

1. Hirnstammtod ist gleichbedeutend mit Hirntod. Der Hirntod ist gleichbedeutend mit dem Tod des gesamten Körpers. In beiden Sätzen meint „gleichbedeutend", daß innerhalb einer kurzen Zeit der zweite Zustand auf den ersten folgt – wenige Stunden, einige Tage – und daß keine Zweifel über das Eintreten des zweiten Zustands bestehen. Sind diese Gleichungen korrekt?
2. Verfügen wir über genügend richtige Kriterien, um die Diagnose Hirntod treffen zu können? Sind klinische und apparative Kriterien notwendig, oder reicht die klinische Diagnose aus?
3. Irreversible Komas schließen nicht nur den akuten Zustand des Hirntodes ein, sondern auch Fälle, die in einen vegetativen Zustand übergehen werden. Wann können wir einräumen, daß das Koma irreversibel ist, und welche Voraussetzungen müssen beachtet, welche Funktionen getestet werden?
4. Ich möchte vorschlagen, daß die Diskussionsteilnehmer uns auch einige Informationen über die Gesetze geben, die es zu diesen Fragen in allen hier vertretenen Ländern gibt. Wie mir scheint, ist es wichtig, einen Überblick über dieses Problem zu bekommen.

ROY:

Dr. Minderhoud, ich habe festgestellt, daß es bemerkenswerte Ähnlichkeiten zwischen den Hirntodkriterien zu geben scheint, wie sie in England, den Vereinigten Staaten und in Kanada verwendet werden. Den Provinzialismus dieser Bemerkung muß ich entschuldigen, aber ich bin nicht auf dem Laufenden über die gegenwärtig in den Niederlanden, Frankreich und der Bundesrepublik verwendeten Kriterien. Die Kontroverse, von der ich Notiz genommen habe und die anzudauern scheint, betrifft das Vertrauen, das einige zu den EEG-Tests haben. Diese Tests beruhen meiner Ansicht nach auf einem Konzept, das die Feststellung des Todes innerhalb des gesamten Gehirns notwendig macht. Aber die beim EEG verwendeten Kopfhautelektroden messen nicht die elektrische Aktivität tief im Kortex und daher offensichtlich auch keine Hirnstammaktivitäten. Wenn man wirklich an das Konzept glauben wollte, der Tod betreffe das ganze Gehirn (im Gegensatz zum Tod des Gehirns als ein Ganzes), dann müßte man Löcher in den Kopf bohren, womit man klinisch gesehen schlecht beraten wäre. Wie ich es sehe, kann man in der großen Mehrzahl aller Fälle zu einer klinisch zuverlässigen Diagnose des Hirntodes kommen. Kinder lasse ich dabei außer Betracht. Außerdem scheint es das sonderbare Phänomen zu geben, daß bei einigen Schwangeren, bei denen nachprüfbar ein Hirntod vorlag, der Herzstillstand nicht so rasch eintrat wie bei anderen hirntoten Patienten.

MINDERHOUD:

Ich persönlich bin vollkommen einverstanden mit den englischen Kriterien für den Hirntod. Nach unserer Erfahrung sollte das EEG isoelektrisch sein, wenn die klinischen Kriterien mit Sorgfalt angewendet werden. Nach dem Komitee für Gesundheitsfürsorge der Niederlande ist eine zusätzliche Prüfung durch ein EEG oder ein Angiogramm der zerebralen Arterien notwendig, um die klinische Diagnose Hirntod zu bestätigen. Ich meinerseits glaube, daß die klinischen Kriterien ausreichen, um diese wichtige Diagnose zu machen.

ROY:

Ich würde Sie gerne noch fragen, ob Sie bezüglich des EEG der Position von Pamela Prior zustimmen. Sie meinte, das EEG sei nicht bei der endgültigen Bestätigung des Hirnstammtodes recht am Platz, sondern früh, bei der Behandlung komatöser Patienten. Das EEG könne dabei helfen, diejenigen Patienten zu identifizieren, die möglicherweise überleben oder sich erholen.

MINDERHOUD:

Meiner Ansicht nach besteht eine sehr ungenaue Relation zwischen den EEG-Befunden und der Prognose sowie dem Endzustand schwerverletzter Patienten. Daher kann ich Frau Prior nicht zustimmen.

ANGELERI:

Die Untersuchung der Reaktionen auf evozierte Potentiale ist heute klinische Routine, und einige Komponenten der evozierten Reaktionen werden „Hirnstammpotentiale“ genannt. Deshalb frage ich mich, ob es mit dieser Technik möglich ist, einige Informationen über den Zustand des Hirnstamms zu gewinnen.

ROY:

Diese Frage möchte ich an Dr. Minderhoud weitergeben. Allerdings möchte ich ergänzen, daß es bei den Tests eine Rangfolge der Prioritäten gibt. Eine der ersten Schritte ist die Prüfung, ob das Puppenaugenphänomen vorliegt. Das ist aber bei Patienten mit Halswirbelbrüchen offensichtlich schwierig.

MINDERHOUD:

Meiner Meinung nach hat die Aufzeichnung evozierter Potentiale und besonders evozierter Hirnstammpotentiale dieselbe Indikation wie das EEG: Sie soll Zusatzinformation in solchen Fällen geben, wo es schwierig ist, die klinischen Kriterien zu verwenden. Vor allem bei Patienten mit schweren Kopfverletzungen können okulozephale oder okulovestibuläre Reaktionen zuweilen kaum oder gar nicht aufgezeichnet werden, weil ihr Gesicht voller Schnittwunden und Ödeme ist. Die okulozephalen und die okulovestibulären (Puppenaugentest) Reaktionen haben wahrscheinlich denselben Hintergrund wie Pupillenreaktionen auf Licht. Denn die Werte für beide Reaktionen laufen parallel: fehlen die Werte bei der einen Reaktion, fehlen sie auch bei der anderen; sind sie dagegen vorhanden, dann in Parallelität der beiden Reaktionen. Sie beantworten die nämliche Frage, die Frage nach der funktionellen Präsenz des Hirnstamms.

ITO:

Wie Sie sagten, ist die Geschichte des Patienten das Entscheidende. Die größte Sorge der Öffentlichkeit ist, dieses wichtige Kriterium könnte nicht ernst genug genommen werden, da es nicht zu den erstrangigen diagnostischen Kriterien des

Hirntodes gehört. Wir fürchten uns vor einer Situation, wie sie in kleinen Krankenhäusern eintreten kann.

MINDERHOUD:
Ich kann denjenigen zustimmen, die Befürchtungen haben, sobald klinische Symptome die einzigen Kriterien sind, um jemanden für hirntot zu erklären. Meiner Meinung nach ist die Vorgeschichte des Patienten Teil der klinischen Untersuchung und Teil der klinischen Kriterien bei der Untersuchung des Hirntodes. Die Geschichte muß zu ebenso klaren Aussagen führen wie die übrigen Symptome. Wenn man den Zustand des Patienten nicht aus der Vorgeschichte erklären kann, können manchmal biochemische Untersuchungen (Medikamente, Drogen, Alkohol usw.) den Sachverhalt klären; falls aber Unsicherheiten verbleiben, sollte die Diagnose Hirntod nicht gestellt werden, sogar dann, wenn die Möglichkeit einer Organtransplantation dadurch verlorengeht. Die Mehrzahl aller hirntoten Patienten sind Verkehrsopfer mit einer eindeutigen Geschichte, obwohl in diesen Fällen Untersuchungen des Alkoholspiegels im Blut von Wert sein können.

DIETZ:
Um an diesen Punkt anzuschließen: ein Teil meiner Forschung besteht aus außerklinischen Untersuchungen. Was lernen wir, wenn wir uns die Wohnung des Patienten ansehen, was, wenn wir uns mit allen seinen Familienmitgliedern unterhalten, und was, wenn wir mit seinen Freunden sprechen? Wir stellten fest, daß man eine ganze Menge lernt, Überraschungen eingeschlossen. Ich glaube nicht, daß diese Techniken jemals auf klinische Fragen angewandt worden sind und frage mich, was wir lernen würden, wenn wir in diesen Fällen ausgedehnten Gebrauch von außerklinischen Untersuchungstechniken machen müßten. Ich fürchte, wir würden möglicherweise häufig andere Erklärungen finden. – Bei einem anderen Problem möchte ich folgendes anregen: die beim Hirntod einzuschlagende politische Linie sollte den in der allgemeinen Öffentlichkeit weitverbreiteten Mißverständnissen über das Bewußtsein Rechnung tragen. Es ist für einen Laien nicht selbstverständlich, daß ein hirntotes Individuum kein Bewußtsein hat und daß das Bewußtsein nach einem Hirntod nicht wiedererlangt werden kann. Unkenntnis über diese beiden Punkte ist eine Hauptquelle von Einwänden gegen Prozeduren, die lebenserhaltende Maßnahmen beenden.

Ich hätte noch eine Frage zu der Unabhängigkeit der Entscheidung bei den beiden Experten, denn wir wissen aus anderen Bereichen der Forschung, daß Ärzte verschiedene Methoden verwenden, wenn sie zu einer unabhängigen Entscheidung kommen sollen. Einige erreichen Unabhängigkeit durch getrennte, blinde Auswertungen, bei denen der eine Experte die Bemerkungen, Beobachtungen oder Meinungen des anderen nicht eher erfährt, als bis beide ihre Meinungen zu Papier gebracht haben; auf dem anderen Extrem finden sich jene Experten, die eine gemeinsame Prüfung vornehmen, und wo beispielsweise ein Standesbeamter und ein Professor zusammen an das Krankenbett treten, der Professor zuerst etwas sagt und anschließend der Standesbeamte „unabhängig" seine volle Zustimmung äußert. Wie kann man sichergehen, daß die Entscheidungsfindung wahrhaft unabhängig ist?

MINDERHOUD:
Die reale Situation liegt immer dazwischen. Es ist unmöglich, vollständig unabhängig zu sein, weil die Situation, in der man seine Meinung äußern soll, anormal ist und die Ergebnisse der Untersuchung beeinflussen kann. In wirklicher Unabhängigkeit muß die Interpretation der Symptome, die man findet, vorgenommen werden.

DIETZ:
Aber natürlich kennen alle Experten die Kriterien; sie wissen bereits, welche Beobachtungen ihre Kollegen gemacht haben. So wissen sie, daß es sich um die klassische Komaskala 1-1-1 handelt. Sie wissen, daß der Kollege meint, es liege keine okulozephale Reaktion vor, und sie kennen die Meinung des Kollegen über wirklich alle Kriterien.

MINDERHOUD:
Das trifft in der realen Situation nicht zu. Wenn ich der erste bin, der zur Stelle ist, bewerte ich den Patienten und schreibe meine Ergebnisse auf. Meinen Kollegen frage ich nur: „Würden Sie sich bitte den Patienten ansehen und ebenfalls Ihre Kriterien auflisten?“

DIETZ:
Aber falls Sie nicht der Ansicht wären, der Patient erfülle alle Kriterien, würden Sie nicht fragen.

MINDERHOUD:
In den Fällen, in denen nicht alle Symptome in Richtung auf einen Hirntod weisen, kann es wichtig sein, eine zweite Meinung einzuholen, was deshalb auch oft geschieht.

DIETZ:
Aber wenn ich recht verstehe, verhält es sich so: Wenn Sie mich über einen Patienten zu Rate ziehen, kenne ich bereits Ihre Meinung zu allen Kriterien. Deshalb bitten Sie mich eigentlich doch nur um eine Entscheidung darüber, ob Sie alle Kriterien richtig bestimmt haben oder nicht.

MINDERHOUD:
Wir kommen in Kontakt mit diesen Patienten, wenn der sie behandelnde Arzt nach der Meinung eines sogenannten „Spenderteams“ fragt. Beispielsweise behandelt ein Chirurg einen Patienten. Er bittet mich, nach dem Patienten zu sehen, weil er meint, das Gehirn und der Patient seien tot. Dann bitte ich meinen Kollegen um eine zweite Meinungsäußerung. Es ist gleichgültig, was ich in diesem Augenblick feststelle, weil wir zu einer gemeinsamen Einschätzung kommen müssen. Deshalb kann er einen Patienten sehen, der tatsächlich gar nicht hirntot ist.

DIETZ:
Wie ich vermute, hängt das davon ab, wer die Frage stellt.

MINDERHOUD:
Ja, im allgemeinen stellt der den Patienten behandelnde Arzt die Frage. Das kann auch der Chirurg sein.

PATZIG:
Aus der öffentlichen Diskussion über die neue Definition des Todes habe ich den Eindruck gewonnen, daß die Öffentlichkeit dabei weithin Bedenken hat. Denn sie sieht die Notwendigkeit nicht ein, von den traditionellen Todeskriterien überzuwechseln auf die neuen Hirntodkriterien. Sie glaubt, dahinter müsse eine Absicht stecken und kann sich natürlich als den einzigen Grund, weshalb die Ärzte die traditionellen Kriterien ändern wollen, nur vorstellen, die Ärzte wollten das Potential von Spendern für Transplantationsorgane vergrößern. Im Interesse der Öffentlichkeit möchte ich zwei Fragen stellen: Gibt es unabhängig von der Aussicht auf mehr Organspender gute Argumente oder Gründe, weshalb wir die traditionellen Todeskriterien aufgeben und zu den neuen übergehen sollten? Zweite Frage: Werden die neuen Kriterien regelmäßig angewandt, um den genauen Zeitpunkt des Todes festzustellen oder um eine Person für tot zu erklären, sogar dann, wenn eine Organtransplantation gar nicht zur Debatte steht?

MINDERHOUD:
Ich denke, daß künstliche Beatmung und künstliche Aufrechterhaltung des Blutdrucks zu der Notwendigkeit führten, vom Totaltod überzugehen zum Hirntod. Ein Patient kann künstlich beatmet werden, noch einen normalen Blutdruck haben und doch hirntot sein. In solchen Fällen kann es notwendig werden, einen Patienten für hirntot zu erklären, um die künstliche Beatmung abbrechen zu können. Wartet man andererseits eine längere Zeitspanne – zum Beispiel 24 Stunden –, dann wird man den Totaltod feststellen können; denn nach einiger Zeit werden der Kreislauf und die Regulation der Körpertemperatur ebenfalls ausfallen. Die Möglichkeit, Organe zu transplantieren, und der Wunsch, dieses zu tun, machen es aus ethischen wie technischen Gründen unumgänglich, den Hirntod so früh wie möglich zu erklären.

CAZZULLO:
Sie erwähnten das Problem der Einwilligung der Familie. Dabei handelt es sich um eine wirklich wichtige Frage, denn man muß den richtigen Augenblick abpassen und den richtigen Weg finden, um die Einwilligung zu erhalten. Die erste Reaktion ist gewöhnlich: „Tun Sie allererst Ihr Bestes, damit mein Kind am Leben bleibt, und danach werden wir über diese Sache diskutieren.“ Dann ist der Augenblick da, wo der Tot eintritt, das heißt: der erklärte Tod. Zweifelsohne haben wir es dabei mit zwei Gefühlen zu tun: Erstens mit dem Konflikt bei den Eltern, der mit viel Aggressivität zum Ausdruck gebracht wird. Das zweite Gefühl ist die wiederkehrende Empfindung von Schuld: „Ich habe nicht mein Bestes getan“, „Ich war nicht streng genug“ und so fort. Unglücklicherweise wird der Arzt damit konfrontiert. Er ist der einzige, der diesen Strömen von Emotionen und Ideen ausgesetzt ist.

MINDERHOUD:
Solche Augenblicke zählen nicht zu den glücklichsten meines Lebens. Es ist sehr schwierig, deutlich und offen zu der Familie zu sein und einerseits zu sagen: „Ich

kann nichts für Ihren Sohn tun", und andererseits um Erlaubnis zur Transplantation einer Niere zu bitten. Ich ziehe es daher oft vor, die Lage in zwei Schritten zu diskutieren. Wenn ich also von dem Chirurgen gerufen werde, der den Patienten behandelt, gehe ich meist zunächst zu seiner Familie und sage: „Der Chirurg bittet mich um mein Urteil über die Lage, weil sie seiner Ansicht nach sehr schlecht ist. Ich werde nach dem Patienten sehen und Ihnen dann sagen, wie es steht." Nach der klinischen Untersuchung wird über die Befunde Bericht erstattet und sie werden erklärt.

ROY:

Ich möchte zwei Punkte vorbringen und dabei die Bemerkung von Dr. Dietz über die Erziehung der allgemeinen Öffentlichkeit aufnehmen. Ich denke, es besteht zudem die Notwendigkeit, die Ärzte zu erziehen. Eine beachtliche Zahl von Ärzten hat Schwierigkeiten, es voll zu akzeptieren, daß ein Körper mit Stoffwechsel, Temperatur, Hautfarbe und natürlichen Funktionen tot ist. Ein Kliniker in den Vereinigten Staaten – zugleich in ethischen Fragen sehr beschlagen – sagte, der Hirntod sei sehr bedeutsam, sei aber nicht der endgültige Tod. Somatischer Tod sei der endgültige Tod. Diese Einstellung hält sich eben nicht nur in der aus Laien bestehenden Öffentlichkeit, sondern auch unter Ärzten.

Der zweite Punkt betrifft die emotionalen Probleme. Vor etwa acht Monaten skizzierte das *New England Journal of Medicine* die psychischen und emotionalen Schwierigkeiten des Teams, das für den Organspender sorgt. Nachdem es große Anstrengungen und viel Zeit investiert hat, um den Spender zu retten, haben die Teammitglieder Schwierigkeiten, die Folgen eines Hirntodes zu akzeptieren. Diese beiden Punkte führen ganz generell zu Schwierigkeiten mit den Hirntodkriterien. Klinisch betrachtet sind sie ethisch weit weniger provokativ als die Frage, wie man mit Patienten in einem vegetativen Zustand umgehen soll und wie mit Menschen, die sich in unterschiedlich schweren komatösen Zuständen befinden und nicht hirntot sind. Zuweilen ist es grotesk, welch große Anstrengungen über welch lange Zeiträume investiert werden, um diese Körper zu ernähren und ihre Infektionen zu behandeln.

MINDERHOUD:

Es gibt eine ganze Anzahl emotionaler Probleme, die sich beim Hirntod stellen. Von ihnen war der Kontakt zur Familie immer am schwierigsten, besonders in den ersten Jahren, nachdem Transplantationen möglich geworden waren. Damals, vor etwa zwölf Jahren, war es tatsächlich eine Ausnahme, wenn man die Erlaubnis zur Transplantation einer Niere erhielt. Wir mußten alles erklären. Heute sind die Leute weit besser informiert und erwarten sogar, daß sie um Spenderorgane gebeten werden, nachdem sie die Nachricht vom Hirntod eines Angehörigen akzeptiert haben. Die Frage, ob das EEG ausreicht, die klinische Diagnose zu stützen, oder ob die zerebrale Angiographie eine überlegene Methode ist, bleibt allerdings rein akademisch, solange die klinischen Kriterien sauber angewandt werden.

DINSDALE:

Wir sollten unsere Aufmerksamkeit auf die klinischen Fragen richten. Was uns fehlt, sind nicht brauchbare Kriterien zur Bestimmung des Hirntodes. Diese sind in den meisten Ländern entwickelt worden. Die vorweggenommene Problematisierung der Anwendung solcher Kriterien wurde zu einer der größeren Pleiten des vergangenen Jahrzehnts: Vor dem geistigen Auge einiger Schwarzseher stiegen Visionen von Geiern auf, die sich um das Krankenbett sammeln und darauf warten, Organe einzuheimsen. Der wirkliche Sachverhalt war genau umgekehrt: Die Mehrzahl aller verfügbaren Organe wird nicht gesammelt, und es ist notwendig, unter dem Krankenhauspersonal das Bewußtsein dafür zu heben, daß alle für Transplantationen benötigten Organe überhaupt beschafft werden.

Der Kliniker hat gewöhnlich wenig Schwierigkeiten, die Verwandten darüber zu informieren, daß die Kriterien für Hirntod erfüllt sind. Falls die Verwandten das nicht einsehen und wollen, daß alle lebenserhaltenden Systeme weiter eingesetzt werden, dann liegt (in Kanada) das Problem bei den Verwandten und der Gesellschaft (repräsentiert durch die Krankenhausverwaltung und ihre ethischen und juristischen Ratgeber). Schwierige ethische Probleme entstehen bei Patienten, die zwar nicht hirntot sind, bei denen aber keine Hoffnung auf eine angemessene intellektuelle Erholung besteht.

MINDERHOUD:
Um das Problem der Patienten mit sehr schweren Kopfverletzungen (die in Gefahr sind, in einem vegetativen Zustand zu enden) zusammenzufassen: In der Tat sollte die Entscheidung Intensivbehandlung oder nicht in den ersten Tagen nach dem Trauma getroffen werden; denn emotionale Bindungen haben sich noch nicht verfestigt, und Entscheidungen haben einen größeren Einfluß auf den Zustand des Patienten, weil er noch von der Intensivpflege abhängig ist. Das Problem ist nur, daß die Prognose für den individuellen Patienten noch nicht ganz eindeutig ausfällt. Das zeigen die Daten von 140 Patienten, die sich einen Monat nach dem Trauma in einem vegetativen Zustand befanden (vgl. Tabelle 1). Von ihnen endeten nur 14 in einem Zustand, der besser war als eine schwere Behinderung. Selbst wenn in den ersten Tagen nach dem Trauma eine Entscheidung darüber getroffen werden könnte, daß ein schwerbehinderter Zustand von vielen Jahren Dauer unannehmbar wäre (beispielsweise im Falle einer testamentarischen Verfügung), so verhindert doch die relativ kleine Chance eines besseren Endzustands eine klare Entscheidungsfindung.

Tabelle 1. Heilungschancen von Patienten, die sich einen Monat nach einem Trauma in einem vegetativen Zustand befanden. Angegeben ist die Zahl der Patienten.

Zeitraum nach dem Trauma:	1 Monat	3 Monate	6 Monate	12 Monate
Vegetativer Zustand	140	51	31	15 (11%)
Tod	—	42	62	71 (51%)
Schwer behindert	—	32	32	37 (26%)
Mäßig behindert	—	14	14	14 (10%)
Unbekannt	—	1	1	3 (2%)

Quelle: Jennet et al., Proceedings Annual Meeting American Association of Neurological Surgeons. San Francisco, April 1984

ANGELERI:
Ich denke, wir können nun die Diskussion auf den dritten der von mir zu Beginn genannten Punkte konzentrieren: Wann müssen wir das Koma für irreversibel halten, welche Bedingungen müssen beobachtet und welche Funktionen getestet werden und was muß in diesen Fällen getan werden?

ROY:
Ich möchte eine Position vorstellen, die in den Vorschlägen der kanadischen Kommission für Gesetzesreform skizziert wurde und die den Familien und den Klinikern einen weiten Ermessensspielraum läßt. Diese Position besagt, daß das kanadische Strafrecht in der folgenden Weise erweitert werden sollte: Nichts im Strafgesetz sollte so interpretiert werden, daß es einen Arzt verpflichten könnte, lebenserhaltende therapeutische Maßnahmen zu ergreifen, die therapeutisch nutzlos und nicht im wohlverstandenen Interesse des Patienten sind. Was „therapeutisch nutzlos" ist und was „im wohlverstandenen Interesse des Patienten", das ist genau das weite, offene Ermessensfeld für den Kliniker. Wenn man sich ein Urteil darüber gebildet hat, daß diese beiden Bedingungen erfüllt sind, dann wäre es eine ethisch zu rechtfertigende Entscheidung, dem Patienten alle technischen lebenserhaltenden Maßnahmen vorzuenthalten. Mit anderen Worten, es wäre vollständig zu rechtfertigen gewesen, bei jemandem wie Karen Ann Quinlan Infektionen nicht zu behandeln und ihr die künstliche Ernährung vorzuenthalten.

MINDERHOUD:
Ich bin einverstanden, aber man muß warten, bis durch Infektionen oder Lungeninsuffizienz der vegetative Zustand sich in einen Zustand akuter Gefahr verwandelt. In dieser veränderten Situation kann eine neue Entscheidung getroffen werden, beispielsweise die, nicht zu behandeln, weil der Ausgang besser bekannt ist als in den ersten Tagen nach der Hirnverletzung.

DIETZ:
Amerikanische Juristen benutzen den Ausdruck „der schlüpfrige Abhang", um auf die Tendenz zu verweisen, die besteht, sobald eine neue Politik durchgeführt und in einer bestimmten Richtung fortgesetzt wird. Ich fürchte, bei unserer Diskussion über den vegetativen Zustand stehen wir vor genau diesem Phänomen. Dies scheint ein schreckliches Problem zu sein, dessen einzige ideale Lösung die technische Fähigkeit wäre, jene 2% (vgl. Tabelle 1) aus den übrigen Patienten herauszufinden. Vielleicht wurde ein Fehler bei der Erfassung gemacht, und diese Menschen gehören eigentlich gar nicht zu dieser Gruppe. In fünfundzwanzig Jahren könnte es Mittel geben, durch die wir Patienten mit guter Prognose von solchen mit schlechter Prognose unterscheiden können, und vielleicht sollten wir warten, bis diese Unterscheidung getroffen werden kann.

MINDERHOUD:
Wir haben uns die internationale Studie auf Kriterien solcher Art hin durchgesehen, konnten aber keine finden. Daher betragen die Chancen für einen Patienten im vegetativen Zustand im Augenblick noch immer 2% (vgl. Tabelle 1).

PLOOG:

Was ist das bestmögliche Endergebnis für diese 2%? In welchem Zustand befinden sie sich nach einigen Wochen oder Monaten?

MINDERHOUD:

Sie können ein unabhängiges Leben führen, sind aber nicht in der Lage, die Arbeit, die sie vor ihrem Unfall machten, wieder aufzunehmen.

HESS:

Bei dem Problem der Reaktivierung von Hirnfunktionen und der Blutzirkulation im Gehirn scheint alles, was Kliniker machen, ziemlich empirisch zu sein. Einige Wissenschaftler der Max-Planck-Gesellschaft in Köln interessieren sich dafür, wissen aber offensichtlich bisher nur, was in den ersten Stunden geschieht, nachdem die Hirnzirkulation unterbrochen wurde. Diese Zustände dauern aber gewiß sehr viel länger. Sie dauern Monate und Monate, und irreversibel gehemmt zu sein scheint eine Hirnfunktion, die vielleicht nichts mit der Zirkulation zu tun hat.

MINDERHOUD:

Eine der grundlegendsten Fragen betrifft die Entwicklung des Verlustes von (Zell-) Funktionen, beispielsweise bei Kopfverletzungen. In einem sehr frühen Stadium sind Gefäßfaktoren sehr wichtig. Danach überwiegen biochemische Einflüsse. Weil es oft zu einer Verbesserung der Bewußtseinsfunktion und anderer Hirnfunktionen kommt, ist es offensichtlich, daß reversible biochemische Faktoren eine große Bedeutung haben. Auf der Grundlage dieser Hypothese haben wir Patienten in einem Frühstadium des vegetativen Zustands mit Neurotransmittern und deren Vorläufern behandelt und fanden bei einigen Patienten eine weitgehende Besserung der Bewußtseinsfunktion. Bei der Mehrzahl der Patienten verhinderten eher strukturelle und dauerhafte Läsionen allerdings eine spontane oder induzierte Besserung.

PLOOG:

Ich frage mich, ob man nicht durch Untersuchungen mit Hilfe der Computer-Tomographie (CT), der Kernspin-Tomographie (NMR, Nuclear Magnetic Resonance) und sogar der Positronen-Emissions-Tomographie (PET) zwischen funktionellen Zuständen und realen Zerstörungen unterscheiden könnte. Daher meine Frage: Könnte man nicht bessere Prognosen stellen, wenn man einen Einblick in den Ort der Zerstörung hätte und wenn man wüßte, ob es sich um einen funktionellen Zustand oder einen Zelltod handelt?

MINDERHOUD:

Ich glaube, daß NMR und PET bei der Untersuchung funktioneller Aspekte des Gehirns sehr hilfreich sein werden.

DINSDALE:

Zu dem Problem von Dr. Hess möchte ich sagen, daß Entscheidungen über die Prognose auf der Grundlage brauchbarer klinischer Symptome am Krankenbett getroffen werden. Das Fehlen spezifischer Hirnstammreflexe beispielsweise kann als ein zuverlässiger Führer bei der Prognose dienen. Wichtig ist, sich reversibler Effekte bewußt zu sein, wie sie wegen der Medikation, dem wachsenden intrakranialen Druck, der Temperatur des Patienten usw. auftreten können. Der Hirnstoffwechsel kann bis zu einem gewissen Grad sogar dann noch weitergehen, wenn keine Hoffnung auf eine angemessene intellektuelle Erholung besteht. Bildgebende Techniken zur Darstellung des Stoffwechsels und anderer Prozesse könnten in der Zukunft bei einer kleinen Zahl von Patienten zusätzliche nützliche Informationen vermitteln. Dennoch sind gegenwärtig zur Bestimmung des Hirntodes zuverlässige klinische Richtlinien vorhanden. Fehler werden gemacht, sobald diese Richtlinien nicht korrekt angewendet werden.

PLOOG:

Wenn das stimmt, wie können Sie dann annehmen, daß der Hirnstamm noch arbeitet?

MINDERHOUD:

Eine einzelne Methode, die darauf eine eindeutige Antwort gibt, existiert nicht. Nur auf der Basis einer Kombination von Anzeichen und Symptomen kann man Entscheidungen treffen. Evozierte Reaktionen, die Hirnstammfunktionen testen, können – zusätzlich zu den klinischen Kriterien – wichtige Informationen vermitteln.

ANGELERI:

Die Diskussion hat einmal mehr die Stichhaltigkeit des gegenwärtigen Wissens über die Diagnose des Hirntodes bestätigt, wie es auch Dr. Minderhoud in seinem Vortrag beleuchtet hat. Wenn es möglich ist, das irreversible Aufhören von Aktivität im Hirnstamm festzustellen, dann führt das ohne Zweifel auch zum Tod der beiden Großhirnhemisphären und des ganzen Organismus in einer Spanne von einigen Stunden oder innerhalb von ein bis zwei Tagen.

Der Tod des Hirnstamms läßt sich im wesentlichen durch klinische Mittel bestimmen, das heißt durch die Auswertung der Reflexe der Hirnnerven und der Atmungstätigkeit. Das Ende der Beobachtungsperiode kann nach der sechsten Stunde angesetzt werden. Jenseits dieses Zeitpunktes kann der Zustand funktioneller Unterdrückung und die Entwicklung der Verletzungen mit Recht als irreversibel angesehen werden. Andere apparative Mittel zum Nachweis des Hirntodes, zum Beispiel elektrophysiologische (EEG, evozierte Potentiale) oder neuroradiologische Methoden (Computertomographie des Gehirns, Angiographie), sind komplementär, ohne daß sie jemals ein typisches Muster annehmen und ohne daß sie ein essentieller Bestandteil der Diagnose werden.

Das Alter des Patienten und Komas, die durch exogene Vergiftungen verursacht sind, bilden Ausnahmen von der Sechsstunden-Regel: Tatsächlich wurden mehrere Fälle von Kindern beschrieben, die sich erst spät erholten und ihr Bewußtsein erst wiedererlangten, nachdem die Periode von sechs Stunden abgelaufen war. In gleicher Weise traten Fälle von Vergiftungen auf, bei denen ein Patient sich aus einem offensichtlichen Zustand des Hirntodes nach mehr als sechs Stunden wieder erholte, besonders dann, wenn die Vergiftung (zum Beispiel mit Barbituraten oder Alkohol) einherging mit einer Unterkühlung.

Komplexer wird das Problem in den Fällen mit verlängertem Koma und vegetativem Zustand. Das grundlegende ethische Problem besteht in der Festsetzung, ob der Einsatz der Intensivpflege gerechtfertigt ist, um ein Leben in einem vegetativen

Zustand zu verlängern, oder ob die Entscheidung getroffen werden muß, ein Leben zu beenden. Solch ein „Leben" entspricht nicht der wirklichen Bedeutung des Wortes und seine Beendigung würde wahrscheinlich mit den zuvor geäußerten Wünschen des Patienten übereinstimmen. Außerdem sind mit dem Verhältnis zwischen dem Arzt und Mitgliedern der Familie des Patienten Probleme verbunden. Wenn ihnen das erste Mal die Lage erklärt wird, können ihre Erwartungen übertrieben sein, weil sie eine optimistische Haltung einnehmen, die sich aus der Weigerung speist, die Unwiderruflichkeit der Krankheit hinzunehmen. Im Gegenteil, möglicherweise weigern sie sich, den Ernst der Lage zu akzeptieren und fordern eine medizinische Fürsorge, die dem tatsächlichen Zustand des Patienten unangemessen ist.

Die Diskussion bestätigte die Grundlinien von Dr. Minderhouds Vortrag und führte zu Präzisierungen und Klarstellungen in einigen Punkten. Jede Handlung, die darauf abzielt, das Leben eines Menschen in einem vegetativen Zustand zu beenden, steht im Gegensatz zur medizinischen Ethik und kann ganz allgemein von einem moralischen Standpunkt aus kritisiert werden. In solchen Fällen allerdings, in denen sich eindeutig ermitteln ließ, daß der Zustand irreversibel ist, wird es akzeptabel, den Einsatz der zahlreichen heute zur Verfügung stehenden Methoden medizinischer Versorgung einzustellen, mit deren Hilfe man ein „Leben" verlängern kann, das in einem psychosozialen Sinn eigentlich keines mehr ist.

Sitzung VI

Henry Begg Dinsdale

Einleitung

Das Thema dieser Sitzung ist die funktionelle Neurochirurgie und Psychochirurgie. Dr. Gybels wird folgende Bereiche behandeln: Techniken der elektrischen Reizung des Gehirns, die Untersuchung normaler Bahnen im menschlichen Nervensystem, Psychochirurgie zur Behandlung geistiger Störungen sowie einige Aspekte von Transplantationen in das zentrale Nervensystem. Bei diesen Themen stellen sich ethische Fragen sowie die Frage nach der Angemessenheit von Tiermodellen. Daher wird es von Nutzen sein, diese Prozeduren unter verschiedenen nationalen Blickwinkeln, Verständnisweisen und Formen der Akzeptanz miteinander zu vergleichen.

Jan M. Gybels

Funktionelle Neurochirurgie und Psychochirurgie

Im Bereich der funktionellen und psychiatrischen Neurochirurgie stellen sich Probleme ethischer Natur von selbst. Um sie richtig einzuordnen, werde ich von drei Beispielen Gebrauch machen, die als Modelle für vergangene, gegenwärtige und zukünftige Trends dienen können. Dabei werden wir uns mit ethischen Fragen von wachsender Komplexität konfrontiert sehen.

Beginnen wir mit der *Gegenwart*. Ein chirurgischer Eingriff, der es erlaubt, mittels einer eingepflanzten Elektrode bestimmte Hirnstrukturen elektrisch zu stimulieren und dadurch die Aktivitäten der Neuronen zu beeinflussen, ist eine neue Therapietechnik für einige Formen des sogenannten chronischen Schmerzes. Der Eingriff kann besonders nützlich sein bei der Behandlung der sogenannten Deafferentierungsschmerzen, die ihren Ursprung in einer Verletzung des Nervensystems selbst haben. Beispiele für Deafferentierungsschmerzen sind Schmerzen nach dem Verschluß einer zerebralen Arterie (beispielsweise thalamische Schmerzen), Schmerzen nach Plexus-Abrissen, die bei jungen Menschen mit Motorradunfällen so häufig sind, und Phantomschmerzen nach der Amputation eines Gliedes. Die Bedeutung dieses Problems für das Opfer kann kaum überschätzt werden.

Der neurale Mechanismus, der Deafferentierungsschmerzen hervorbringt, ist unbekannt. Eine wichtige Theorie besagt, daß wegen der Läsion Neuronen, bei denen der normale Input fehlt, überempfindlich werden, sich wie quasi-epileptische Herde verhalten und dadurch exzessiv Neuronen stimulieren, die an der Schmerzempfindung beteiligt sind.

Das Experiment der Wahl bestünde darin, die Elektrode, die für die therapeutische Stimulation verwendet wird, mit einer Mikroelektrode zu bestücken. Auf diese Weise kann die neuronale Aktivität für eine lange Zeitspanne aufgezeichnet werden. Es ist unwahrscheinlich, daß das gesamte notwendige Wissen in Tierexperimenten gewonnen werden kann, da – soweit wir das beurteilen können – Verletzungen, die identisch in Lokalisierung, Ausdehnung und Art sind, bei einigen Patienten schreckliche Schmerzen hervorrufen können, bei anderen hingegen eine bloße Verschärfung normaler Empfindungen in einem bestimmten Teil des Körpers. Forschung dieses Typs legt dem Patienten keine anderen Eingriffe auf als diejenigen, die erforderlich sind, um ihm die beste verfügbare Therapie zukommen zu lassen.

Die Forschungsergebnisse sind Nebenprodukte einer wohletablierten Form der Therapie. Eine eindeutige Antwort auf die Frage, ob Deafferentierungsschmerzen beim Vorhandensein quasi-epileptischer Herde entstehen, würde eine tierexperimentelle Arbeit erlauben, die sich auf den Kern des Problems richtet und die letztlich die Einpflanzung einer Elektrode in das menschliche Gehirn zwecks Behandlung des hartnäckigen Deafferentierungsschmerzes überflüssig machen würde. Ich glaube nicht (bin mir da aber nicht sicher), daß viele Menschen Einwände gegen diese spezielle Form des Humanexperiments vorbringen würden, unter der Voraussetzung natürlich, daß die Regeln der Deklarationen von Tokio und Helsinki befolgt werden.

Ich möchte dieses Beispiel nun ein wenig weiterführen. Die therapeutische Notwendigkeit, zur Behandlung des chronischen Deafferentierungsschmerzes Elektroden in den Thalamus einzupflanzen, eröffnet theoretisch die Möglichkeit, bedeutsame Aspekte der normalen Physiologie des Schmerzes zu entdecken, ohne daß der Patient anderen Belastungen als denen durch die beste derzeit bekannte Form der Therapie ausgesetzt wäre.

Seit vielen Jahren haben wir bei normalen Freiwilligen das Problem der Spezifität von Nozizeptoren untersucht, indem wir durch die Haut hindurch Mikroelektroden in einen peripheren Nerv einbringen und die Bedingungen prüfen, unter denen eine Deckung beziehungsweise ein Mißverhältnis zwischen der Aktivität der Nozizeptoren und den subjektiven Empfindungen besteht. Wir kamen zu der Schlußfolgerung, daß es primäre afferente Neuronen gibt, die die Intensität des schädlichen Reizes verschlüsseln, daß aber im zentralen Nervensystem wichtige Wechselwirkungen zwischen den spezifisch nozizeptiven Neuronen und dem nicht-nozizeptiven Input stattfinden. Von einem theoretischen Standpunkt aus wäre es wichtig, diese Experimente auf das zentrale Nervensystem auszudehnen und beispielsweise herauszufinden, ob es im Thalamus spezifische Neuronen gibt, die – ebenso wie das im peripheren Nerv der Fall ist – die Intensität des schädlichen Reizes verschlüsseln, und wie diese Neuronen sich unter veränderten psychologischen Bedingungen verhalten. Verschlüsseln sie auch weiterhin die Intensität des Stimulus, oder korreliert ihre Aktivität besser mit der andersgearteten neuen Empfindung?

Klarerweise ist in diesem Beispiel die rein wissenschaftliche Fragestellung das vorrangige Interesse des Forschers, und der mögliche Nutzen dieser Forschung für den Kranken ist auf den ersten Blick nicht offensichtlich. Dennoch stellt das Experiment kein zusätzliches Risiko für die Gesundheit des Patienten dar. Wiederum sind die Forschungsergebnisse Nebenprodukt einer wohletablierten Form der Behandlung. Doch Hauptziel ist die Grundlagenforschung, die letzten Endes – wenn auch nicht mit Notwendigkeit – zu einer verbesserten Therapie führen könnte. Mir ist unbekannt, ob viele Menschen etwas gegen diese Form des Humanexperiments einzuwenden haben, wiederum selbstverständlich vorausgesetzt, die Deklarationen von Helsinki und Tokio werden respektiert. An diesem Punkt möchte ich mich einem bestimmten Typ des Tierexperiments zuwenden.

Der ganz überwiegende Teil aller tierexperimentellen Arbeit über den Schmerz betrifft die Nozizeption, und es ist wohlbekannt, daß diese Arbeit zum Wissen über den chronischen Schmerz beiträgt. Dennoch weisen es viele Kliniker, die mit Patienten mit chronischen Schmerzen konfrontiert sind, mit Grund zurück, den Krankheitsschmerz („douleur maladie“ nach Leriche) mit dem Laboratoriumsschmerz („douleur laboratoire“) zu identifizieren. Da chronischer Schmerz ein so häufiges und äußerst dringendes klinisches Problem ist, sind viele Schmerzforscher der Ansicht, wir sollten versuchen, seinen biologischen Mechanismus zu verstehen.

Daher sind experimentelle Untersuchungen des chronischen Schmerzes mit Hilfe von Tiermodellen eine Notwendigkeit. Ein Beispiel für ein solches Modell ist die Ratte, bei der durch Injektion von getötetem *Mycobacterium butyricum* in die Basis des Schwanzes Arthritis ausgelöst wird. Dabei ergibt sich klarerweise ein Dilemma: Als Schmerzforscher müssen wir genau die Empfindung hervorrufen, die, nach allen ethischen Richtlinien für die Experimente mit Tieren, ausgeschaltet oder vermindert werden muß. Aus diesem Grund hat eine wichtige internationale Vereinigung zur Erforschung des Schmerzes (IASP) in einem Ausschuß für Forschung und ethische Fragen ethische Richtlinien für ihre Mitglieder entwickelt, die bei Untersuchungen des experimentellen Schmerzes an bei Bewußtsein befindlichen Tieren gelten sollen. Einige der Richtlinien lauten folgendermaßen:

1. Es ist wesentlich, daß die beabsichtigten Schmerzexperimente an bei Bewußtsein befindlichen Tieren im voraus von Wissenschaftlern und Laien geprüft werden. Der mögliche Nutzen solcher Experimente für unser Verständnis der Schmerzmechanismen und der Schmerztherapie muß gezeigt werden.
2. Maßnahmen sollten ergriffen werden, um mit vernünftiger Gewißheit dafür zu sorgen, daß dem Tier nur die für die Zwecke des Experiments notwendigen Schmerzen zugefügt werden.
3. Das Experiment muß so kurz wie möglich dauern, und die Zahl der verwendeten Tiere muß so klein wie möglich gehalten werden.

Diese Vereinigung betrachtet es als einen wichtigen Punkt ihrer Verantwortung, der Öffentlichkeit und den Politikern klar und unzweideutig die Bedeutung des Tierexperiments bei der Erforschung des Schmerzes, der Antinozizeption und der Schmerzunempfindlichkeit darzustellen, damit die Aktivitäten respektabler Gruppen nicht zum Verbot wertvoller Forschung am Tier führen, die notwendig ist, um menschliches Leid und menschlichen Schmerz zu verringern.

Wenden wir uns nun dem Gegenstand der *psychiatrischen Neurochirurgie* zu. Während der vergangenen fünfzehn Jahre hat die Kontroverse über diesen Gegenstand zu einer extremen Polarisierung der Ansichten geführt, mit der Folge, daß in einigen Ländern psychochirurgische Verfahren gar nicht mehr oder nicht mehr zu praktischen Zwecken durchgeführt werden können. Es wäre nicht weise und in der Tat auch unmöglich, die damit zusammenhängenden sehr komplexen Fragen gründlich zu behandeln. Ich kann nur einige der Probleme inhaltlich skizzieren. Der interessierte Leser findet eine Fülle von Informationen in folgenden beiden Quellen: erstens in dem Bericht und den Empfehlungen sowie dem Anhang über Psychochirurgie der „National Commission for the Protection of Human Subjects of Biomedicine and Behavioral Research of the USA“ (1977); zweitens in dem 1980 von E. S. Valenstein herausgegebenen Band „The psychosurgery debate: scientific, legal, and ethical perspectives“.

Die meisten ethischen Probleme, die im Zusammenhang mit der Psychochirurgie diskutiert werden, betreffen Schwierigkeiten, die allen kontroversen medizinischen Verfahren gemeinsam sind. Die Probleme, denen in der Praxis der psychiatrischen Neurochirurgie besonderes Gewicht beigelegt wurde, lassen sich wie folgt zusammenfassen:

1. Überrepräsentiert unter den Psychochirurgie-Patienten sind Mitglieder von Minoritäten, Mittellose und Bedürftige sowie Frauen;

2. Psychochirurgie bei Kindern;
3. Psychochirurgie in Gefängnissen oder anderen Institutionen, in die Menschen zwangsweise eingewiesen wurden;
4. Verwendung der Psychochirurgie als Mittel sozialer Kontrolle;
5. Angemessenheit der Überprüfungsverfahren;
6. Angemessenheit der Einwilligung nach Aufklärung;
7. die Psychochirurgie verändert die Persönlichkeit;
8. gesundes Hirngewebe wird bei der Operation zerstört.

Aber auf welchem Stand befindet sich gegenwärtig überhaupt die westeuropäische Praxis der psychiatrischen Neurochirurgie? Das Wissen darüber ist nicht in Gestalt von Daten verfügbar, die in der Forschungsliteratur publiziert wären; wohlbekannt ist aber, daß die psychiatrische Neurochirurgie in einigen Ländern niemals durchgeführt wird, in einigen anderen dagegen ziemlich häufig. Bartlett und Mitarbeiter bemerkten 1981 in einem Statement über die gegenwärtigen Indikationen für die Psychochirurgie: „Dennoch mag es für einige Psychiater und Neurochirurgen eine Überraschung bedeuten, daß zwischen 1974 und 1976 in Großbritannien nicht weniger als 431 psychochirurgische Operationen durchgeführt wurden (Barraclough und Mitchell-Heggs, 1978). Während des Beobachtungszeitraums wurden in 31 von den 44 neurochirurgischen Abteilungen (das sind 70 Prozent) Operationen wegen psychischer Krankheiten durchgeführt. Etwa ein Drittel der Operationen wurde an der Geoffrey Knight Unit zugelassen, ein weiteres Drittel an Zentren wie dem St. George's Hospital in London sowie in Bristol und in Birmingham. Berichtet wurde außerdem, daß beinahe die Hälfte aller Operationen stereotaktisch durchgeführt wurde. Was die Diagnose betrifft, so litten 63 Prozent der Patienten unter behandlungsresistenten depressiven Erkrankungen, 12 Prozent unter Ängsten, nervösen Spannungen und phobischen Zuständen, während 7 weitere Prozent unter schweren Zwangskrankheiten litten. Sechs Prozent der Patienten wurden entweder als schizophren diagnostiziert oder zeigten schizoaffektive Zustände."

Ich verfüge über genaue Daten über die Praxis der psychiatrischen Neurochirurgie in Belgien und den Niederlanden seit 1971, da ich eng mit einem „Komitee für psychiatrische Neurochirurgie" verbunden bin, das in diesen beiden Ländern arbeitet. Psychiatrische Chirurgie ist in Belgien und den Niederlanden ein ziemlich selten angewandtes Verfahren bei der Behandlung von psychiatrischen Patienten.

Aus diesem Grund beschloß 1971 in Utrecht (Holland) eine Reihe von Medizinern, sich zu dem Zweck zusammenzuschließen, alle verfügbare Erfahrung zu konzentrieren und in multidisziplinärer Form die möglichen Indikationen und Kontraindikationen dieses Verfahrens auszuwerten. Seither treffen sich in regelmäßigen Abständen Psychiater, Neurochirurgen und Neurophysiologen aus beiden Ländern, um potentielle Kandidaten für die Psychochirurgie zu beurteilen, die von ihrem Psychiater oder therapeutischen Teams aus Krankenhäusern überwiesen wurden. Dabei handelt es sich um das erwähnte, sich selbst konstituierende „Komitee für psychiatrische Neurochirurgie", das alle diese Patienten aus den Niederlanden und einen Großteil der Psychochirurgie-Kandidaten aus Belgien mustert. In der Zeit zwischen 1971 und 1981 wurden dem Komitee insgesamt 71 Fälle von verschiedenen Therapeuten zur Beurteilung unterbreitet. Alle Daten wurden von Cosyns und Mitarbeitern analysiert (eine Veröffentlichung ist in Vorbereitung).

Unter diesen Fällen befinden sich 36 Patienten mit Zwangsvorstellungen, 15 geistig Zurückgebliebene mit Störungen der Impulskontrolle (Selbstverstümmelung oder aggressives Verhalten) und 20 Patienten mit unterschiedlichen Schwierigkeiten, darunter Affektstörungen, Angstzuständen und Persönlichkeitsstörungen. Alle Diagnosen wurden in Übereinstimmung mit den derzeit herrschenden DSM-III Standards gestellt. Um die Diskussion zu vereinfachen, werden wir uns ausschließlich mit den 36 Patienten mit Zwangsvorstellungen befassen.

Das Komitee berücksichtigte bei seinen Beurteilungen zwar alle Patienten, die von den sie behandelnden Psychiatern als mögliche Kandidaten für psychochirurgische Maßnahmen überwiesen werden. Dennoch ist eines der wichtigsten Kriterien für die Psychochirurgie eine schwere, langdauernde und behindernde Störung, die auf die üblicherweise zur Verfügung stehenden Therapien nicht anspricht. Das hat zur Folge, daß die meisten Patienten eine Geschichte von zehn bis fünfzehn Jahren mit chronischen, nicht abklingenden, behindernden, therapieresistenten Zwangsvorstellungen hinter sich haben, eine ziemlich negative Grundlage für ihre Auswahl als Kandidaten für die Psychochirurgie. Damit das Komitee eine positive Empfehlung aussprechen kann, müssen verschiedene andere Faktoren in Betracht gezogen werden, so etwa die Gewährleistung einer intensiven klinischen Nachsorge nach dem chirurgischen Eingriff. Außerdem stellen sich Fragen wie: Wem wäre am meisten durch den Eingriff geholfen, dem Patienten, seiner Umgebung oder dem behandelnden Team? Und welche Veränderungen im Leben des Patienten sind notwendig, wenn es sich erweist, daß der Eingriff erfolgreich war?

Die Einstellung der Umgebung des Patienten wurde als ein essentieller Faktor bei diesen Auswertungen angesehen. Der Patient selbst war für gewöhnlich die letzte, aber wichtigste Person, die über die Pläne für eine psychochirurgische Behandlung unterrichtet wurde. Das erwies sich als notwendig, um unangemessenen Druck des Patienten auf das Komitee zu vermeiden. Einwilligung des Patienten nach Aufklärung war der letzte notwendige Schritt in diesem Prozeß.

Um die Ergebnisse des chirurgischen Eingriffs auszuwerten, wurden die oben erwähnten 36 Patienten mit Zwangsvorstellungen durch Fragebogen sowie über ihre gegenwärtigen oder vergangenen Therapeuten erfaßt. Diese Gruppe – mit einer durchschnittlichen Dauer der Nachuntersuchung von sechseinhalb Jahren – bestand aus 21 chirurgisch behandelten Patienten und einer Gruppe von 15 nichtoperierten Patienten. Die Gruppe der Nichtoperierten bestand aus 8 Patienten, die nicht den Einschlußkriterien des Komitees entsprachen, und 7 Fällen, die trotz einer positiven Empfehlung des Komitees den chirurgischen Eingriff ablehnten. Das Durchschnittsalter war in beiden Gruppen beinahe gleich, 43 Jahre bei den operierten und 46 Jahre bei den nichtoperierten Patienten; evaluiert wurden insgesamt 25 Frauen und 11 Männer, von denen sich 12 Frauen und 9 Männer in der Gruppe der Operierten befanden.

Während der Nachfolgeuntersuchung starben 6 der Patienten, 3 der Operierten an natürlichen Ursachen und 3 der Nichtoperierten, 2 davon durch Suizid. Die Patienten und ihre Therapeuten berichteten in den Fragebögen über ihre Hauptsymptome vor und nach der Operation, sofern sie sich dem Eingriff unterzogen hatten. Die Nichtoperierten stellten ihre jetzigen Symptome dar, verglichen mit denen vor einem Jahr. Die vier Hauptsymptome: zwanghaftes Verhalten, Zwangsgedanken, Angst sowie Depression zeigten in der Gruppe der Operierten Besserungen, sowohl nach dem subjektiven Berichten der Patienten, wie auch nach dem Urteil der Therapeuten. Die Gruppe der Nichtoperierten zeigte trotz fortgesetzter Therapie keine Besserung, und zwar unabhängig davon, ob die Patienten vom Komitee akzeptiert oder nicht akzeptiert worden waren. Daran erweist sich ein spezifischer und bedeutender Einfluß der psychochirurgischen Intervention (vgl. Abb. 1).

Auf der Grundlage von Erfahrungen dieses Typs aus erster Hand und natürlich aufgrund neuer Daten aus der Literatur sind wir der Meinung, daß einige der psychochirurgischen Verfahren begrenzte, aber einzigartig bedeutungsvolle Indikationen haben. Zu erwarten ist, daß in dem Maß, wie das Wissen über die Ätiologie und Physiopathologie psychiatrischer Krankheiten wachsen wird, die Psychochirurgie nicht mehr länger nötig sein wird. Zwar gibt es in der Tat undeutliche Gerüchte darüber, daß Forschungen stattfinden über die Ersetzung irreversibler Läsionen durch reversible elektrische Stimulation sowie über das Einbringen noch zu definierender Medikamente in noch zu definierende Bereiche des Gehirns; aber dabei handelt sich gegenwärtig wirklich nur um undeutliche Gerüchte. Die Techniken, um so etwas durchzuführen, sind vorhanden, aber nach meinem besten Wissen fehlen solide wissenschaftliche Erkenntnisse über ihre Anwendung.

Nun möchte ich mich einem dritten Bereich wichtiger Forschungen zuwenden, aus dem in der *Zukunft* aufregende klinische Perspektiven entstehen könnten und bei dem möglicherweise die funktionelle Neurochirurgie ins Spiel kommt.

Am 30. März 1982 implantierten Bjorklund und Mitarbeiter im Karolinska Sjukhuset in Stockholm autologes Nebennierenmarkgewebe in das Striatum eines schwerbehinderten Parkinson-Patienten, der nicht mehr auf L-Dopa Therapie ansprach. Das war die erste Transplantation in das menschliche Gehirn überhaupt. Seither weiß ich noch von Transplantationen bei drei weiteren Parkinson-Patienten, die von demselben Team durchgeführt wurden, sowie von einer weiteren Parkinson-Operation durch ein mexikanisches Team. Die rationalen Grundlagen dieser ersten Transplantationen können wie folgt zusammengefaßt werden:

1. Durch Apomorphin induziertes Drehverhalten bei Ratten mit unilateralen nigrostriatalen 6-Hydroxydopamin-Läsionen (es wird als experimentelles Modell für Parkinsonismus verwendet) wird „normalisiert“, sobald man fötales Gewebe aus der Substantia nigra ipsilateral zur Läsion in den Seitenventrikel oder intrazerebral in die Nähe des Nucleus caudatus eingepflanzt.
2. Transplantate aus Nebennierenmark, die chromaffines Gewebe enthalten, sind in der Lage, Nervenfasern herzustellen, die Catecholamin enthalten und die fötales Hirngewebe wie den Cortex cerebri innervieren, wenn beide in die vordere Kammer des wahrnehmenden Rattenauges eingepflanzt werden. Diese Transplantate aus Nebennierenmark sind auch in der Lage, durch Substantia nigra-Läsion induziertes Drehverhalten zu reduzieren.
3. Während die dopaminergen Neuronen von Parkinson-Patienten allmählich degenerieren, verschwindet zugleich auch der impulsbezogene Ausstoß von Dopamin, das aus L-Dopa produziert wird. Deshalb wird der Versuch gemacht, das Gehirn von Parkinson-Patienten mit Zellen zu versorgen, die in der Lage sind, Dopamin herzustellen, das die Zielneuronen erreichen kann. Es ist unklar, ob die durch fötale Implantate von Substantia nigra bewirkte Besserung funktioneller Defizite, die durch Zerstörungen im nigrostriatalen System entstanden sind,

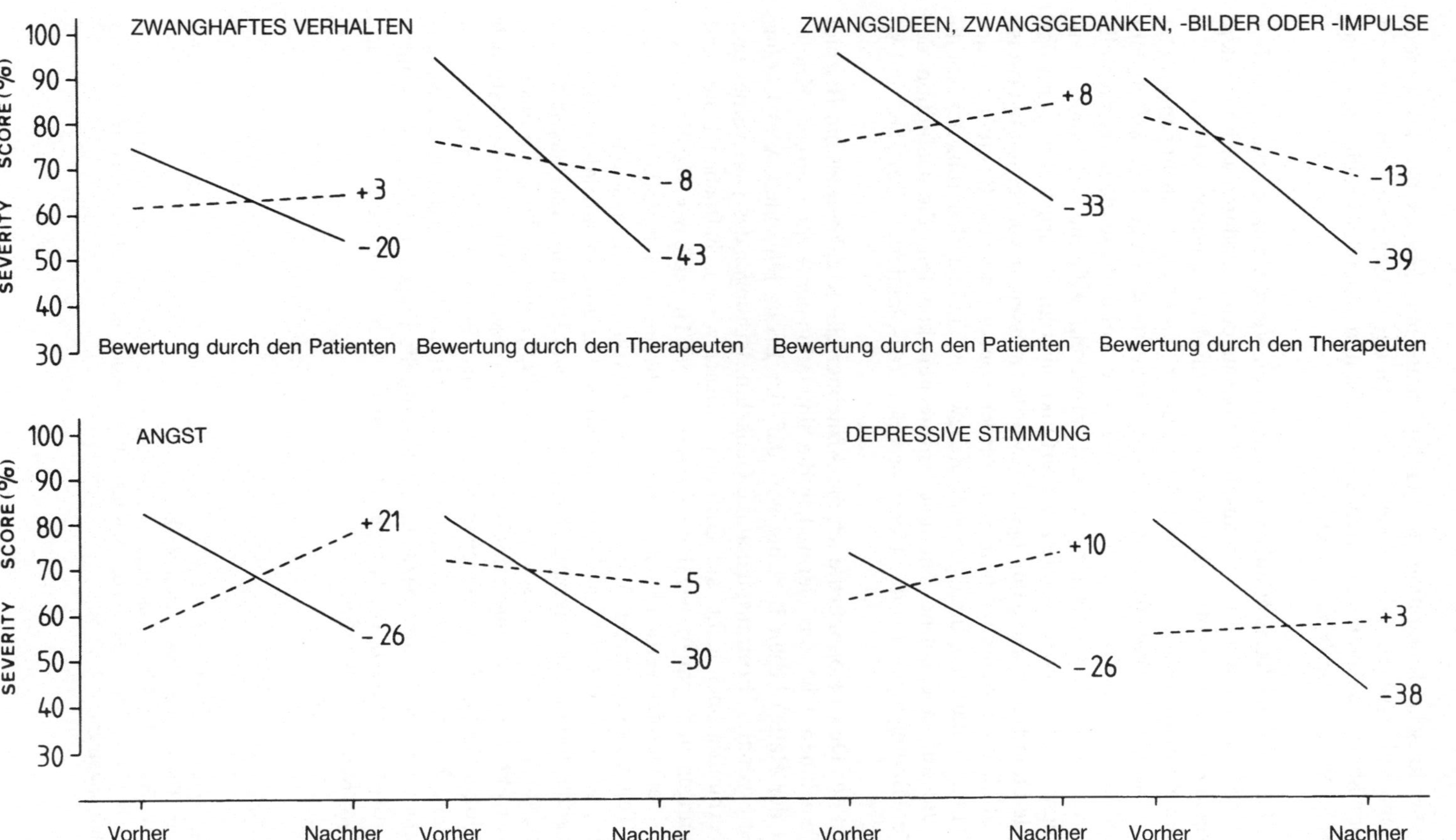

Abb. 1. Vergleich der Hauptsymptome bei 21 Patienten vor und nach einem psychochirurgischen Eingriff (durchgezogene Linie). Die gestrichelten Linien beziehen sich auf eine Kontrollgruppe von 15 nichtoperierten Patienten. Die Skalen links am Rand geben den Schweregrad der Verhaltensänderung in Prozent an

eine synaptische Integration des Transplantats mit dem es beherbergenden Gewebe widerspiegelt, oder ob sie ein Resultat der Ausschüttung von Dopamin in der Nähe eines davon entleerten Bereichs ist und dadurch wie eine pharmakologische Minipumpe *in situ* wirkt.

Diese letzte Möglichkeit erlaubte bei den ersten Verpflanzungen bei Menschen die Verwendung von autologem Transplantationsmaterial. Dadurch wich man dem schwierigen ethischen Problem der Natur des Transplantationsmaterials aus.

Bei einigen neuralen Systemen jedoch, die unter klinischen Bedingungen verletzt werden (etwa bei Traumata des Rückenmarks), scheint die Art der Verbindung sehr direkt auf die Funktion bezogen zu sein, und es besteht umfassende experimentelle Gewißheit, daß sich adulte Neuronen nicht entwickeln, während embryonale Neuronen nicht nur überleben, sondern weiterfunktionieren. Natürlich stimmt es, daß noch viele Laborforschungen durchgeführt werden müssen, bevor vernünftigerweise weitere Studien an Menschen betrieben werden können, etwa die Bestimmung des für die Transplantation optimal geeigneten Gewebes, die Identifizierung der Krankheiten, die auf eine solche Therapie ansprechen könnten, die Definition der optimalen Bedingungen für das Überleben des transplantierten Gewebes und so fort.

Wegen der Diskussion möchte ich die Alzheimersche Krankheit als ein Beispiel zur Hilfe nehmen. Über das Tiermodell (die Simulation der Alzheimerschen Krankheit bei der Ratte) liegen Berichte vor, daß der Ersatz fehlenden Acetylcholins durch embryonales Hirntransplantat die Gedächtnisleistungen des Tiers verbessere. Ist es vernünftig oder nicht, auf Grundlage dieser wissenschaftlichen Daten mit Überlegungen zu beginnen, wie dieses Wissen bei der Therapie der Alzheimerschen Krankheit eingesetzt werden kann, dieser schrecklichen Krankheit, die einen wachsenden Teil unserer immer älter werdenden Bevölkerung heimsucht? Falls die Antwort „ja" lautet, ist es klar, daß wir mit einem Verfahren konfrontiert sind, das als eine außerordentliche Therapie charakterisiert werden muß. Aber das Schlüsselproblem, vor dem wir stehen, scheint die Verwendung embryonaler Zelltransplantate zur Korrektur von Störungen des Nervensystems zu sein. Man hat dabei natürlich an die Möglichkeit gedacht, embryonale Zellen aus Tieren oder parthenogenetisch entstandene Zellen zu verwenden; aber auf der Grundlage gegenwärtigen wissenschaftlichen Wissens ist man gezwungen, die ethische Frage zu stellen, ob es unter allen Umständen zulässig ist, Hirngewebe von menschlichen Föten zu therapeutischen Zwecken zu verwenden.

Literatur

Boyd JH, Weissman MM (1982) Epidemiology. In: Paykel ES (ed): Handbook of affective disorders. The Guilford Press, New York

Brown GW, Harris T (1978) Social origins of depression. Tavistock Publications, London

Hasegawa K (1985) The epidemiological study of depression in late life. Journal of Affective Disorders, Supplement **1**:53–56

Diskussion

DINSDALE:

Der Vortrag von Dr. Gybels stellt einige Punkte zur Diskussion, darunter den Punkt der Angemessenheit von Tiermodellen zur Untersuchung des Schmerzes sowie das Problem der Ethik solcher Prozeduren an Tieren. Schließen wir uns den Empfehlungen der Gruppe zur Untersuchung des Schmerzes an, von denen Dr. Gybels sprach, die besagen, es sei unter gewissen Umständen verhältnismäßig, Tieren Schmerzen zuzufügen, allerdings nur, sofern die Zahl der verwendeten Tiere so klein wie möglich gehalten wird und die Dauer der Versuche so kurz wie möglich?

HESS:

Dr. Gybels, sehen Sie die Möglichkeit, das, was „Schmerz" genannt wird, bei niederen Tieren zu simulieren?

GYBELS:

Dr. Hess, ich nehme an, Sie meinen Nozizeption, akuten Schmerz. Die Schmerzmodelle, die vom klinischen Standpunkt aus gesehen ein besonderes Interesse haben, sind weniger Modelle des akuten als Modelle des chronischen Schmerzes. Es gibt jetzt neue Tiermodelle für chronischen Schmerz. Eines von ihnen ist ein Denervationsmodell, bei dem ein Nerv durchtrennt wird, worauf sich ein Neurom entwikkelt. Das ist äußerst nützlich, weil man viele Phänomene, die bei Menschen auftreten, auch an einem Tier mit einem durchtrennten Nerv sehen kann. Zum Beispiel entstehen an den knolligen Auftreibungen der Nervenenden neue Rezeptoren, die hochabnorm sind. Diese neuen Rezeptoren sprechen sehr sensitiv auf Norepinephrin an. Jetzt kann man verstehen, weshalb Emotionen bei Patienten mit einem Neurom sehr starke Schmerzen hervorrufen. Das hat zu einer neuen Therapie geführt: Man kann Norepinephrin-Blocker lokal applizieren und auf diese Weise dem Patienten mit dem Neurom-Schmerz helfen.

Bei dem zweiten Modell für chronischen Schmerz wird Ratten Arthritis induziert, indem man ihnen durch Hitze abgetötetes *Mycobacterium butyricum* in die Schwanzbasis einspritzt. Das Tier mit seiner Arthritis kann natürlich nicht sprachlich mitteilen, ob es Schmerz fühlt oder nicht. Aber es kann uns etwas durch sein Verhalten sagen. Beispielsweise kratzen sich diese arthritischen Ratten sehr häufig; dieses Kratzen vermindert sich durch die Gabe von Morphin, ein Effekt, der durch den Morphinantagonisten Naloxon rückgängig gemacht werden kann. Außer diesem gibt es noch viele weitere Hinweise für die Annahme, daß das verstärkte Kratzen bei diesen Tieren nicht ein Anzeichen für einen Juckreiz ist, sondern für Schmerz. Die quantitative Messung des Kratzens gibt ein Mittel zur Untersuchung des chronischen Schmerzes an die Hand. Das ist meiner Meinung nach sehr wertvoll.

DIETZ:

Da bei anästhesierten Versuchspersonen im Elektroenzephalogramm eine Reaktion auf Schmerzreize feststellbar ist, können Schmerzuntersuchungen eines bestimmten Typs mit anästhesierten Menschen durchgeführt werden. Ist es bei Untersuchungen, die die Analyse spezifischerer Reaktionen erfordern, möglich, Versuchsanordnungen mit implantierten Elektroden zu verwenden, wobei die höheren Schmerzzentren (also diejenigen, die bis in die Wahrnehmung reichen) ausgeschaltet sind?

GYBELS:
Das hängt davon ab, welchen Aspekt des Schmerzes man untersuchen will. Bei einem Experiment steckt man den Schwanz des Tieres in heißes Wasser und das Tier macht ruckartige Schwanzbewegungen. Fünfzig Grad heißes Wasser ruft beim Menschen Schmerzempfindungen hervor. Wenn man bei dem Tier das Rückenmark durchtrennt, wird es gewiß keine Schmerzen fühlen, aber es zeigt noch immer die ruckartigen Schwanzbewegungen. Man untersucht in diesem Augenblick einen spinalen nozizeptiven Reflex. Wenn aber der genaue Forschungsgegenstand die Schmerzwahrnehmung ist, wäre es in einem bestimmten Stadium der Forschung nicht günstig, diejenigen höheren Zentren, die an dieser besonderen Funktion beteiligt sind, auszuschalten.

DINSDALE:
Dr. Gybels, Sie erwähnten den Bereich der chronisch implantierten Elektroden. Könnten Sie diesen Punkt, speziell was den Einsatz solcher Elektroden bei menschlichen Patienten betrifft, noch etwas ausführen?

GYBELS:
Diese Therapie wird, wie Sie sagten, an Patienten durchgeführt. Sie entwickelte sich aus experimentellen Arbeiten an Ratten und Katzen, die zeigten, daß man durch die elektrische Reizung bestimmter Hirngebiete Unempfindlichkeit gegen Schmerzen hervorrufen kann. Das trifft besonders auf solche Bereiche im Gehirn zu, in denen die körpereigenen Opiate entdeckt worden sind. Es stellte sich heraus, daß bei einem beträchtlichen Prozentsatz der Patienten durch eine Reizung dieser Bereiche eine schmerzunterdrückende Wirkung erreicht werden konnte, wenn die Patienten unter Krebs litten, nicht jedoch, wenn sie unter einem Denervationsschmerz, etwa einem Phantomschmerz, litten. Wenn man in Fällen von Denervationsschmerz eine Elektrode in die von den Physiologen identifizierten Schmerzgebiete des menschlichen Gehirns einbringt, bleibt sie ohne eine gute Wirkung. Von dort aus ging man in einer rein empirischen Weise in bestimmte Bereiche des Thalamus, in den ventralen posteriolateralen Nukleus und den ventralen mediolateralen Nukleus. Wie sich herausstellte, erzielt man in den Fällen mit Denervationsschmerzen bei etwa vier von zehn Patienten ein beachtliches Ergebnis. Was für eine Technik ist das? Eine Elektrode wird stereotaktisch in eine genau bestimmte Struktur tief im Gehirn eingepflanzt und dort für etwa drei Wochen belassen, während der Patient ein Gefühl dafür entwickeln kann, ob die elektrische Aktivierung dieser bestimmten Gehirnstruktur ihm hilft oder nicht. Falls sie ihm hilft, wird die Elektrode nach innen verlegt und mit einem Empfänger für Radiowellen verbunden. Diese Technik erlaubt es, willentlich – wenn auch in einer ziemlich groben Weise – eine gegebene funktionelle Einheit des Nervensystems zu aktivieren. Sie hat einen großen Reiz für den Kliniker, da mit ihr kein Nervengewebe zerstört wird.

DINSDALE:
Wie Sie mir sagten, haben Sie selbst solche Patienten. Wie halten Sie es da mit

ethischen Fragen? Haben Sie in Ihrer Klinik ein Ethikkomitee oder war überhaupt jemals ein Ethikkomitee beteiligt?

GYBELS:
Als vor gut zehn Jahren diese Technik eingeführt wurde, besaßen wir kein Ethikkomitee. Patienten mit Parkinsonismus hatten wir bereits seit langer Zeit stereotaktisch therapiert. Die bei dieser Therapie eingesetzte Technik hatte es in hervorragender Weise erlaubt, Sonden ins Gehirn einzupflanzen. Diese Technik kam um 1947 auf, lange, bevor irgend jemand von Ethikkomitees sprach. Daher war das ethische Problem gelöst, weil die Technik etabliert war. Wir wissen, daß in der Praxis, in einer gegebenen Situation, Ethikkomitees sogar eine negative Wirkung haben können.

ANGELERI:
Ich sehe bei den Schmerzstudien keine wirklichen ethischen Probleme. Dasselbe gilt für stereotaktische Operationen bei epileptischen Patienten. Sie bitten um den Eingriff und sie sind darüber unterrichtet, daß während der Stimulationssitzung oder während der Aufzeichnung möglicherweise einige neurophysiologische Beobachtungen durchgeführt werden. Von einem ethischen Standpunkt aus scheint das korrekt. Der chirurgische Eingriff wird zur Behandlung des Patienten durchgeführt und nicht wegen eines Experiments. Wenn aber während der Therapie einige wissenschaftliche Beobachtungen gewonnen werden können, so ist das meiner Meinung nach eine gute Sache.

GYBELS:
Aber die von mir erwähnte Beobachtung ist ziemlich kompliziert, Dr. Angeleri. Sie bedeutet, daß man drei Wochen lang eine Mikroelektrode im Gehirn eines Patienten beläßt. Zu therapeutischen Zwecken muß sich dort sowieso eine Makroelektrode befinden, aber man muß die Elektrode auswechseln, damit man eine Mikroelektrode verwenden kann. In dem Augenblick ist sie nicht absolut notwendig für den Patienten. Deshalb besteht hier, wie ich glaube, ein kleines Problem. Hierbei handelt es sich um eine neue Entwicklung, und hoffentlich ist es möglich, die Mikroelektrode an der für die therapeutische Stimulation benötigten Makroelektrode zu befestigen. Meine ethische Einstellung zu diesem Punkt besteht darin, einen Kanal für die ohnehin benötigte Elektrode zu verwenden, aber ich würde keinen neuen Elektrodenkanal anlegen, nur um eine Mikroelektrode einzubringen.

OLIVERIO:
Sie haben von der Möglichkeit gesprochen, Medikamente in bestimmte Hirngebiete einzupflanzen. Aber das Problem besteht darin, daß sie nur für eine sehr kurze Zeit wirken.

GYBELS:
Ich erwähnte diese andere Möglichkeit, die man ebenfalls rückgängig machen kann und die keine endgültige Läsion verursacht. Einige Forscher haben Minipumpen entwickelt, die langsam Medikamente abgeben, und die Einbringung einer solchen Pumpe kann vollständig wieder rückgängig gemacht werden. Auf diese Weise ist auch die Schwierigkeit der kurzen Wirkungszeit der Medikamente gelöst. Gegen-

wärtig setzen wir diese Technik bereits bei Patienten ein, die unter einem Spasmus leiden. Wir injizieren mit einer Minipumpe Baclofen in den Subarachnoidalraum. Man kann fantastisch beobachten, wie der Spasmus verschwindet, nachdem eine sehr kleine Dosis Baclofen – sagen wir 20 Mikrogramm – lokal in den Subarachnoidalraum eingebracht wurde. Man kann die Pumpe implantieren und sie wieder auffüllen; der Ausstoß des Medikaments läßt sich vorprogrammieren und kann auf den individuellen Bedarf des Patienten zugeschnitten werden. Auf diese Weise läßt sich ein maximaler therapeutischer Effekt mit einem Minimum an schädlichen Nebenwirkungen verbinden. Ich glaube, daß diese lokale und programmierbare Gabe von Baclofen die beste derzeit verfügbare Therapie für spastische Patienten ist. Denn verabreicht man Baclofen in einer unspezifischen und allgemeinen Weise, wirkt es oft nicht gut, weil es nicht an die richtige Stelle im Körper gelangt. Das Problem liegt nämlich im Rückenmark und nicht so sehr im Gehirn. Der Patient könnte sediert werden, bevor der Spasmus verschwunden ist. Ich nehme an, daß wir in Zukunft noch mehr über Minipumpen hören werden, die Medikamente in spezifische Hirnbereiche einbringen.

DINSDALE:
Ich fasse zusammen, daß keiner von uns über die Verwendung von Tieren als Forschungsmodelle für den Schmerz beunruhigt ist, sofern geeignete Richtlinien berücksichtigt werden. Die Zahl der therapeutischen Elektroden im menschlichen Gehirn zur Bewältigung von Schmerzzuständen muß auf einem angemessenen Minimum gehalten werden. Können wir noch etwas mehr über implantierte Medikamente und über die Psychochirurgie erfahren? In den meisten Ländern – mit Ausnahmen wie den Beneluxstaaten – hat die Psychochirurgie einen Niedergang erlebt. Möchte jemand von Ihnen seine Ansicht über die Indikationen und die Ethik dieser Verfahren zu äußern?

CAZZULLO:
Bei Zwangsneurosen ist es sehr schwierig, die fokale Läsion zu finden. Kein Zweifel besteht daran, daß sie mit der Pathologie verbunden ist, denn mit der Methode des konditionierten Reflexes läßt sich zeigen, daß die Zeit der internen Inhibition wächst und beinahe ebenso groß ist wie bei psychotischen Patienten. Ich würde gerne wissen, ob diese Dauer fokal ist und zweitens, ob Sie auch die Zwangssymptome lindern können, die sicherlich am wichtigsten sind.

GYBELS:
Diese Therapie hat sich aus den früheren Leukotomien entwickelt. Dabei stellte es sich im Laufe der Zeit heraus, daß die wirkungsvollsten Läsionen die im mittleren und hinteren Teil des Frontallappens waren, im limbischen Teil des Frontallappens. Das führte dann dazu, daß Knight Läsionen mit Yttrium in einem Bereich machte, von dem er glaubte, es handle sich um die Substantia innominata, der aber tatsächlich davor lag. Diese Läsion zerstört wahrscheinlich Nervenfasern zwischen dem limbischen Teil des Frontallappens und dem Hypothalamus. Die Läsion muß bilateral gemacht werden und sie hat eine Größe von drei Zentimetern Länge, zwei Zentimetern Breite und drei Zentimetern Höhe – das ist eine Platte, die genau unterhalb des Nucleus caudatus liegt. Die Läsion wird mit präzisen stereotaktischen

Techniken ausgeführt; ihre Größe richtet sich nach den Bedürfnissen des einzelnen Patienten. Deshalb beginnt man mit einer kleinen Läsion, und der Patient begibt sich anschließend wieder in die Obhut eines Psychiaters. Das erste Symptom, das verschwindet, ist die Angst, aber das zwanghafte Verhalten bleibt. Nun ist der Psychiater in der Lage, mit dem Patienten in Kontakt zu treten, während zuvor die Angst so übermäßig war, daß der Psychiater überhaupt keinen Zugang zu dem Patienten hatte. Nach unserer Erfahrung muß man manchmal sechs Monate später die Läsion ein wenig vergrößern, beispielsweise dann, wenn der Psychiater sagt, die Angst sei immer noch zu bedeutend. Erst nach dem zweiten Eingriff wird das zwanghafte Verhalten mit psychiatrischer Therapie unter eine befriedigende Kontrolle kommen. Eine andere Beobachtung ist die, daß diese Patienten weit weniger Neuroleptika vertragen als nichtoperierte. Aber man muß sagen, daß keine wirklich rationale Grundlage für die Wirksamkeit dieser Therapie angegeben werden kann.

CAZZULLO:
In einem gewissen Sinn bereitet man den Patienten für die Psychotherapie vor. Man kann die Angst durch eine Operation an der Amygdala lindern. Wie alle Erfahrungen mit Patienten dieser Art zeigen, ist Angst das Grundsymptom bei allen Formen der Neurose oder des zwanghaften Verhaltens. Angst ist das Hauptprinzip, sie ist, wie ich sagen würde, die paradigmatische Neurose. Deshalb ist es natürlich, Angst zu haben, aber das Problem ist noch tiefer und komplexer, weil die Zwangsvorstellung aus einem Konflikt stammt. Der Patient ist unfähig, den Konflikt zu bewältigen, ohne Abwehrmechanismen wie den Wiederholungszwang einzusetzen und ihn auf diese Weise zu verdrängen. Wenn der Psychotherapeut einen relativ angstfreien Patienten hat, der vollständig frei von anderen Störungen ist, kann er wahrscheinlich besser arbeiten.

WIDLÖCHER:
Erste Bemerkung: als Psychiater kann ich nicht finden, daß es wirklich schwierige Probleme mit diesen Patienten gibt. Ich kenne die Leukotomie als Indikation für schizophrene Patienten, und bei diesen Fällen herrschte überhaupt keine Einigkeit. Aber ich bin mir sicher, daß ein Patient mit Zwangsvorstellungen vollkommen in der Lage ist, die Kosten und die Vorteile eines solchen Eingriffs zu verstehen. Meine zweite Bemerkung betrifft die nicht so überraschende Tatsache, daß eine Geisteskrankheit, die so „psychologisch" zu sein scheint, durch einen sehr präzisen chirurgischen Eingriff behoben werden kann. Denn ich weiß, daß einige Kollegen in Paris, die epileptische Patienten mit Symptomen von Zwang durch stereotaktische Hirnoperationen behandelten, mit Läsionen im Innern des mittleren Frontallappens sehr gute Ergebnisse erzielt haben.

Meine dritte Bemerkung betrifft den Vergleich zwischen einigen möglichen Wirkungen von Antidepressiva und den Eingriffen von Dr. Gybels. Wenn wir bei Kranken mit Zwangszuständen durch die Gabe von Antidepressiva einige Erfolge erzielen (das ist nicht immer der Fall), dann beobachten wir dieselben Phänomene, die Sie beschreiben: Der Patient fühlt sich ruhiger, sicherer und die Zwangsvorstellungen vermindern sich fortschreitend, sobald er wirklich gegen sie kämpfen kann. Das ist keine unmittelbare, sondern eine sekundäre Wirkung des Medikaments. Daher wäre es von Interesse, beide Behandlungsformen miteinander zu verglechen. Meine Frage lautet daher: Haben Sie, Dr. Gybels, bei den Patienten, die eine Operation nicht akzeptierten oder die vom Komitee nicht zugelassen wurden, als Alternative eine medikamentöse Therapie vorgeschlagen, zum Beispiel Antidepressiva, um beide Therapieformen irgendwie miteinander vergleichen zu können?

GYBELS:

Sie müssen verstehen, Dr. Widlöcher, daß alle diese Patienten seit zehn bis fünfzehn Jahren chronisch krank waren; sie hatten eine Reihe von psychiatrischen Therapien erhalten, hatten Neuroleptika, Anxiolytika und Antidepressiva bekommen, sie hatten sich Verhaltenstherapien unterzogen und so fort. Psychochirurgie war ein letzter Ausweg. Alle Patienten, die nicht operiert wurden, erhielten kontinuierlich eine Therapie. Die Gruppe der Nichtoperierten zeigte, obgleich die Therapie fortgesetzt wurde, keine Besserung, während Angst, Depressionen, zwanghaftes Verhalten und Zwangsdenken sich bei der operierten Gruppe besserten. Daher meine ich, daß für diese Patientengruppe verschiedene der psychochirurgischen Verfahren einige zwar begrenzte, aber doch bedeutsame Indikationen haben. Meine Frage ist deshalb: Ist es zumutbar, daß diese Therapie einem Patienten aus rechtlichen Erwägungen verweigert werden kann?

DINSDALE:

Wir müssen uns darüber im klaren sein, daß die von Dr. Gybels beschriebenen Patienten chronisch krank sind und Psychochirurgie hier die Ultima ratio darstellt. Wir müssen außerdem erkennen, daß hier – wie bei vielen klinischen Behandlungsmethoden – die therapeutischen Verfahren ohne kontrollierte klinische Versuche eingesetzt werden. In diesem Bereich wäre es natürlich sehr schwierig, Versuche zu organisieren. Einige der Teilnehmer an dieser Diskussion sind in diesen Fällen gegen die Psychochirurgie. Glauben Sie dennoch, Dr. Gybels, daß es trotz fehlender kontrollierter klinischer Prüfung unethisch bleibt, eine Therapie vorzuenthalten, von der es heißt, sie sei bei einer unkontrollierten Reihe von Patienten von Nutzen?

ROY:

Ich möchte nicht die Frage ansprechen, ob es unethisch ist, diese Therapie jemandem vorzuenthalten, sondern wie lange es ethisch gerechtfertigt ist, mit ihr weiterzumachen, ohne diese Innovation einer rigorosen methodologischen Prüfung zu unterziehen. McKinley schrieb im *Milbank Medical Quarterly* einen sehr aufschlußreichen Artikel über die sieben Stadien in der Karriere einer medizinischen Innovation. Häufig entwickeln sich diese Innovationen von vielversprechenden Beobachtungen und anekdotischen Berichten über ein professionelles Interesse und ihre Anwendung bis hin zum Interesse und dem Verlangen der Patienten nach dieser Innovation und sogar bis hin zu öffentlicher finanzieller Unterstützung, bevor eine methodologische Prüfung durchgeführt wird. Sollte das die Art und Weise sein, in der die Medizin zukünftig arbeitet oder fortfährt zu arbeiten, kommen wir meiner Ansicht nach an einen Punkt, wo wir nein sagen müssen, sowohl unter dem Gesichtspunkt der Sicherheit und Wirksamkeit für den individuellen Patienten, als auch in einem weiteren Sinne unter dem Gesichtspunkt der sehr begrenzten Hilfsmittel für Eingriffe, die sehr ressourcenintensiv sein können.

DINSDALE:
Sie unterstellen, die anderen Formen der Therapie für diese Krankheiten seien geprüft worden. Die Nebenwirkungen von Medikamenten sind zuweilen nicht signifikant.

PLOOG:
Nach Dr. Gybels haben sich die Patienten vor dem psychochirurgischen Eingriff Therapien verschiedenster Art unterzogen und hatten eine postoperative Therapie. Als das deutsche Komitee von der Psychochirurgie abriet, kannte es die amerikanischen Untersuchungen nicht, kam aber zu derselben Schlußfolgerung, daß nämlich Psychochirurgie unethisch sei, weil in der gegenwärtigen psychochirurgischen Praxis in der Bundesrepublik die beiden Anforderungen an andere Therapien, Behandlung vor dem Eingriff und Nachsorge, nicht erfüllt seien. Ich jedoch würde es für unethisch halten, diese Therapie Patienten vorzuenthalten, die jahrelange erfolglose Behandlungen durchlaufen haben und ausdrücklich diese allerletzte Therapie wünschen, die (wie wir aus amerikanischen Studien wissen) in einigen Fällen helfen kann. Am Anfang zeigten beide Gruppen in den amerikanischen Studien (einer prospektiven und einer retrospektiven) überraschende Effekte, besonders nach anterioren Cingulektomien, bei denen in einer Reihe mehrere Läsionen an beiden Seiten des anterioren limbischen Systems gesetzt werden. Zum Beispiel sagen einige Patienten: „Ja, ich habe den Schmerz – es ist noch derselbe Schmerz, aber er quält mich nicht mehr." Das ist eine Feststellung, die meiner Meinung nach zeigt, daß der Erfahrungsaspekt des Schmerzes und die Empfindung des Schmerzes, das heißt seine emotionale Seite, voneinander getrennt werden können. Dies ist eine wichtige Feststellung der Patienten. Können Sie das bestätigen?

GYBELS:
Ja, das kann ich. Es wurde auch beobachtet, daß bei Läsionen im Cingulum Sucht- und Toleranzphänomene verschwinden. Man hat das in keiner Weise weiterverfolgt, aber ich denke, daß dies eine wichtige Beobachtung ist, und ich weiß beispielsweise, daß in Indien und Peru Cingulektomien bei schwer süchtigen Patienten gemacht werden.

PLOOG:
Noch einmal, bevor man die verallgemeinernde Feststellung trifft, die Psychochirurgie sei unethisch, sollten alle ihre Aspekte in Betracht gezogen werden.

DINSDALE:
Die Zerstörung von Hirngewebe ist offensichtlich ein sensiblerer Gegenstand als die Entfernung des halben Lappens einer Leber. Viele chirurgische Verfahren, die bei anderen Organen angewendet werden, führt man ohne endgültigen Beweis ihrer Wirksamkeit durch. Dr. Gybels setzt in einer sehr sorgfältigen Weise hochspezialisierte Techniken bei einer kleinen Zahl von Patienten ein. Es ist unwahrscheinlich, daß in diesem Bereich kontrollierte klinische Untersuchungen durchgeführt werden können. Deshalb müssen wir bei der Entscheidung vorsichtig sein, welcher Grad der Abschätzung der klinischen Wirksamkeit erforderlich ist, bevor wir ein psychochirurgisches Verfahren als unethisch ansehen.

MARSHALL:
Ich sehe hier überhaupt kein ethisches Problem. So etwas sollte nicht vor ein Ethikkomitee kommen. Es handelt sich dabei rein um eine Frage der Therapie und gänzlich um ein Problem zwischen dem Chirurgen und seinem Patienten. Wenn die Chirurgen allerdings im internen Kreis herausfinden, daß diese Therapie überhaupt nicht wirksam ist, dann wird sie zur Quacksalberei.

PATZIG:
Bei den bisher gemachten Äußerungen werde ich aus einem Punkt nicht ganz klug und möchte deshalb über folgendes um Aufklärung bitten: Gibt es die Abneigung zur Durchführung dieser stereotaktischen Operationen wegen genereller Befürchtungen über chirurgische Eingriffe in das Gehirn und über die Entfernung von möglicherweise gesunden Zellen oder wegen eines rationalen Argumentes, daß nämlich die Ergebnisse irreversibel sind und daß es möglicherweise unvorhersehbare Konsequenzen gibt? Ich wüßte gerne, ob diejenigen, die bereits an dieser Debatte teilgenommen haben, eher der ersten oder der zweiten Erklärung zuneigen. Die zweite Erklärung kann ich sehr gut verstehen. Aber ich kann nicht wirklich verstehen, weshalb es im Prinzip unethisch sein sollte, am Gehirn zu operieren, um jemandem zu helfen, der an einer so schweren Krankheit leidet wie etwa diesen zwanghaften Zuständen. Wie ich weiß, gibt es Leute (nicht in diesem Raum), die glauben, daß chirurgische Eingriffe in das Gehirn – außer wenn es sich um Tumoren und dergleichen handelt – an sich etwas sind, was nicht gemacht werden sollte.

DINSDALE:
Man könnte diesen Gegenstand die „Heiligkeit des Kalvarienberges“ nennen. Trotzdem gibt es einige neurochirurgische Verfahren, bei denen, einfach aus technischen Gründen, beträchtliche Mengen normalen Hirngewebes entfernt werden müssen.

GYBELS:
Natürlich ist das notwendig, Dr. Dinsdale, obwohl die Menge des entfernten Gewebes auch ein wenig vom Temperament des Chirurgen abhängt. Keine ethischen Fragen stellen sich, wenn normales Hirngewebe entfernt wird, um einen tiefliegenden Tumor zu erreichen. Das Problem stellt sich häufiger im Fall der funktionellen Neurochirurgie; dieser Typ der Chirurgie hat für gewöhnlich nicht das Ziel, dem Leben Tage hinzuzufügen, sondern den Tagen Leben. Für diesen Zweck wären einige (wenn auch meiner Ansicht nach wenige) Leute nicht bereit, eine Praxis zu akzeptieren, bei der normales Hirngewebe geopfert wird. Lassen Sie mich auf die Psychochirurgie bei Patienten mit Zwangsneurosen zurückkommen. Einmal meinte der Psychiater, mit dem ich zusammenarbeite, es wäre sehr nützlich, wenn er während der Verhaltenstherapie dem Patienten einen sehr belohnenden Reiz verabreichen könnte. Aus Tierexperimenten konnte man sich vorstellen, daß man im menschlichen Gehirn eine Elektrode plazieren könnte, die außerordentlich belohnend wirken würde. Es ist aber eine Tatsache, daß es enorm schwierig ist, solche Stellen im menschlichen Gehirn zu finden. Wenn man sich im menschlichen Gehirn durch Reizung eine emotionale Reaktion verschafft, so ist diese unangenehm. Ich habe niemals einen Patienten gesehen, der mir sagte: „Ich mag das.“ Aber ange-

nommen, ein solcher belohnender Stimulus würde existieren, dann könnte man in die Maschinerie des Gehirns in einer reversiblen Weise eingreifen und vielleicht ein nützliches therapeutisches Ergebnis bekommen. Ist das möglich oder nicht?

MINDERHOUD:
Weshalb werden so viele Diskussionen über die Ethik der Psychochirurgie geführt – das Setzen von Läsionen im Gehirn – und nicht über stereotaktische Operationen bei Parkinsonschen Krankheit? Dabei muß es sich um unterschiedliche Probleme handeln.

GYBELS:
Eines der Probleme der Psychochirurgie besteht darin, daß gesundes Gewebe zerstört wird. Das trifft natürlich auch auf die stereotaktische Chirurgie zur Linderung des Tremors der Parkinson-Patienten zu, bei denen eine kleine Läsion in den ventrolateralen Nukleus des Thalamus gesetzt wird, wobei der Patient während des Eingriffs gewöhnlich wach ist. Die Wirkung der Läsion wird überwacht, während sie erweitert wird. Diese Patienten sind ihrem Chirurgen meist sehr dankbar, weil ihr Tremor sowohl ein körperliches wie ein psychisches Handikap war. Meiner Meinung nach besteht das wirkliche Problem darin, daß nicht mehr viele Neurochirurgen ausreichende Erfahrungen haben, wie dieser Eingriff mit der notwendigen Kunstfertigkeit ausgeführt werden muß. Aber es gibt Probleme bei der Psychochirurgie, Dr. Minderhoud, die sich bei der stereotaktischen Chirurgie des Parkinsonismus nicht stellen: Beispielsweise besteht weithin der Glaube, eine erfolgreiche Psychochirurgie müsse die Persönlichkeit verändern. Ich allerdings glaube nicht, daß das wahr ist.

ROY:
Ich richte meine Bemerkungen nicht die gegen Operationen, die Dr. Gybels im Detail erwähnt hat. Ich würde gerne Dr. Patzigs Bemerkung über Operationen aufnehmen, von denen angenommen wird, sie würden Menschen helfen. Das ist der Punkt: das allgemeinere Problem hat mit der wissenschaftlichen Grundlage chirurgischer Innovationen zu tun. Judah Folkman, ein Chirurg in Harvard, richtete die folgenden Bemerkungen an seine Chirurgen-Kollegen. Ich paraphrasiere hier, aber in der Substanz sagte er folgendes: „Chirurgie ist eine zu mächtige und gefährliche Kunst, als daß sie ausschließlich in den Händen eines Chirurgen bleiben könnte, der nur sein Kleinhirn benutzt." Sein Punkt war: anekdotische Augenscheinlichkeit und Vorurteile können ernstlich in die Irre führen, und es ist hohe Zeit, die wissenschaftliche Bewertung neuer Operationen zu intensivieren, bevor sie sich festsetzen und wir nach vielen Jahren entdecken, daß sie um sich herum eine Anhängerschaft und eine Karriere aufgebaut haben. Sie kosten viel Geld, und manchmal ist es überhaupt nicht klar, daß sie im Sinne einer wissenschaftlichen Bewertung irgend etwas Gutes bewirken. Wenn ich als ein Apostel rigoroser wissenschaftlicher Bestätigung erscheine, so ist dieser Eindruck richtig: ich bin es.

DINSDALE:
Ich bin davon überzeugt, daß wir alle für eine rigorose wissenschaftliche Bestätigung sind. Allerdings sind umfangreiche klinische Versuche außerordentlich teuer.

Roy:

Ich möchte dazu noch etwas ergänzen. Eine Untersuchung aus jüngster Zeit, die als Prävention für Schlaganfall extrakranial-intrakraniale Bypass-Operationen mit der Gabe von Aspirin verglich, zeigte, daß Aspirin wirksamer ist. Das Geld, das bei den etwa 700 Patienten eingespart werden konnte, die statt einer Operation Aspirin erhielten, reichte aus, um die Kosten des gesamten Versuchs zu bestreiten. Versuche, das klingt teuer, aber auf lange Sicht können sie zur Einsparung riesiger Geldsummen führen.

Dinsdale:

Als Mitglied des ursprünglichen Organisationskomitees der Bypass-Studie stimme ich ihren Schlußfolgerungen zu. Aber nur eine begrenzte Zahl von klinischen Versuchen kann durch Forschungsfonds unterstützt werden. Falls durchführbar, wäre die Durchführung einer Prüfung der Psychochirurgie wünschenswert.

Ploog:

Operationen bei Parkinsonismus werden nicht so vehement angegriffen, weil die Leute fürchten, daß speziell die Psychochirurgie Persönlichkeitsveränderungen hervorruft. Das trifft auch auf eine Reihe von Fällen mit Parkinsonismus zu und hängt von Größe und Lage der gesetzten Läsion ab. Aber man hört keine Klagen über diese Veränderungen oder über jene, die aus Tumoroperationen entstehen. Diese Veränderungen werden nicht als unethisch angesehen, weil man einen Tumor für eine andere Sache hält als eine Zwangsneurose. Das Problem besteht darin, daß die Öffentlichkeit jede Manipulation des Gehirns – gleichgültig, ob sie gut oder schlecht für den Patienten ist – für unethisch erachtet. Klargestellt werden sollte, ob Wissenschaftler diese Haltung akzeptieren können. Und, Dr. Roy, wenn Sie die Psychochirurgie verbieten, können Sie über sie nicht forschen. Man muß beispielsweise chirurgische Eingriffe bei Zwangsneurose untersuchen – was bisher nicht geschehen ist –, bevor man sie verbietet. Letzteres hieße, denke ich, bestimmten Patienten die Therapie vorzuenthalten.

Roy:

Da scheint ein Mißverständnis zwischen uns beiden entstanden zu sein. Ich habe nie davon gesprochen, diese Operationen zu verbieten. Ich lehne es ab, in allgemeinen Begriffen über die Psychochirurgie zu reden und akzeptiere voll Ihre Position, daß wir Tabus beseitigen müssen, Tabu begriffen als ein unerklärtes, falsch- oder nicht verstandenes Verbot. Wir müssen das wegräumen, wir dürfen die Psychochirurgie nicht wegen unerklärter Gründe blockieren. Mein Anliegen ist, daß man dieselbe grundlegende Erfahrung haben muß, bevor man chirurgische Techniken miteinander vergleichen kann, andernfalls würde man nur mehr oder weniger gute Chirurgen miteinander vergleichen. Meiner Meinung nach gibt es hier zwei ethische Pflichten. Einige der Anwesenden haben sich darauf konzentriert, ob es ethisch ist oder nicht, diese Operationen durchzuführen. Ich konzentriere mich auf den anderen Punkt: Wenn man solche Operationen durchführt, entsteht die ethische Pflicht, sie zu testen.

ITO:
Im gegenwärtigen Stadium, wo wir noch nicht viel über funktionelle Lokalisierungen im menschlichen Gehirn wissen, scheint es keine ausreichende Rechtfertigung für Hirnoperationen zu geben. Allerdings wird dank neuer Techniken, vor allem der bildgebenden Verfahren für das Gehirn, unser Wissen rasche Fortschritte machen. Deshalb brauchen wir ein wenig Geduld.

GYBELS:
Ich habe versucht, einige quantitative Daten über die 71 Patienten, von denen ich sprach, zu geben, hatte aber keine Zeit, auf Einzelheiten einzugehen. Dabei handelt es sich natürlich um eine quantitative, retrospektive Studie mit Kontrollgruppen. Bei prospektiven Studien in diesem Bereich entstehen viele Schwierigkeiten. Aber bevor wir die Mechanismen der psychiatrischen Krankheiten verstehen, wieviel Zeit, glauben Sie, werden wir brauchen, bis wir vom Schaltplan der gut dreihundert Neuronen von Nematoden zu einem Verständnis der Physiopathologie der Geisteskrankheiten kommen? Das wissen wir nicht, und was sollen wir in der Zwischenzeit machen?

BRENNER:
Es gibt sicherlich eine laienhafte Perspektive, die wahrscheinlich sogar bis in Fachkreise reicht, die besagt, es bestehe ein Kontinuum in unserem Denken über die organische Grundlage von Krankheiten des Nervensystems. Während die meisten Menschen akzeptieren, daß die Parkinsonsche Krankheit eine organische Grundlage hat, ist dies nicht so klar, wenn wir zu den Neurosen kommen. Um es ungeschminkt zu sagen, sollten wir eine psychische Krankheit durch Chirurgie behandeln? Chirurgie greift in die Organbasis ein. Kann sie deshalb vernünftigerweise bei Krankheiten eingesetzt werden, die in den Augen der meisten Leute keine definierten organischen Ursachen haben?

DIETZ:
Zu den großen Mythen der Menschheit gehört die Ansicht, die Lösung eines Problems müßte oder sollte mit seiner Ursache übereinstimmen. Aber so verhält es sich einfach nicht, und doch wird diese Ansicht noch immer in der Öffentlichkeit vertreten. Ein Beispiel dafür ist, daß ein Sicherheitsgurt oder konstruktive Veränderungen an den Autos Todesfälle verhindern können, die wegen Suiziden beim Fahren, Anfallsleiden bei den Fahrern, schlechten Straßenbedingungen, Fehlfunktionen des Autos oder aus verschiedensten anderen Ursachen entstehen können. Die Lösung eines Problems muß nicht notwendig seiner Ursache entsprechen. Der Mythos, daß die Behandlung sich nach den Ursachen richten muß, ist die Quelle der hartnäckigsten Kritiken an der Psychiatrie. Techniken wie Chirurgie, Elektrokrampftherapie und Medikamente, die alle organisch sind, werden nach diesem Mythos als ungeeignet für „psychologische" Bedingungen angesehen. Dennoch gibt es keine rationale Grundlage für dieses Argument. In der Medizin gibt es viele Beispiele, wo sich die Therapie nicht unmittelbar auf die Ursache bezieht, sondern sich eher auf einen Mittelzustand oder einen sekundären Prozeß bezieht. In dieser Hinsicht verhält es sich in der Psychiatrie nicht anders. Die bedeutenderen ethischen Fragen bei kontroversen Therapien beziehen sich auf zwei Entscheidungsprozesse. Erstens, wie kann man die experimentelle Forschung nach ethischen Maßstäben

durchführen? Wir haben bereits gehört, daß es hier Unterschiede zwischen den einzelnen Ländern gibt. In den Vereinigten Staaten beispielsweise würden Forschungen, die den Einsatz einer etablierten Technik für neue Indikationen einschließen, als Experiment angesehen und würden daher eine Genehmigung durch verschiedene Gremien erfordern. Zweitens, durch welchen Prozeß kann ein Arzt entscheiden, ob ein individueller Fall eine kontroverse Therapie erhalten soll? Diese Entscheidungen erfordern Sicherungen, im Falle der Forschung für die Versuchspersonen wie im Falle der Therapie für die Patienten. Dennoch ist es wichtig, daß diese Sicherungen Patienten, die einwilligen, nicht Therapien vorenthalten, die ihnen helfen können. Die Psychochirurgie ist nur eine von mehreren kontroversen Behandlungsmethoden, die wegen politischen Drucks und aus Vorurteilen gerade diejenigen Patienten nicht erhalten können, die sie am meisten benötigen. Ein sogar noch größeres Problem in dieser Hinsicht ist die Elektrokrampftherapie, die in den Vereinigten Staaten in den meisten öffentlichen Krankenhäusern nicht mehr durchgeführt wird.

DINSDALE:

Können wir vom Thema Elektrokrampftherapie übergehen zum Thema Transplantation? Ein Punkt mit ethischen Implikationen, der von Dr. Gybels aufgebracht wurde, war die Frage nach der Quelle des Materials, insbesondere der fötalen Zellen.

ROY:

Ich würde es vorziehen, längere Diskussionen darüber zu vermeiden, ob es ethisch zu rechtfertigen ist, Gewebe von menschlichen Föten als neurale Transplantate zu verwenden, bevor wir die Frage gestellt haben, ob die Verwendung dieses Gewebes überhaupt praktikabel ist. Wenn das nicht der Fall ist, können wir bei der ethischen Diskussion viel Zeit sparen. Damit meine ich folgendes: Das Zeitfenster, innerhalb dessen fötales, Vasopressin produzierendes Nervengewebe von Nagetieren erfolgreich transplantiert werden kann, ist relativ eng und umfaßt nur einige Tage. Ich weiß nicht, ob bei anderen Arten von fötalen Geweben von Nagern ähnlich enge Zeitfenster für eine erfolgreiche Transplantation bestehen. Wenn das der Fall wäre, und wenn auch für Gewebe von menschlichen Föten ähnliche zeitliche Bedingungen gelten sollten, dann wäre wahrscheinlich die Verwendung einer großen Zahl von abgetriebenen menschlichen Föten gar nicht möglich. Allerdings kann man dieses Wissen nicht durch Spekulationen gewinnen. Man müßte ausgedehnte Testreihen durchführen, bevor man das wüßte.

GLOWINSKI:

Bei Tieren konnten mit Erfolg embryonale Zellen aus dem Gehirn einer Art in das Gehirn einer anderen Art transplantiert werden. Es ist nicht auszuschließen, daß einige Forscher glauben, sie könnten embryonale Zellen von Tieren wie dem Schwein als Transplantate für den Menschen verwenden. Das wirft natürlich ernste ethische Probleme auf.

HESS:

Hier besteht ein Risiko: Wenn einige T-Zellen die Blut-Hirn-Schranke überschreiben, ist man verloren. Das ist das grundsätzliche Problem, das dabei besteht.

BRENNER:
Es gibt dabei langfristige Konsequenzen und außerdem alle Arten anderer Schwierigkeiten mit Viren.

DINSDALE:
Bei den Transplantationen ist genügendes Interesse erzeugt worden. Man muß daher zu dem Schluß kommen, daß die Forschung auf diesem Gebiet weitergehen wird, was auch immer ihre langfristigen Implikationen sein werden. Deshalb sollte die Diskussion über ihre ethische Implikationen ebenfalls weitergehen.

ROY:
Ich habe in der allgemeinen Öffentlichkeit eine große Angst über die Frage verspürt, ob man Gewebe von menschlichen Föten als neurale Transplantate verwenden soll. Diese Sorgen könnten sehr real sein, aber es könnte auch sein, daß die Verwendung von Zellkulturen (vielleicht sogar, wie von verschiedenen Seiten vorgeschlagen, von genetisch modifizierten Zellinien) theoretisch ein weit praktikablerer Weg bei der Transplantation neuralen Gewebes sein könnte als diese Bilder von abgetriebenen menschlichen Föten, denen Zellen entnommen werden. Das mag letztlich für einige Experimente notwendig sein. Aber mir wäre es lieb, wenn wir der Öffentlichkeit sagen könnten, daß Abtreibungen vielleicht nicht die einzige und vielleicht noch nicht einmal die beste Quelle für neurale Transplantationszellen sind.

BRENNER:
Wir sollten eine Transplantation dieser Art von wirklichen Organtransplantationen trennen. Sie ist eine Therapieform, bei der Zellen ersetzt werden – sie ähnelt eher einer Bluttransfusion oder einer Knochenmarkstransplantation. Ich glaube, daß die Öffentlichkeit sich so etwas wie eine Herztransplantation vorstellt und vermutet, es gebe tatsächlich Spender für Gehirne.

DINSDALE:
Das ist eine gute Abschlußbemerkung für diese Sitzung. Zusammenfassend scheint es unter gewissen Umständen angemessen, Tiere zum Zweck der Untersuchung von Schmerzphänomenen zu operieren. Halten sie, Dr. Gybels, aber die Zahl der Elektroden in Ihren menschlichen Patienten so klein wie möglich, schauen Sie sich sorgfältig über die Schulter, wenn Sie Psychochirurgie betreiben, und setzen Sie Ihre Transplantations-Untersuchungen solange fort, wie wir sie eher als eine Zelltransplantation und nicht als eine Organtransplantation in das zentrale Nervensystem bezeichnen.

Geistige Gesundheit

Sitzung VII

Anna N. Taylor

Einleitung

Diese Sitzung wird sich auf die Epidemiologie der Depression, auf Alkohol- und Arzneimittelabhängigkeit sowie auf die Sucht konzentrieren. Ich beginne mit einem Zitat aus einem Papier der Weltgesundheitsorganisation (A. Uchtenhagen: „Epidemiology and Trends in Narcotic and Psychotropic Drug Misuse and Related Health Problems", Seite 22):

„Es gibt keinen vernünftigen Zweifel daran, daß das Suchtproblem keine vorübergehende Erscheinung ist und daß seine gesundheitlichen und sozialen Folgen Dimensionen erreicht haben, die tiefen Einfluß auf den Gesundheitszustand und die Lebenserwartung großer gesellschaftlicher Gruppen haben sowie auf die Ökonomie und Politik von Nationen. Gar nicht offensichtlich ist, welche Programme und Aktionen sich wahrscheinlich als die angemessensten und wirksamsten erweisen werden, um diese Situation unter Kontrolle zu bringen und zu ändern. Rational begründete Programme und Aktionen müssen in Betracht gezogen werden: Welche Substanzen werden mißbräuchlich verwendet, wer sind die Risikogruppen und welche sind die Wirkungen? Die Antworten auf diese Fragen ändern sich unablässig. Deshalb bestehen hohe Prioritäten in folgenden Punkten:

1. *Überwachung der epidemiologischen Trends;*
2. *routinemäßige Koordination der Datenerhebung;*
3. *Bewertung epidemiologischer Daten nach ihrer Nützlichkeit und entsprechende Auswahl von Maßnahmen und wichtiger Programmpunkte."*

Dr. Widlöcher wird über die Epidemiologie der Depression vortragen, während Dr. Helgason Arzneimittelabhängigkeit, Sucht und Alkoholismus diskutieren wird. Beide werden auch die ethischen Probleme identifizieren, die sich aus epidemiologischen Studien über diese Verhaltensweisen ergeben, worüber wir anschließend ebenfalls sprechen sollten.

Daniel Widlöcher

Epidemiologie der Depression

Forschungen über abnormes Verhalten beruhen auf verschiedenen Beobachtungsebenen. Die Beschreibung von Handlungen und Klassen von Handlungen führt zu der Beschreibung von Symptomen und Syndromen, die von Klinikern verwendet werden, um eine Geisteskrankheit zu charakterisieren und um die therapeutische Wirksamkeit von Medikamenten zu bewerten. Zur Erforschung neurophysiologischer Mechanismen und der Beziehungen zwischen Gehirn und Verhalten wird es notwendig, auf eine subtilere Beobachtungsebene zu wechseln und die Prozesse zu beobachten, die Handlungen zugrundeliegen (Gedächtnis, Aufmerksamkeit, Erregung usw.). Aber wie jedes menschliche Verhalten muß auch abnormes Verhalten von einer höheren Warte aus betrachtet werden. Wie die Ökonomie und die Soziologie befaßt sich die psychiatrische Epidemiologie mit Mustern menschlicher Aktivität, wie sie in Großmaßstab auftreten.

Epidemiologie kann beschreibend und/oder erklärend sein. Statistische Beschreibungen vermitteln ein faszinierendes Bild des quantitativen Auftretens von Geisteskrankheiten, doch reicht dies für eine psychiatrische Epidemiologie nicht aus. Nimmt man beispielsweise depressive Zustände, so können zahlreiche Merkmale und viele der Krankheit zugrundeliegende Prozesse nicht erfaßt werden, ohne Beobachtungen im großen Maßstab durchzuführen.

Die Ziele epidemiologischer Untersuchungen der Depression sind folgende:

1. quantitative Erfassung des Krankheitsrisikos in allen Kategorien der Bevölkerung (Länder, soziale Klassen, Alter usw.);
2. Analyse der Risikofaktoren; und
3. Auswertung der positiven und negativen Ergebnisse präventiver und therapeutischer Maßnahmen.

Betrachtet man das *Krankheitsrisiko*, so kommen alle Untersuchungen zu denselben allgemeinen Zahlen. Man findet, daß depressive Symptome einen Verbreitungsgrad haben, der zwischen 13 und 20 Prozent der Bevölkerung liegt. Mit anderen Worten benötigen jährlich etwa 300 Millionen Menschen eine antidepressive Therapie. Das Krankheitsrisiko für bipolare Affektstörungen (das Risiko, an wiederkehrenden manischen und depressiven Episoden zu erkranken) liegt zwischen 0,6 und 1%.

Beinahe alle Untersuchungen, die in industrialisierten Ländern durchgeführt wurden, zeigen, daß rund zweimal soviele Frauen wie Männer depressiv werden. Wir wissen nicht genau, ob das Risiko in jedem Land gleich groß ist. Nur wenige epidemiologische Erhebungen wurden in der Dritten Welt durchgeführt, und wegen der sprachlichen und kulturellen Unterschiede ist es nicht sicher, daß die Symptomatologie dieselbe ist. Unter der Perspektive der Notwendigkeit, unabhängig von der Symptomatologie für die richtige Therapie zu sorgen, benötigen wir dringend transkulturelle Untersuchungen. Beispielsweise wurde jahrzehntelang behauptet, in Afrika südlich der Sahelzone seien Depressionen weit seltener als in westlichen Ländern. Behauptet wurde sogar, in Afrika gebe es überhaupt keine Depressionen. Tatsächlich wissen wir bereits seit dreißig Jahren, daß dies eine falsche Bewertung der Situation ist, weil sie von der zugrundegelegten Symptomatologie der Depression abhängt. Und wenn die Psychiater aus jenen Ländern, die ihre Landsleute kennen, Antidepressiva verschreiben, beobachten sie, daß viele Patienten, von denen man annahm, sie zeigten akute psychotische Zustände, in Wirklichkeit depressiv sind. Deshalb führt es zu besseren Ergebnissen, sie mit Antidepressiva statt mit Neuroleptika zu behandeln. Wir sollten also die Frage der unterschiedlichen Häufigkeit von Depressionen in verschiedenen Gesellschaften nochmals aufnehmen und dazu transkulturelle Untersuchungen durchführen. Aber diese Untersuchungen erfordern irgendeine gemeinsame Symptomatologie oder einen Vergleich verschiedener Symptomatologien, damit man einen wirklichen Einblick in die Häufigkeit dieser Krankheit in jedem Land erhält. Eine weitere diskussionswürdige Frage betrifft das Verhältnis zwischen depressiven Zuständen und normalen, vorübergehenden Stimmungsschwankungen. Geistige Pein und Angst als solche sind noch keine Symptome einer Geisteskrankheit, und wir müssen festlegen, welche Fälle tatsächlich einer medikamentösen Behandlung bedürfen.

Die *Risikofaktoren* sind zahlreich und verschiedenartig. Es gibt genetische Prädispositionen, die wahrscheinlich aus phylogenetischen Einflüssen stammen. Einige häufig gebrauchte Medikamente haben Depressionen erzeugende Nebenwirkungen (Medikamente gegen Bluthochdruck, Kortikoide usw.). Bestimmte Formen organischer Hirnverletzungen sind sehr oft mit Depressionen verbunden (40 Prozent der Fälle mit Parkinsonismus). Eine ganze Anzahl von Untersuchungen stimmt darin überein, daß die Inzidenz- und die Prävalenzrate in der Altersgruppe der Fünfunddreißig- bis Fünfundvierzigjährigen ihren Gipfel erreichen. Aber wie es scheint, gleicht die Inzidenzrate der über Fünfundsechzigjährigen der Rate der Menschen zwischen 45 und 65 Jahren. Offensichtlich sinkt also die Rate nicht signifikant mit dem Alter. Der Mechanismus des Altersfaktors ist unklar. Einige Autoren behaupten, er hänge von Alterungsprozessen im Gehirn ab, andere verweisen auf soziale Faktoren. In Japan beispielsweise, wo die alten Menschen häufiger bei ihren Kindern leben als in westlichen Ländern, scheint die Prävalenz der Depression bei den über Fünfundsechzigjährigen bei weitem kleiner zu sein, während die altersbezogene Rate der Demenzen den Zahlen gleichkommt, die man in anderen Industriestaaten gefunden hat (K. Hasegawa).

Soziale Faktoren spielen bei der Ätiologie der Depressionen eine bedeutende Rolle, vor allem bei den nicht-bipolaren Formen. Eine feindselige Umgebung in der Kindheit, negative Ereignisse im Leben in jüngster Zeit, niedriger sozioökonomischer Status und soziale Isolierung sind wichtige Risikofaktoren. Bei Frauen scheint es eine Wechselwirkung zwischen negativen Ereignissen im Leben und sozialer Lage zu geben (Brown und Harris). Eine umfassende Erhebung, die vor einigen Jahren unter Allgemeinpraktikern in Frankreich gemacht wurde, ergab, daß Allgemeinärzte Patienten mit den folgenden Symptomen als depressiv ansahen und mit Antidepressiva behandelten: keine geistige Pein, keine Ängste, kein Kummer, dagegen aber Asthenie, Fehlen von Initiative und Schlafstörungen. Das heißt, Allgemeinpraktiker trafen tatsächlich eine Unterscheidung zwischen den wichtigsten bekannten Formen der normalen Symptomatologie des Schmerzes und setzten Antidepressiva für spezielle Fälle mit sehr spezifischen Symptomen ein (Schlafentzug, Asthenie, Erschöpfung und Initiativlosigkeit).

Die Koexistenz organischer und sozialer Faktoren führt nicht zu einem dualistischen methodischen Ansatz bei depressiven Erkrankungen. Es gibt keine organische Krankheit neben einer psychischen. Depression ist ein einzigartiges Phänomen, eine psychologische und neurophysiologische Verhaltensänderung, die teils aus organischen, teils aus psychosozialen Ursachen entsteht. Bipolare Störungen scheinen weit stärker von genetischen Faktoren abzuhängen.

Die Epidemiologie der Depression befaßt sich auch mit der *Evaluation der Therapie*. Statistische Daten helfen uns dabei, die Wirksamkeit neuer Medikamente zu bewerten, und sie erlauben es auch, ungünstige Effekte zu entdecken. Die Epidemiologie erfordert – wie biologische Untersuchungen auch – eine strenge Methodologie, damit sie zuverlässige Daten gewinnen kann. „Die Regeln für die Definition eines Falles müssen festgelegt werden und ein standardisiertes Verfahren der Prüfung muß garantiert sein" (J. M. Boyd und M. M. Weissmann). Vergleiche zwischen verschiedenen Untersuchungen machen einen Zusammenhang zwischen den Definitionen eines Falles erforderlich. Außerdem verlangen Vergleiche zwischen Zahlen eine identische Datenquelle. Die Einschätzung der Ergebnisse fällt je nach Typ der untersuchten Population unterschiedlich aus. Krankenhäuser, ärztliche Allgemeinpraxen und Untersuchungen in Gemeinden ergeben nicht denselben Typ von Stichprobe.

Epidemiologische Daten und die Methodologie im Bereich der Depression führen zu drei ethischen Reflexionen. Die erste ergibt sich aus dem multifaktoriellen Ursprung der Krankheit. In naher Zukunft werden Fortschritte der Molekularbiologie und der Neuropharmakologie neue Möglichkeiten für einen genetischen Ansatz bei der Prävention und Therapie eröffnen. Aber diese Fortschritte werden sich nicht auf psychologische und soziale Faktoren auswirken. Die Prävention von Depressionen erfordert mehr als nur ein Einwirken auf Hirnmechanismen. Unglücklicherweise liegt der Ausgleich schlechter Kindheitsbedingungen oder negativer Lebenserfahrungen sowie der Kampf gegen soziale Isolation und Armut weit jenseits unserer Leistungsfähigkeit. Wenigstens müssen wir diese Faktoren – so gut wie wir es vermögen – in Rechnung stellen.

Die zweite Reflexion ziemlich technischer Art bezieht sich auf die Notwendigkeit, mehr Informationen über die Depression in der Gesellschaft zu bekommen. Ein präzises Wissen über die Inzidenz- und Prävalenzraten in der Gesamtbevölkerung und in verschiedenen Ländern hätte beträchtliche Auswirkungen auf Prävention und Therapie.

Abschließend müssen wir feststellen, daß das ethische Hauptproblem darin besteht, klar einzugrenzen, wer überhaupt psychiatrische Fürsorge benötigt. Wir müssen zwei einander entgegengesetzte Risiken vermeiden: eines ist die exzessive Verschreibung von Antidepressiva für jede psychische oder soziale Notlage; das andere Risiko besteht darin, eine an sich notwendige Therapie in bestimmten Fällen zu unterlassen.

Blick auf das Klostergut Jakobsberg: Eine BMW-Flotte fährt vor zur Fahrt der Delegierten ins Bundeskanzleramt nach Bonn zur offiziellen Eröffnung der Konferenz „Neurowissenschaften und Ethik“.
Foto: Kill

Konferenz „Neurowissenschaften und Ethik“ Fotos: Blachian

Mit seiner Ansprache am 21. April im Bundeskanzleramt eröffnete Bundeskanzler Helmut Kohl (Bildmitte) die Internationale Tagung „Neurowissenschaften und Ethik", links neben ihm Prof. Heinz A. Staab, Präsident der Max-Planck-Gesellschaft. MPG-Spiegel 3/86 Jahrbuch 1986

Bundespräsident Richard v. Weizsäcker war Gast einer Sitzung der Jakobsberg-Konferenz (links neben Benno Hess, Vizepräsident der MPG, stehend). Von links: Paolo M. Fasella (Generaldirektor für Forschung, Wissenschaften und Entwicklung, Kommission der Europäischen Gemeinschaften, Brüssel), Detlev Ploog (Geschäftsführender Direktor des MPI für Psychiatrie), rechts außen: Günther Patzig (Vizepräsident der Göttinger Akademie der Wissenschaften).

Auf interdisziplinärer und internationaler Ebene wurden die verschiedenen Fragestellungen zum Tagungsthema „Neurowissenschaften und Ethik“ diskutiert, im Bild von links: Bundespräsident Richard von Weizsäcker, Paolo M. Fasella (EG-Kommission, Brüssel), Sir John Kendrew (Präsident des St. John's College, University of Oxford) und Detlev Ploog (MPI für Psychiatrie, München)

Detlev Ploog (Max-Planck-Institut für Psychiatrie, München) im Gespräch mit Carlo Cazzullo (Psychiatry Institute, Universität Mailand)

Jacques Glowinski (Collège de France, National Institut for Medical Research, Paris)

Anna N. Taylor (Department of Anatomy, UCLA School of Medicine, Los Angeles)

Auch in den angelsächsischen Ländern ist die Teilnahme von Vertretern der Öffentlichkeit an Sitzungen der Ethikkommissionen weitgehend akzeptiert, wie auf der Pressekonferenz zum Abschluß der Jakobsberg-Konferenz deutlich wurde, im Bild Park Dietz (School of Law, University of Virginia)

Tomás Helgason

Epidemiologie der Depression, Arzneimittelabhängigkeit und Sucht

Die Epidemiologie untersucht das Auftreten, den Verlauf und die Ursachen von gesundheitlichen Störungen in unterschiedlichen Populationen. Sie befaßt sich sowohl mit absoluten wie mit relativen Raten. Diese drücken sich als Prävalenz, Inzidenz und Krankheitserwartung aus. Prävalenz und Inzidenz sind von verwaltungstechnischem Interesse, während Inzidenz und Krankheitserwartung von Bedeutung sind, sobald man unterschiedliche Populationen während verschiedener Zeiträume vergleicht.

Epidemiologische Untersuchungen verwenden entweder Daten, die routinemäßig für die verschiedensten anderen Zwecke gesammelt werden, oder Daten, die speziell für eine bestimmte Untersuchung erhoben worden sind. Daten des ersten Typs beziehen sich manchmal nur mittelbar auf die Phänomene, von denen man annimmt, sie seien von epidemiologischem Interesse; beispielsweise können nationale Verkaufszahlen von alkoholischen Getränken für die Epidemiologie des Alkoholmißbrauchs verwendet werden. Solche routinemäßig gesammelten Daten können von großer Wichtigkeit sein und sind in der Tat oft die einzigen verfügbaren Daten überhaupt.

Viele epidemiologische Untersuchungen, die sich mit der Ätiologie und dem Ausgang von Krankheiten beschäftigen, beruhen allerdings auf speziell zu diesem Zweck gesammelten Daten. Sie können durch Erhebungen gesammelt worden sein, durch die Analyse bestehender Register, oder durch besondere Fallregister, die zu dem Zweck errichtet wurden, Patientenpopulationen über einen langen Zeitraum zu begleiten, indem sie diese Populationen mit anderen relevanten Registern zusammenführen. Forschungen dieser Art wurde in jüngerer Zeit in einigen Ländern durch Datenschutzgesetze sowie die übertrieben strenge Anwendung dieser Gesetze erschwert. Solche Restriktionen werden vermutlich auferlegt, um die Privatsphäre des einzelnen Bürgers zu schützen, aber sie rauben der Forschung die Möglichkeit, ungehindert auf Daten zugreifen zu können. Dadurch entsteht ein ethisches Problem, über das in der Diskussion wahrscheinlich noch gesprochen werden wird. Mit diesem Problem hat sich die European Science Foundation (ESF) eingehend befaßt. Ich verweise hier auf einen Aufsatz, in dem ich meine eigenen Gedanken zu dieser Materie zum Ausdruck gebracht habe und über die Maßnahmen berichte, die bisher von der ESF ergriffen wurden [1].

Ich möchte nun einige Daten ergänzen über die hinaus, die Dr. Widlöcher in seinem Vortrag gegeben hat. Meine Daten ergänzen auch das von Dr. Taylor zitierte Papier von Uchtenhagen: „Epidemiology and Trends in Narcotic and

Psychotropic Drug Misuse and Related Health Problems." Die von mir vorgestellten Daten stammen teilweise aus den ECA-Untersuchungen in den Vereinigten Staaten und teilweise aus unserer eigenen Arbeit in Island. Die amerikanischen Daten wurden in einer sehr umfangreichen Untersuchung erhoben, die ein strukturiertes Interview (DIS) verwendete [4]. Dieses Interview erlaubt es, computerisierte Diagnosen in Übereinstimmung mit den DSM-III Kriterien [5] zu machen, die in mancher Beziehung eine Wiederannäherung an die Phänomenologie Emil Kräpelins bedeuten.

Die isländischen Daten sind teilweise Erhebungsdaten, die auf Fragebogen über Symptome, die Hinweise auf Alkoholmißbrauch geben, und über den Alkoholkonsum beruhen. Teile von ihnen stammen aus einer katamnestischen Untersuchung einer Kohorte mit gleichem Geburtsjahrgang. Die Methode dieser Untersuchungen wurde in der Münchener Deutschen Forschungsanstalt für Psychiatrie der Kaiser-Wilhelm-Gesellschaft in den späten zwanziger und frühen dreißiger Jahren unter Verwendung traditioneller kontinentaler diagnostischer Kriterien entwickelt. Die Fortsetzung dieser Untersuchung in die zweite und dritte Generation hängt vom Zugriff auf Registerdaten ab, von einem computerisierten Stammbaumregister und von einem psychiatrischen Fallregister.

Alkohol- und Drogenmißbrauch umfassen zusammen mit Depressionen und anderen Affektstörungen einen großen Teil der gesamten Morbidität in der Psychiatrie und sind hier von zentralem Interesse. Zusätzlich zum Alkoholmißbrauch gibt es einige andere mit dem Alkohol zusammenhängende Probleme, die bis zu einem gewissen Grade in Uchtenhagens Papier diskutiert werden. Alkoholprobleme haben ein weit größeres Ausmaß als die Probleme, die mit anderen Substanzen zusammenhängen, eine Tatsache, die in den hier vorgetragenen Daten berücksichtigt wird (vgl. Tab. 1).

Tabelle 1. Prävalenz für geistige Störungen während des gesamten Lebens (in Prozent). ECA-Untersuchungen in den Vereinigten Staaten (Robins et al., 1984)

	Prävalenz (in %)
Alle geistigen Störungen (außer Phobien)	23,9–26,2
Alkoholmißbrauch	11,5–15,7
Drogenmißbrauch	5,5– 5,8
Affektstörungen	6,1– 9,5

Die ECA-Untersuchungen, die jeweils mehr als 3 000 Personen über 18 Jahren in drei größeren Städten der Vereinigten Staaten umfassen, zeigen, daß die Lebenszeitprävalenz für geistige Störungen ohne Phobien 24 bis 26 Prozent beträgt [2]: Das heißt, einer von vier Bürgern hat gegenwärtig oder hatte irgendwann in der Vergangenheit eine diagnostizierbare geistige Störung; 11 bis 16 Prozent haben Alkoholmißbrauch betrieben und 5,5 Prozent Drogenmißbrauch; 6 bis 9 Prozent hatten eine Affektstörung, meist vom depressiven Typ. Weil ein Individuum mehr als eine diagnostizierbare Störung haben kann, übersteigt die Summe der individuellen Diagnosen die Gesamtprävalenz. Schaut man sich die Prävalenz innerhalb von sechs Monaten an (vgl. Tab. 2), die der gegenwärtigen Prävalenz beinahe ent-

Tabelle 2. Prävalenz für geistige Störungen innerhalb von sechs Monaten (in Prozent). ECA-Untersuchungen in den Vereinigten Staaten (Myers et al., 1984)

	Prävalenz (in %)
Alle geistigen Störungen (außer Phobien)	13,8–15,2
Alkoholmißbrauch	4,5– 5,7
Drogenmißbrauch	1,8– 2,2
Affektstörungen	4,6– 6,5

spricht, summiert sich in den ECA-Untersuchungen die Gesamtprävalenz geistiger Störungen auf 14 bis 15 Prozent: etwa 5 Prozent für Alkoholmißbrauch, 2 Prozent für Drogenmißbrauch und 5 bis 6 Prozent für Affektstörungen [3]. Alkoholmißbrauch ist viermal bis sechsmal häufiger bei Männern als bei Frauen und häufiger in den Altersgruppen unter 45 Jahren als bei älteren Menschen. Drogenmißbrauch ist bei Männern vermutlich ebenfalls weiter verbreitet als bei Frauen und tritt am häufigsten in der Gruppe der unter 25jährigen auf.

Affektstörungen, so ergab sich aus diesen Untersuchungen, sind bei Frauen doppelt so häufig wie bei Männern. Größere depressive Episoden treten am häufigsten bei Personen zwischen 25 und 44 Jahren auf, während die Prävalenz der Dysthymie sich nicht in Übereinstimmung mit einer Altersgruppe zu befinden scheint, sondern mit den Orten variiert, an denen die Untersuchungen durchgeführt wurden.

Wenden wir uns nun den Daten aus Island zu. In einer Longitudinalstudie einer Kohorte der Jahrgänge zwischen 1895 und 1897 wurde festgestellt, daß die Erwartung eines 14 Jahre alten Isländers, vor seinem 75. Geburtstag an einer Affektstörung zu erkranken, bei Männern etwa 10 und bei Frauen 15 Prozent betrug (vgl. Tab. 3) [6]. Nach dieser Untersuchung sind beinahe die Hälfte dieser Störungen depressive Neurosen und beinahe ein Drittel manisch-depressive Erkrankungen (wobei die überwiegende Zahl von ihnen unipolare Depressionen sind). Nimmt man die bloßen Fallzahlen, müssen die Affektstörungen als ein größeres Gesundheitsproblem angesehen werden. Abgesehen von dem persönlichen Leid, das diese Kranken tragen, gibt es unter ihnen außerdem eine hohe Suizidrate, und ihr Leben muß daher als bedroht angesehen werden. In Kohortenstudien treten Suizide bei

Tabelle 3. Krankheitserwartung (in Prozent) bei der Ausbildung einer Affektstörung (Helgason, 1975) oder von Sucht (Helgason, 1986) in Island im Alter bis zu 75 Jahren

	Männlich	Weiblich
Manisch-depressive Psychosen	2,8	3,9
Späte endogen-depressive Syndrome	1,1	1,3
Reaktive depressive Psychosen	0,9	1,6
Depressive Neurosen	4,6	7,5
Affektive Persönlichkeitsstörungen	0,4	0,3
Affektstörungen insgesamt	9,8	14,6
Alkohol- und Drogenmißbrauch	9,7	1,1

Tabelle 4. Prävalenz (in Prozent) von schwerem Trinken und Alkoholismus in einer dreimal erhobenen Stichprobe aus der isländischen Bevölkerung, Alter 20 bis 49 Jahre (Helgason, 1986b)

	1974	1979	1984
Schweres Trinken	12,6	9,8	6,8
Alkoholismus	4,1	3,6	2,8

Menschen mit Affektstörungen fünfzehnmal häufiger auf als bei Menschen ohne diese Störungen.

In dieser Kohorte [7] wurde entdeckt, daß die Krankheitserwartung bei Drogenmißbrauch, hauptsächlich aber bei Alkoholmißbrauch von Männern beinahe 10 Prozent betrug (vgl. Tab. 4). Die Probanden erlebten ihre Risikoperiode zu einer Zeit, als der durchschnittliche Pro-Kopf-Konsum von Alkohol in Island lediglich ein Viertel bis ein Drittel des heutigen Verbrauchs betrug. Die Mortalität der Alkoholiker und Drogensüchtigen war zweimal so hoch wie die der männlichen Gesamtbevölkerung und wuchs mit der Schwere des Mißbrauchs. Die Alkoholiker haben im Alter weiterhin eine unangemessen hohe Mortalität, sogar lange nachdem sie aufgehört haben zu trinken.

Der durchschnittliche Pro-Kopf-Verbrauch von Alkohol in Island beträgt gegenwärtig 3,2 Liter bezogen auf die Gesamtbevölkerung und 4,3 Liter bezogen auf die Bevölkerung über 15 Jahre [8]. Das ist der geringste Verbrauch in Europa. Wenn man Alkoholmißbrauch jedoch als das Zusammentreffen von mehr als drei (von insgesamt acht) klinischen Kriterien definiert, stellt es sich heraus, daß er in der Gesamtbevölkerung von Island ebenso verbreitet ist wie in vielen anderen Ländern. Schweres Trinken und Alkoholismus sind unter Männern weit stärker verbreitet als unter Frauen und stärker unter den jüngeren Jahrgängen – besonders unter der Gruppe zwischen 20 und 25 Jahren – als unter den Älteren. Man könnte daher erwarten, daß die Prävalenz sinkt, wenn die Stichprobe aus der Bevölkerung älter wird. Aber der Abfall der Prävalenz in den späteren Untersuchungen von 4,1 auf 2,8 Prozent für Alkoholismus und von 12,6 auf 6,8 Prozent für schweres Trinken könnte dennoch eher scheinbar als real sein, da man von denjenigen, die an der Nachfolgeuntersuchung nicht mehr teilnehmen, weiß, daß sie eine höhere Prävalenz haben als diejenigen, die weiterhin mitmachen [9].

Zum Zweck des Vergleichs mit der Lebenszeitprävalenz in den ECA-Untersuchungen kann die Zehnjahresprävalenz für Alkoholmißbrauch in Island aus einer Bevölkerungsstichprobe abgeschätzt werden. Dies kann mit einer Zehnjahresprävalenz verglichen werden, die sich aus einer Schätzung ergibt, die aus der Zahl der Erstaufnahmen zur Behandlung des Alkoholismus in den entsprechenden Altersgruppen abgeleitet ist (vgl. Tab. 5).

Tabelle 5. Zehnjahrsprävalenz (in Prozent) des Alkoholmißbrauchs in Island für die Altersgruppe der 20 bis 59jährigen (Helgason, 1986b)

	Männer	Frauen	Gesamt
Erhebung in der Gesamtpopulation	12,1	2,8	7,0
Erstaufnahme in die Alkoholtherapie	5,9	2,2	4,4

Ich habe hier nur wenig über Drogensucht gesagt. Meiner Ansicht nach handelt es sich dabei, verglichen mit dem Alkoholismus, um ein zweitrangiges Problem, wenn es auch ernst genug ist. Sie ist ein bedeutendes Anliegen und Gegenstand der Sorge für die Öffentlichkeit und für die Politiker, die gerne über die Drogensucht reden und beträchtliche Summen zu ihrer Bekämpfung ausgeben – Summen, die nach einem jüngst erschienenen Herausgebervorwort des *British Medical Journal* oft weit höher sind als diejenigen, die für das bei weitem wichtigere Alkoholproblem ausgegeben werden.

Die am häufigsten in Island gebrauchte Droge ist Cannabis. Nach einer Erhebung aus dem Jahre 1985 hat ein Viertel der Heranwachsenden und Jugendlichen in Island (Alter 16 bis 36 Jahre) ihn manchmal konsumiert; aber nur 7 Prozent nahmen ihn häufiger als zehn Mal [11]. Das ähnelt der Situation in den nordeuropäischen Ländern. Wir sehen jedoch, daß zuerst immer Alkohol konsumiert wird und daß der Mißbrauch anderer Drogen sehr oft von Alkoholmißbrauch begleitet ist. In dieser Erhebung hatten 88 Prozent der jungen Leute Erfahrungen mit Alkohol und 59 Prozent mit Tabak (vgl. Tab. 6).

Tabelle 6. Erfahrungen mit dem Gebrauch verschiedener Substanzen in der isländischen Gesamtbevölkerung im Alter von 16 bis 36 Jahren (in Prozent; Kristmundsson, 1986)

Keine	10
Tabak	59
Alkohol	88
Cannabis	27
Andere	3

Wenn wir mehr über die Epidemiologie des Konsums und des Mißbrauchs von Alkohol und Drogen erfahren wollen sowie über die Epidemiologie der Affektstörungen, sind weitere Untersuchungen notwendig. Für diesen Zweck sind Kohortenstudien und Fallregister unentbehrliche Werkzeuge: Sie sind wenigstens so bedeutsam wie die Krebsregister und die Register der kardiovaskulären Krankheiten, die zur Untersuchung der Epidemiologie dieser Krankheiten in einer Reihe von Ländern akzeptiert worden sind. Die Behinderung solcher Untersuchungen, indem man den Forschern den Zugriff auf computerisierte Daten und den Datenverbund vorenthält, ist unethisch, weil dadurch lebenswichtige Informationen, die sich auf die Ätiologie und Prävention vieler Krankheiten beziehen, verlorengehen werden.

Literatur

1. Helgason T Data protection and problems of confidentiality. The European experience. Erscheint in: ten Horn GHMM, Giel R, Gulbinat W, Hendersohn JH (Hg): Psychiatric case registers. Elsevier Science Publishers BV, Amsterdam
2. Robins LN, Helzer JE, Weissman MM, Orvaschel H, Gruenberg E, Burke JD jr, Regier DA (1984) Lifetime prevalence of specific psychiatric disorders in three sites. Arch Gen Psychiatry 41: 949–958

3. Myers JK, Weissman MM, Tischler GL, Holzer CE III, Leaf PJ, Orvaschel H, Anthony JC, Boyd JH, Burke JD jr, Kramer M, Stoltzman R (1984) Six-month prevalence of psychiatric disorders in three communities: 1980–1982. Arch Gen Psychiatry 41: 959–967
4. Robins LN, Helzer JE, Croughan J, Ratcliff KS (1981) National Institute of Health Diagnostic Interview Schedule: its history, characteristics, and validity. Arch Gen Psychiatry 38: 381–389
5. American Psychiatric Association (1980) DSM-III: Diagnostic and Statistical Manual of Mental Disorders. 3. Ausg. APA, Washington DC
6. Helgason T (1979) Epidemiological investigations concerning affective disorders. In: Schou M, Strömgren E (Hg): Origin, prevention, and treatment of affective disorders. London, Academic Press: 241–255
7. Helgason T (1986) Expectancy and outcome of mental disorders in Iceland. In: Weisman MM, Myers JK (Hg): Community surveys of psychiatric disorders. New Brunswick, Rutgers University Press: 221–238
8. Icelandic State Alcohol Council (1986) News Release
9. Helgason T (1986) Prevalence and incidence of alcohol abuse in Iceland. In: Cooper B (Hg): Psychiatric epidemiology: progress and prospects
10. Editorial (1986) Government hypocrisy on drugs. British Medical Journal 292: 712–713
11. Kristmundsson OH (1985) Illegale Drogen in Island. (In isländischer Sprache). Reykjavik

Diskussion

DOI:

Ich habe eine Frage zu Dr. Widlöchers Vortrag. Ich bin vollkommen mit ihm über die Wichtigkeit der Diagnose einig, besonders darüber, wirkliche Depressionen im engeren Wortsinn – endogene Depressionen – zu unterscheiden von anderen Fällen von Depressionen, die an gewöhnlichen Schmerz grenzen. Sehr beeindruckt war ich von seiner Feststellung, in Frankreich könnten Allgemeinpraktiker ziemlich leicht Differentialdiagnosen zwischen den beiden Formen der Depression treffen. Aber Sie haben auf die Bedeutung der Kriterien bei der Diagnose hingewiesen, und es ist manchmal sogar für Spezialisten sehr schwierig, eine Differentialdiagnose zwischen endogenen und anderen Formen der Depression zu machen, besonders unter Berücksichtigung der Tatsache, daß in den vergangenen Jahren die Symptomatologie der Depression immer milder wurde. In früheren Zeiten, vor zwanzig bis dreißig Jahren, sahen wir für gewöhnlich sehr schwere Depressionen, aber in letzter Zeit sind diese Fälle selten geworden. Auch wenn Sie mit Recht versuchen, eine Verbindungslinie zwischen der wirklichen Depression und den sogenannten depressiven Fällen zu ziehen, treten hier meiner Meinung nach zuweilen große Probleme auf. Aus der Perspektive der Öffentlichkeit stellt sich die wachsende Zahl der sogenannten depressiven Fälle als der wichtigste Punkt dar. Wie Sie, Dr. Widlöcher, bereits sagten, ist die Kerngruppe der endogen Depressiven vielleicht gar nicht so sehr gewachsen, wogegen die Randgruppe in den letzten Jahren stark zugenommen hat. Das steht möglicherweise in Übereinstimmung mit der gestiegenen Inzidenz oder Prävalenz des Mißbrauchs von Substanzen (einschließlich des Alkohols) in der heutigen Bevölkerung.

WIDLÖCHER:

Es ist sehr schwierig, genau zu sagen, was wir mit endogener und exogener Depression meinen. Meinen wir damit, daß es eine Form der Depression gibt, bei der das Gehirn irgendwie verändert ist, und eine andere, bei der das Gehirn „normal" ist? Wenn wir reaktive Depressionen mit Antidepressiva behandeln, erzielen wir oft gute Erfolge. Das konnte früher auch schon bei der Elektrokrampftherapie (EKT) beobachtet werden. Der Hauptpunkt ist also der, daß wir mit chemischen Substanzen einen Hirnzustand behandeln können, der von der sozialen Umwelt abhängt. Es scheint mir, daß dies der wichtigste Punkt bei der Depression ist. Stimmen Sie mir zu, daß, wenn wir von Depression sprechen, wir damit eine Veränderung des Gehirns meinen, die mit Antidepressiva behandelt werden kann? In anderen Fällen liegt keine wirkliche Depression vor, sondern nur ein seelischer Schmerz, bei dem Antidepressiva nicht wirken. Aber ich bin mit Ihnen einer Meinung, daß es schwierig ist zwischen Fällen zu unterscheiden, die wie eine Depression ansprechen, und solchen, die nur psychologische oder soziale Hilfe benötigen.

DOI:

Ihr Problem sehe ich. Doch wollte ich die praktische Schwierigkeit betonen, eine Linie von der mit einer Veränderung des Gehirns verbundenen Depression zu den als Depression erscheinenden Fällen zu ziehen, weil die Symptomatologie in jüngster Zeit weniger ausgeprägt ist.

WIDLÖCHER:
Halten Sie das für einen tatsächlichen Wandel, oder spiegelt sich darin nur die Tatsache, daß wir zwar vielleicht dieselbe Zahl schwerer Depressionen finden, aber eine größere Zahl milder Depressionen? Es gibt noch ein weiteres Anzeichen der veränderten Symptomatologie, daß nämlich die Krankheit immer häufiger chronisch verläuft. Wir sehen immer mehr Patienten, die monate- oder jahrelange Therapien benötigen und die zugleich eine gewisse biologische Resistenz gegen die Wirkungen von Antidepressiva haben. Ich bin mir sicher, daß sich dies in der Zukunft als ein sehr gravierendes Problem erweisen wird. Aus diesem Grund müssen wir sehr genau wissen, wer eine biologische Therapie braucht und wem auf eine andere Weise geholfen werden kann.

DINSDALE:
Dr. Widlöcher, Sie haben mehrere Symptome, darunter Schlaflosigkeit, Verlust des Interesses usw. genannt, die in Frankreich von Allgemeinpraktikern verwendet werden, um psychiatrische Diagnosen zu stellen und dadurch ihren Einsatz psychotroper Medikamente lenken. Untersuchungen in Nordamerika haben zu der entmutigenden Schlußfolgerung geführt, daß die Verkäufer und Vertreter der pharmazeutischen Industrie einen größeren Einfluß auf die Verschreibungsmuster haben als der Unterricht an den medizinischen Fakultäten. Verfügen Sie über Daten, aus denen die Wirkung von Pharmavertretern auf die Verhaltensweisen von Familienärzten in Frankreich hervorgeht?

WIDLÖCHER:
Die Fragen, die in der französischen Umfrage gestellt wurden, lauteten: Wie viele depressive Patienten haben Sie während der letzten beiden Wochen behandelt, welche medikamentöse Therapie haben Sie in jedem einzelnen Fall angewendet und welche Hauptsymptome zeigte jeder einzelne Patient? Die Hauptsymptome, von denen die Ärzte berichteten, waren Schlaflosigkeit, Angst und wachsende Ermüdbarkeit. Diese Liste von Kriterien haben sie weder von Pharmavertretern gelernt noch auf der Universität.

DINSDALE:
Ich habe nicht verstanden, weshalb Sie glauben, daß eine Untersuchung der Depression, die sowohl die organischen wie auch die sozialen Faktoren abzuschätzen versucht, eine ethische Komponente enthält.

WIDLÖCHER:
Das ethische Problem ist folgendes: Wenn wir über die allgemeine geistige Gesundheit eine Umfrage durchführen und wir mit unserem Umfrageinstrumentarium Menschen mit depressiven Symptomen entdecken, dann besteht die Gefahr einer Störung des mittleren Gleichgewichts.

DINSDALE:
Ich danke Ihnen für die Klarstellung. Die Wirkung von Umfragen ist interessant.

Eine kanadische Studie zeigte, daß die Zahl der Krankheitstage bei solchen Arbeitnehmern stieg, denen gesagt wurde, bei ihnen sei bei zufälligen Untersuchungen ein zu hoher Blutdruck festgestellt worden.

HAMPSHIRE:
Ich möchte hier ein philosophisches Argument vorbringen, das zwei Ihrer hochinteressanten Bemerkungen zusammennimmt: Erstens, daß wir eine kulturübergreifende Symptomatologie benötigen und zweitens Ihre Beobachtung über den Effekt, der entsteht, wenn Menschen als depressiv klassifiziert werden. Sie sagten sicher mit Recht, daß hier eine Wechselwirkung besteht. Mit anderen Worten: Sie tun etwas mit dem Betreffenden, wenn Sie ihn wissen lassen, er falle unter die Rubrik „Depression". Wenn man sich einigen der Kriterien zuwendet, die in kulturübergreifenden Untersuchungen verwendet werden müßten, so zeigt es sich, daß sie in radikaler Weise nicht-quantitativ und relativ zur jeweiligen Kultur sein müssen, wie das beispielsweise ganz auffällig bei Antriebsmangel der Fall ist. Der Standard der Normalität beim Antrieb wird variieren, so darf man erwarten, im Gegensatz etwa zur Schlaflosigkeit, die sich leicht quantifizieren läßt. Ich treffe hier eine Feststellung von der Art wie sie schon der Philosoph Michel Foucault getroffen hat: wenn man wie ich 71 Jahre alt ist, besteht keine Gefahr, daß man das Alter als eine neue Krankheit therapiert, weil es ein quantitatives Kriterium für das Alter gibt. Dabei handelt es sich nicht um einen Wechsel der Klassifikationskriterien, sondern um die objektive Tatsache, daß man über siebzig Jahre alt ist. Aber Antriebsschwäche ist kein objektives Faktum. Das ist ein Faktum, für das man eines riesigen Hintergrundwissens bedarf, um es als Faktum überhaupt interpretieren zu können. Daher scheint mir eine wirkliche Gefahr in dem Versuch zu liegen, von allem Anfang an Kriterien aufzustellen, die nicht-quantitativ sind. Es ist gefährlich, Menschen in einer bestimmten Weise zu klassifizieren. Denn ändert man beispielsweise die psychiatrischen Kriterien, so ändert man zugleich das Bild, das die Menschen von sich selbst haben.

WIDLÖCHER:
Ich stimme Ihnen zu. Tunesische, marokkanische oder algerische Psychiater wissen sehr genau, daß die Depressiven im Maghreb nicht dieselben Symptome zeigen wie depressive Franzosen, sondern zahlreiche körperliche Symptome aufweisen. Deshalb verschreiben Psychiater in diesen Ländern sehr oft Antidepressiva für somatische Leiden. In Afrika südlich der Sahelzone stellt sich das Problem nochmals anders dar. Depressive werden falsch diagnostiziert, wenn man westliche Kriterien anwendet. So können einige Patienten für Schizophrene mit akuten Wahnzuständen gehalten und fälschlicherweise mit Neuroleptika behandelt werden.

PATZIG:
Eine Frage, Dr. Widlöcher. Wie Sie wahrscheinlich ebenso genau wissen wie ich, gehört es in der Kriminologie zum gesicherten Wissen, daß auf jedes Verbrechen oder jede gesetzwidrige Handlung, die zur Kenntnis der Behörden gelangt, Verbrechen kommen, von denen keine Behörde jemals etwas erfährt. Deren Zahl variiert je nach Bereich der Kriminalität und kann in vielen Fällen sehr hoch sein. Bei Mord ist die Zahl klein, bei Raub hingegen nimmt man an, daß die sogenannte Dunkelzif-

fer sehr hoch ist. Die Kriminologen haben einige Kriterien entwickelt, um die Höhe der Dunkelziffer abschätzen zu können. Ich glaube, daß die Situation im Fall der Depression sehr ähnlich sein könnte. Es könnte sehr viele Menschen mit Symptomen der Depression geben, die niemals einen Arzt um Hilfe angehen. Sind Schätzungen möglich beziehungsweise bereits gemacht worden, um festzustellen, wieviele Menschen es gibt, die in Wirklichkeit depressiv sind, sich aber nicht depressiv genug fühlen, um einen Arzt aufzusuchen? Ich vermute, daß die Zahl sehr hoch ist. Ich höre oft von Depressiven, erklärungsbedürftig sei nicht die große Zahl der Menschen mit Depressionen, sondern – betrachtet man die Welt so wie sie ist – die große Zahl derer, die immer noch recht vergnügt zu sein scheinen.

DIETZ:

Die Analogie mit der Kriminologie ist sehr treffend. Wir haben genau dasselbe Wissen über beide Bereiche. Im Fall des Verbrechens sind unsere beiden hauptsächlichen Informationsquellen für dessen Prävalenz

1. Meldungen an die Polizei, die den Daten über behandelte Depressionen entsprechen, und
2. Haushaltsbefragungen über die Verbrechensopfer, die analog zu den Daten sind, von denen wir in den Vorträgen gehört haben.

Bei geistigen Störungen wie auch bei Verbrechen gibt es jedoch Beispiele, wo der Befragte gar nicht begreift, was mit ihm geschehen ist. Sowohl der geistig Gestörte als auch das Verbrechensopfer teilen unter Umständen ihr Unglück dem Befrager nicht mit, weil sie es nicht erkennen, weil sie sich schämen, es zuzugeben oder aus vielen weiteren Gründen.

HELGASON:

Dies ist ein wichtiger Punkt, der immer wieder aufgeworfen wird, die Frage nach der Spitze des Eisbergs, die wir in den therapeutischen Zentren (in Allgemeinpraxen, Facharztpraxen oder Kliniken) zu sehen bekommen. Um herauszufinden, was sich unter Wasser befindet, der unsichtbare Teil des Eisbergs, brauchen wir daher eingehende Befragungen, nicht nur Haushaltsbefragungen (wie die von mir in meinem Vortrag kurz referierten ECA-Untersuchungen), sondern auch Befragungen, bei denen wir jede Person interviewen, eine Kohorte über ein ganzes Leben verfolgen und – vorzugsweise auf prospektiver Grundlage – alles aufzeichnen, was mit den Betreffenden geschieht sowie alle Symptome, die auf eine depressive Erkrankung hinweisen könnten. Ich vermute, daß weder die Zahlen der ECA-Untersuchungen noch meine Zahlen aus Island ein vollständiges epidemiologisches Bild der depressiven Erkrankungen geben. Doch vermutlich kommen sie ihm so nahe wie irgend möglich. Besonders wichtig ist, daß in beiden Fällen der Versuch unternommen wurde, ein eindeutiges Kriterium für das aufzustellen, was wir Depression nennen, und sie von jenen depressiven Gefühlen zu unterscheiden, die wir alle über den schlechten Lauf der Welt verspüren.

CAZZULLO:

Man kann Daten in den umfassenden Befragungen finden, die Shephard in England, Ferrier in Frankreich und Brunn in der Schweiz durchgeführt haben. Übereinstimmend wird dort berichtet, daß wenigstens sechzig bis siebzig Prozent der

Patienten, die den Allgemeinpraktiker aufsuchen, emotionale Schwierigkeiten haben. Was bedeutet „emotionale Schwierigkeiten"? Das meint nicht immer Depression. Oft meint es Angst. Aber wir wissen sehr genau, daß Angst und Depression häufig gemischt auftreten und daß Depression sehr oft den letzten Schritt in einer Angstsymptomatologie bildet. Das ist einer der Gründe, weshalb es nicht leicht ist, beide voneinander zu trennen. Außerdem wäre es meiner Meinung nach nicht hilfreich, eine solche Unterscheidung zu treffen, besonders nicht unter dem psychodynamischen Gesichtspunkt, der beide ins Spiel bringt. Melanie Klein sagt, jeder Mensch reife und wachse durch eine Depression hindurch; daher ist die Depression eines der Grundphänomene des Lebens. Schon vor Sigmund Freud äußerte sich der dänische Philosoph Sören Kierkegaard in dieser Richtung wie auch Martin Heidegger, dessen Werk „Sein und Zeit" ein schönes Kapitel über Angst und Depression enthält.

Mein zweiter Punkt betrifft die Depression in Afrika. Ich unterhalte eine Korrespondenz mit tunesischen Ärzten, die sagen, dort träten häufig larvierte Depressionen auf. Was halten Sie davon? Ich möchte nur das DSM-III-System erwähnen, das nosographische Hinweise auf die Depression enthält. Es gibt die typische (*major*) und die spezifische (*minor*) Depression, die unipolare Depression und die depressive Phase der bipolaren Depression. Ich stimme mit Dr. Widlöcher auch in einem weiteren Punkt überein: Die Zahl der Depressionen wächst, weil bei ihr die sozialen Faktoren am bedeutsamsten sind. Unter diesen ist Einwanderung besonders wichtig, wie auch die raschen Veränderungen der Lebensumstände in der heutigen Zeit sowie Isolation, die ebenfalls eine wichtige Rolle spielt. Die Weltgesundheitsorganisation hat darüber publiziert (*Belgrade Survey*). Diese Umfrage zeigt, daß ältere Menschen verstärkt auf Arzt-Patient-Beziehungen angewiesen sind, womit ich weder Krankenhäuser noch Institutionen meine. Der Hinweis von Dr. Widlöcher, daß Depressionen bei älteren Menschen in Beziehung zu Demenzen stehen, ist ebenfalls zutreffend. Glauben Sie aber, daß viele Fälle von Demenz in ihren Anfangsstadien durch Depressionen larviert sind?

WIDLÖCHER:

In beiden Punkten stimme ich Ihnen zu. Erstens, bei der gemischten Symptomatologie der Depression müssen wir klare Unterscheidungen treffen zwischen den spezifischen kognitiven Veränderungen, die mit den biologischen Mechanismen der Depression verbunden sind, sowie der Psychodynamik und schließlich den sozialen Faktoren. Der zweite Punkt betrifft das Verhältnis von Demenz und Depression. Fünfzig Prozent der „Pseudodemenzen" sind in Wirklichkeit Depressionen und müssen als solche therapiert werden. Wie Sie bereits sagten, stimmt es aber auch, daß bestimmte Formen der Therapieresistenz in Beziehung zur Demenz stehen.

ROY:

Ich habe Schwierigkeiten zu akzeptieren, daß wir jetzt eine transkulturell anwendbare Definition oder Beschreibung der Depression besitzen. Denn hier besteht ein größeres methodologisches Problem. Wenn wir epidemiologische Untersuchungen in mehreren Nationen durchführen, versuchen wir, leidlich genau die Anzahl der Neuerkrankungen innerhalb eines Gebildes zu erfassen, das unscharfe Konturen aufweist und in kulturell unterschiedlichen Weisen definiert wird. Zusätzliche Gründe für diese Bemerkung finde ich, wenn ich Dr. Widlöcher sagen höre, die verfügbaren nosographischen Instrumente würden von verschiedenen Forschern in den verschiedenen Ländern auf sehr unterschiedliche Weise genutzt, und das manchmal sogar innerhalb eines kulturell pluralistischen Landes.

DIETZ:
Die Psychiater, die auf diesem Gebiet forschen, sind sensibel für diese Fragen und versuchen auf lange Sicht dafür zu sorgen, daß diejenigen, die Daten sammeln, trainiert werden und daß die Kriterien genau definiert sind. Dies Problem ist nicht unerkannt geblieben. Im Fall der Schizophrenie ist es ziemlich gut gelöst worden, weniger erfolgreich dagegen im Fall der Depression.

ROY:
Was fängt man mit den Daten an? Wie werden sie verwendet? Ich verstehe nicht, wie diese Daten eingesetzt werden, wenn sie unzuverlässig sind.

DIETZ:
Diese Daten sind nicht unzuverlässiger als die Daten der Weltgesundheitsorganisation über Morde, Suizide oder Krebs.

HELGASON:
Diese Daten sind in der Tat nicht so unzuverlässig, wie man nach der hier geführten Diskussion schließen könnte. Denn es gibt mehrere Symptome, die sich in jeder Kultur wiederfinden lassen. Jene epidemiologischen Studien, die mit rigoroser methodologischer Strenge durchgeführt und in denen die nämlichen Hilfsmittel und diagnostischen Kriterien für dieselben Altersgruppen verwendet wurden, haben bei dem, was wir als Affektstörungen definieren würden, zu bemerkenswert ähnlichen Ergebnissen geführt. Die Ergebnisse aus den verschiedenen Kulturen gleichen einander in einer Weise, daß wir es meiner Meinung nach wahrscheinlich mit einem biologischen Phänomen (im Gegensatz zu sozialen und kulturellen Phänomenen) zu tun haben. Dies wird in Diskussionen wie der unseren und in vielen Diskussionen über geistige Gesundheit und geistige Krankheit zu oft vergessen. Wenn man über geistige Gesundheit spricht, vermischen sich oft die Begriffe „geistige Gesundheit" und „geistiges Wohlbefinden" miteinander. Es ist sehr wichtig, bei der Diskussion über die Geisteskrankheit zu bleiben. Sie ist es, die uns interessiert, die wir zu verhüten und zu therapieren suchen. Für einen Arzt ist die Geisteskrankheit natürlich ein Hauptziel. Das Wohlbefinden hingegen ist von allgemeinem gesellschaftlichen Interesse.

ROY:
Die Dinge, nach denen Sie fragen, sind in hohem Maße deskriptiv und unterschiedlichster Interpretation unterworfen. Sie fragen die Leute nach hochsubjektiven Dingen und mir fällt es schwer, ohne ein gewisses Maß an Skepsis zu akzeptieren, daß diese Untersuchungen zuverlässig sind, sofern man es nicht mit quantifizierbaren, meßbaren Elementen zu tun hat. Sie erhalten deskriptive Antworten auf deskriptive Fragen.

HELGASON:
Natürlich sind die Schmerzstudien subjektiv, denn Schmerz ist ein äußerst subjektives Phänomen. Aber man kann Fragen nach anderen, quantifizierbaren Symptomen stellen. Man kann zum Beispiel Fragen über den Schlaf stellen: Wie lange schlafen Sie? Wann wachen Sie auf? Gibt es Unterschiede in den zirkadianen Rhythmen? Das sind quantifizierbare Muster.

PLOOG:
Lassen Sie mich ein Wort zu den Nichtpsychiatern sagen. Wir haben es hier mit dem schwierigsten Problem der psychiatrischen Diagnose zu tun; und auch nach tagelanger Diskussion würden wir wahrscheinlich zu keiner umfassenden Einigung kommen. Ich glaube, daß die Kernkrankheiten – monopolare Depressionen und manisch-depressive Störungen – nicht häufiger geworden sind, wogegen andere Krankheiten, die mit Alter, neurotischen und sozialen Faktoren zusammenhängen, zugenommen haben. Wie können wir diese Daten auf unser Thema „Ethik in der Psychiatrie" beziehen? Dr. Widlöcher schlug vor, bei der Festlegung der Therapie organische und soziale Faktoren zu berücksichtigen. Ein weiterer Punkt war der, daß wir unser Wissen über normales menschliches Leid und Depression vergrößern sollten. Was aber ist menschliches Leid? Kann man es definieren?

WIDLÖCHER:
Umfragen wie die von Dr. Dinsdale erwähnten sind nicht absolut frei von Wechselwirkungen mit dem mittleren Gleichgewicht der Bevölkerung insgesamt oder der Menschen, die untersucht werden. Da besteht ein schwieriges Problem und seine Antwort kann vielleicht gar nicht in der Epidemiologie gefunden werden, sondern in kognitiven und emotionalen Mechanismen, die in Beziehung zur Biologie stehen.

TAYLOR:
Das Problem der Einwilligung nach Aufklärung kann sich auch stellen, sobald man es mit der normalen Bevölkerung zu tun hat. Sie alle kennen – vielleicht besser als ich – die Situation in den skandinavischen Ländern, besonders in Schweden, wo die riesige Datenbank, die 1953 mit Einwilligung der Eltern errichtet wurde, jetzt von den Medien angegriffen und von den hunderttausend oder mehr Dreißigjährigen, die dort gespeichert sind, in Frage gestellt wird. Sie haben niemals ihre Einwilligung erteilt, und die Medien haben eine Kampagne begonnen, durch die diese Dateien nun beschlagnahmt und gelöscht werden. Man muß damit rechnen, daß die ganze Datenbank verloren ist. Ein damit verwandtes Problem ist laut Dr. Dietz folgendes: Wäre es machbar, in einem Land eine Datenbank aufzubauen, die anonyme Forschungsdaten aus anderen Ländern speichert – eine Art schweizer Bankkonto für Forscher –, um die Betroffenen vor Aufdeckung der Daten ohne ihre Einwilligung zu schützen und um die Forschungsdaten vor politischen Wechselfällen zu bewahren?

PLOOG:
Wir sollten das Problem des Datenschutzes noch für einen Augenblick zurückstellen. Hier eine andere Frage: Unter welchen Umständen darf der Psychiater einen Patienten gegen seinen Willen behandeln? Und wo geht eine milde Depression in

eine psychotische Depression über? Wenn man berücksichtigt, daß die Suizidrate unter depressiven Patienten höher ist als in allen übrigen Bereichen der Medizin, kann man sich vorstellen, unter welchem Druck ein Arzt steht, der sich dazu entschließt, einen Patienten gegen seinen Willen zu behandeln, weil er dessen Leben retten will.

DOI:

Zu der Frage, die Dr. Ploog gerade gestellt hat: ich glaube nicht, daß es zu einem großen Problem für einen Psychiater wird, Depressionen zu therapieren. Nur sehr selten wird ein depressiver Patient gegen seinen Willen behandelt. Es ist ganz leicht, seine Einwilligung zu erhalten, weil er leidet. Andernfalls würde er nicht zu uns kommen oder zu uns geschickt werden. Die ethische Frage, vor der wir Psychiater stehen, besteht darin, richtige Diagnosen zu stellen. Denn der falsch diagnostizierte Depressive ist es, der wahrscheinlich Suizid begeht. Aber sobald wir gewarnt sind, daß der Patient möglicherweise Suizid begeht, können wir das für gewöhnlich verhindern. Um aber auf meine erste Frage zurückzukommen, so glaube ich, daß von einem moralischen Standpunkt aus am wichtigsten bei der Depression nicht die Kerngruppe der wirklich Depressiven ist, die auf Antidepressiva ansprechen (auch wenn ihre Krankheit dazu tendiert, chronisch zu werden, wie Dr. Widlöcher gezeigt hat), sondern die größere Zahl der depressiven Patienten, die nicht auf Antidepressiva ansprechen und die keine wirkliche Depression haben, weil sie zu denen gehören, die eher anfällig für Alkohol- und Drogenmißbrauch sind. Wir Psychiater müssen hier etwas unternehmen und die Öffentlichkeit vor der gefährlichen Tatsache warnen, daß die Zahl dieser Menschen wächst. Das ist das ernsteste ethische Problem, mit dem wir Psychiater konfrontiert sind.

DINSDALE:

Ich möchte auf einen Punkt von Dr. Ploog zurückkommen, und zwar auf das ethische Problem, das sich bei unfreiwilliger Einweisung ins Krankenhaus stellt. Ein suizidgefährdeter Patient kann sich in der Notaufnahme einfinden, aber es ablehnen, sich ins Krankenhaus einweisen zu lassen. Die kanadische Gesetzgebung verlangt, daß zwei Psychiater schriftlich zustimmen müssen, um einen Patienten gegen seinen Willen einzuweisen. Die Psychiater machen nur widerstrebend von dieser gesetzlichen Regelung Gebrauch.

DIETZ:

Wir in Nordamerika haben Prozeduren entwickelt, von denen viele glauben, sie würden die Einweisung der geistig Kranken behindern. Viele fragen sich, ob diese Prozeduren die medizinischen Interessen der Patienten gegen ihre bürgerlichen Freiheiten angemessen abwägen. Die Entwicklung bei unseren Prozeduren wäre lehrreich für alle Länder, die noch nicht diesen Zyklus durchlaufen haben. Ein wichtiges Problem besteht darin, daß der Entzug der Freiheit durch die vernünftige Erwartung eines Nutzens für den Patienten gerechtfertigt sein sollte. Eine Einweisung ist immer dann möglich, wenn nachgewiesen werden kann, daß die Situation lebensbedrohlich ist. Aber üblicherweise fanden die Einweisungen nicht in wirklich lebensbedrohlichen Situationen statt, und es ist problematisch, den Beweis für die Lebensbedrohlichkeit einer Lage zu führen. Deshalb wurde es bei uns leichter gemacht, jemanden für kurze Zeit (24 oder 72 Stunden) im Krankenhaus unterzubringen. Das kann auf die Autorität von ein oder zwei Psychiatern geschehen; längere Einweisungen dagegen erfordern einen Gerichtsprozeß mit einem Richter, einer Anhörung, Rechtsanwälten und einem Verfahren mit Prozeßgegnern. In der Praxis stellt sich das als nicht so kontrovers heraus wie es sein könnte, weil der Richter und die Anwälte dazu neigen, auf das zu hören, was der Arzt sagt, was eine andere Quelle der Besorgnis ist.

PLOOG:
Hier begegnen wir dem rechtlichen Problem. Gleichen sich die einschlägigen Gesetze in allen Ländern? In der Bundesrepublik beispielsweise müssen wir entweder einen Richter oder die Polizei sofort in Kenntnis setzen. Dadurch kann die Situation entstehen, daß ein Polizist entscheidet, ob ein Patient gegen seinen Willen ins Krankenhaus eingeliefert wird oder nicht. Die Gesetze in den anderen Ländern mögen sich unterscheiden, aber das ethische Problem ist für uns alle gleich: keine Therapie gegen den Willen des Patienten. Dr. Doi sagte, das geschehe bei Fällen von Depression selten, was aber nicht mit meinen Erfahrungen übereinstimmt.

CAZZULLO:
Zu Dr. Ploogs Beobachtungen: in der italienischen Verfassung gibt es in Artikel 32 eine Bestimmung, die besagt, daß in Notfällen eine Person gegen ihren Willen behandelt werden kann. Allerdings ist dies verboten, wenn nicht zuvor ein Richter informiert wurde. Das war für uns ebenfalls ein Problem, als das neue Gesetz in Kraft trat. Für längere Zeit gab es viel Ärger, denn wenn sich Patienten in einer Notsituation befinden, dann findet auf diejenigen, die von Suizid bedroht sind oder sich in akuten schizophrenen Zuständen befinden, ein allgemeines Prinzip des internationalen Rechts Anwendung, das Prinzip der Unvermeidlichkeit. Man muß vorsichtig sein, bis ein Richter erreichbar ist (in Italien rufen wir nicht die Polizei). Ist kein Richter verfügbar, dann muß darauf achtgegeben werden, ob der Patient etwas dringend benötigt. Das ist die Pflicht des Arztes. Wir hatten Auseinandersetzungen mit einigen Richtern, weil sie das Gesetz restriktiv auslegten und nur widerwillig die Erlaubnis erteilten. Allerdings hüteten sich auch einige Psychiater davor, eine Notfalltherapie anzuordnen. Aber den Augenblick des Notfalles und die notwendige Zeit kann man nicht verstreichen lassen: der Patient bedarf der Hilfe. Was über die sogenannte Zwangsbehandlung gesagt wurde, ist korrekt. In meinem Land stellt sich die Sache anders dar als in der Bundesrepublik und meines Wissens auch in den Vereinigten Staaten, weil es dort je nach Bundesstaat eine andere Gesetzgebung gibt. In einigen Staaten beträgt die Frist 72 Stunden, in anderen nur 36 oder 24 Stunden. In Italien beträgt sie sieben Tage nach Erteilung der Einwilligung durch einen Richter. Danach müssen wir Ärzte den Fall an ihn zurückverweisen.

TAYLOR:
In dieser Sitzung wurde die Rolle betont, die systematische epidemiologische Untersuchungen bei der Identifizierung ätiologischer Faktoren der Depression sowie bei Alkohol- und Drogenabhängigkeit beziehungsweise Sucht spielen. Die Datenbasis, die von epidemiologischen Längsschnittuntersuchungen und von Längs-

schnittkohortenstudien geliefert wird, hat sich als wesentlich nicht nur für die Darstellung der Naturgeschichte und des Verlaufs von Krankheiten erwiesen, sondern auch für Informationen über spontane Remissionen, über die Resultate der Behandlung und über die Sterblichkeitsziffer. Die Löschung solcher Datenbanken, wie sie gegenwärtig beispielsweise in Schweden droht, würde sich als ein unwiederbringlicher Verlust erweisen und als ein irreparabler Rückschlag in diesem entscheidenden Bereich der öffentlichen Gesundheit.

In der Diskussion kam es bei einigen der ethischen Fragen, die sich bei der Fortführung epidemiologischer Studien über psychiatrische Störungen ergeben, zu folgenden Empfehlungen:

1. Bei Prävention und Therapie der Depression müssen sowohl organische wie auch psychosoziale Risikofaktoren evaluiert werden.
2. Allgemein anerkannt ist, daß für eine vollständige Datenbasis eine Abschätzung des Auftretens und des Risikos der Depression erforderlich ist, was nicht nur durch Krankenhäuser, Psychiater und andere medizinische Dienste geschehen sollte, sondern auch innerhalb der Gesamtbevölkerung. Allerdings sind die Wirkungen, die epidemiologische Untersuchungen der Gesamtbevölkerung auf einen normalen Menschen ausüben können, nicht bekannt und sollten systematisch evaluiert werden.
3. Die Fähigkeit, zwischen normalem menschlichen Leid und Depression zu unterscheiden, muß verbessert werden, einmal, um eine Eskalation beim Gebrauch psychiatrischer Medikamente zu verhindern, aber auch, um Versäumnisse bei der Behandlung von Patienten, die der Therapie bedürfen, zu vermeiden.
4. Transkulturelle Untersuchungen sind grundlegend. Zu diesem Zweck müssen Forschungsinstrumente entwickelt werden, die in Betracht ziehen, daß sich die Symptome in verschiedenen Kulturen unterschiedlich ausprägen.
5. Erforscht werden sollte, daß der wachsende Mißbrauch von Alkohol und anderen Substanzen möglicherweise in Beziehung steht zu sozial bedingten Depressionen.

Typische (*major*) depressive Episoden sowie Mißbrauch und Abhängigkeit bei Alkohol, Drogen und Medikamenten gehören zu den vier häufigsten psychiatrischen Störungen. Wie die Diskussionsteilnehmer nachweisen, besteht bei einer signifikanten Zahl von Menschen das Risiko einer milden bis schweren psychiatrischen Störung. Die systematischen Längsschnittuntersuchungen, etwa das U.S. National Institute of Health Epidemiological Catchment Area Program (*Arch. Gen. Psychiatry*, Bd. 41, Nr. 10, S. 931–1012, 1984), versetzen die Politiker nun in die Lage zu wissen, worauf sie ihre Aufmerksamkeit richten müssen. Solche Datenbanken sind grundlegend für wohlinformierte Überlegungen über die Bedürfnisse der öffentlichen Gesundheitsfürsorge, die Finanzierung des Gesundheitswesens oder über Bedürfnisse bei der Ausbildung oder bei den verfügbaren Arbeitskräften. Um die Worte von Daniel X. Freedman in seinem pädagogischen Begleitschreiben zu dem ECA-Bericht (a.a.O., S. 931–933) zu paraphrasieren: die Politiker müssen einsehen, daß zuverlässige epidemiologische Daten auf kontinuierlichen Forschungsanstrengungen beruhen (und diese weiterhin erfordern), Anstrengungen, die sich auf alle Aspekte der psychiatrischen Störungen erstrecken, von deren Biologie bis hin zu deren Soziologie.

Sitzung VIII

Paolo M. Fasella

Einleitung

Bei der Einleitung in das Thema will ich versuchen, die ethischen Aspekte aller angeschnittenen Fragen zu betonen. Im Bereich der Psychopharmaka lassen sich mehrere Klassen ethisch relevanter Probleme unterscheiden, von denen viele nicht nur Individuen oder Philosophen betreffen, sondern auch die öffentliche Meinung und Institutionen, die Entscheidungen zu fällen haben. Die praktischen Folgen ethischer Entscheidungen können in der Tat sehr ernst und weitreichend sein.

Probleme entstehen auf drei Ebenen:

1. bei der Grundlagenforschung über Psychopharmaka;
2. bei der Entwicklung, Prüfung und Zulassung neuer Medikamente; und
3. bei der Verwendung von Psychopharmaka, insbesondere in Zusammenhängen jenseits des klassischen Anwendungsbereichs von Medikamenten, beispielsweise beim „moralischen" Gebrauch von Psychopharmaka oder beim Einsatz von Psychopharmaka durch die rechtsprechende Gewalt, die Polizei oder das Militär.

Auf der Ebene der Grundlagenforschung haben wegen der Einzigartigkeit des menschlichen Zentralnervensystems psychopharmakologische Experimente an niederen Tieren eine geringere Aussagekraft für den Menschen als das in anderen Zweigen der Pharmakologie der Fall ist. Dadurch entsteht das ethische Problem der Experimente mit Psychopharmaka an Gesunden oder an Patienten, bei denen das Ziel *nicht* die Therapie ist, sondern der Wissensfortschritt. Wie aussagekräftig und in welchem Grade zu rechtfertigen sind Experimente an Primaten, die als Modell „in der Nähe des Menschen" fungieren?

Klinische Experimente mit neuen Medikamenten oder Therapiesystemen (einschließlich physischer) schaffen ebenfalls moralische Probleme, die auf den Geisteszustand bestimmter Patienten bezogen sind. Welchen Wert hat die „Einwilligung" von Geistesgestörten? Ein weiteres Problem stellt sich durch den außerordentlich weitverbreiteten Gebrauch einiger Psychopharmaka. Später werden wir uns mit den sozioethischen Folgen dieses Phänomens befassen. Vom Standpunkt der Zulassung eines Medikaments, das jedes Jahr regelmäßig von Hunderten von Millionen Menschen eingenommen wird, fragt man sich, welche Aussagekraft ein klinischer Test hat, der einige Monate lang an einigen hundert Menschen durchgeführt wurde. Seltene schädliche Wirkungen bleiben in einer kleinen Stichprobe vielleicht unentdeckt, können aber verheerend sein, wenn ein Medikament in der gesamten Bevölkerung verbreitet ist. Dann stellt sich die Frage, wie moralisch es ist, die Verbreitung von Medikamenten auf der Grundlage begrenzter Tests zu erlauben.

Sollte man auf einer allmählichen Zulassung auf dem Markt bestehen? Oder sollte man die Ärzte bitten, systematisch über die Wirkungen des neuen Medikaments zu berichten, um allmählich Kriterien seiner Bewertung aufzustellen?

Damit sind wir bereits bei den sozialen Aspekten angelangt. Der Konsum einiger Psychopharmaka ist so weit verbreitet, daß er ein makroskopisches soziales Phänomen geworden ist. Wenn 55 Millionen Amerikaner jedes Jahr Benzodiazepine in der Größenordnung von einigen Tausend Tonnen einnehmen oder wenigstens kaufen, fragt man sich, welche Motivation sie haben und welche Folgen aus diesem Phänomen entstehen. Ist dieser hohe Verbrauch das Ergebnis der Attraktivität des Marktes? Und wenn das der Fall wäre, welche sozialen Bedingungen treiben solche Menschenmassen hin zu den Psychopharmaka? Oder gibt es massive Werbestrategien für diese Produkte? Wäre dies der Fall, hätten diese Strategien nicht gefährliche Grenzen erreicht, indem sie einen künstlichen Bedarf erzeugen? Wo liegt das Gleichgewicht? Sind Medikamente wirklich das beste Mittel, um die offenkundigen Gefühle des Unbehagens zu behandeln, die die meisten Menschen haben? Ist der gegenwärtige „chemische" Zugang zum Seelenfrieden ein moralisch korrekter Weg, oder sollten wir Anstrengungen unternehmen, um andere Lösungen für etwas zu finden, das seinem Wesen nach sehr wohl ein soziales Problem sein könnte?

Am Ende sollten wir den nichtmedizinischen Einsatz von Psychopharmaka erwähnen. Dürfen oder sollten Polizei oder Justiz Gebrauch von Psychopharmaka machen und innerhalb welcher Grenzen? Gibt es eine legitime nichtmedizinische Anwendung dieser Medikamente in der Rechtspflege, bei der Verbrechensverhütung oder bei der „Verteidigung des Vaterlands"? Das Problem ist sicher ganz real, und in einigen Gesellschaften werden solche Anwendungen im Namen des höheren Interesses der „Gemeinschaft" in ihrer Gesamtheit gerechtfertigt, wer auch immer diese Gemeinschaft ist.

Ich möchte hier innehalten und das Feld Dr. Oliverio überlassen, der mit der Autorität eines angesehenen Forschers auf dem Gebiet der experimentellen Psychopharmakologie in die Thematik einführen wird.

Alberto Oliverio

Klinische Psychopharmakologie: Forschung und Entwicklung

Dieses Jahrhundert war Zeuge eines rapiden Anwachsens der Zahl synthetischer psychoaktiver Medikamente mit tiefgreifenden Wirkungen auf das Verhalten und die Emotionen. Unter diesen Substanzen waren die am weitesten verbreiteten die Barbiturate und ihre Nachfolger, die Benzodiazepine. Jedoch wurden auch neue Substanzgruppen in die klinische Praxis eingeführt, und in den industrialisierten Ländern werden derzeit Tausende Tonnen psychotroper Wirkstoffe verbraucht. Es genügt zu sagen, daß zu Beginn der achtziger Jahre von 55 Millionen Amerikanern allein etwa 10000 Tonnen Benzodiazepine verbraucht wurden. Die Entwicklung neuer psychotroper Wirkstoffe, die Entdeckung einer ganzen Anzahl natürlicher Peptide, die auf emotionale Reaktionen bei Tier und Mensch eine Wirkung ausüben, sowie die Untersuchungen und Errungenschaften auf dem Gebiet der verschiedenen Typen von Verhaltensstörungen legen die Annahme nahe, daß in den nächsten Jahren die Verwendung von Tranquilizern, Neuroleptika und Antidepressiva wachsen wird. Diese Tatsache wirft eine Reihe ethischer und sozialer Fragen auf, die sich auf den akuten oder chronischen Gebrauch einiger bereits eingeführter sowie einiger neuer Medikamente beziehen.

In meinem Vortrag werde ich mich auf einige entscheidende Punkte bei den drei wichtigsten Gruppen von Medikamenten konzentrieren: bei den Antidepressiva, den Benzodiazepinen und bei den Neuroleptika.

Antidepressiva

Geschichtliches

Die Menschen behandeln sich seit Jahrhunderten mit psychoaktiven Wirkstoffen, die aus natürlichen Substanzen wie Kräutern oder alkoholischen Getränken gewonnen werden und die für eine vorübergehende und euphorisierende Entlastung von melancholischen Gedanken sorgen. Präparate wie Marihuana, Kokain, Alkohol, Morphium oder einige Halluzinogene wurden in der Vergangenheit und bis in die Gegenwart verwendet.

Die erste Klasse von Substanzen, die in den fünfziger Jahren in die klinische Praxis Eingang fanden, waren die sogenannten Monoaminoxydase-Inhibitoren (MAOI). Diese Medikamente, die in die Klinik zunächst zur Behandlung der Tuberkulose eingeführt wurden, hatten bei einigen Patienten, wie man herausfand, einen deutlich stimulierenden Effekt. Nachdem die MAO-Inhibitoren eingeführt worden waren, konnte Kuhn 1957 zeigen, daß trizyklische Antidepressiva, die zur Familie der Imipramine gehören, bei der Therapie vieler Formen der Depression wirksam sind. Schließlich wurde während der siebziger Jahre eine „zweite Generation" von Antidepressiva entwickelt, Medikamente, die weniger ausgeprägte kardiovaskuläre und anticholinerge Nebenwirkungen haben als die trizyklischen Antidepressiva.

Depression

Depression ist die am häufigsten von Psychiatern diagnostizierte geistige Erkrankung. Es ist nicht einfach, die tatsächliche Verbreitung depressiver Erkrankungen abzuschätzen, und die Kriterien zur Bewertung der Symptome sind sehr subjektiv. Es gibt mehrere Methoden und Maßstäbe zur Messung der Epidemiologie der Depression. Das amerikanische „National Institute of Health" schätzte, daß Mitte der siebziger Jahre etwa 15 Prozent der Erwachsenen in den Vereinigten Staaten innerhalb eines Jahres unter einer *schweren* depressiven Störung litten. 1975 wurden etwa 400 000 Amerikaner wegen Depressionen behandelt und etwa 25 000 Suizide wurden akuten depressiven Zuständen zugeschrieben. Es muß daran erinnert werden, daß Depressionen an zehnter Stelle unter den Krankheiten stehen, die zum Tode führen. In Großbritannien widmen Allgemeinpraktiker annähernd 5 Prozent ihrer Arbeitszeit der Behandlung von Depressionen und der nationale Gesundheitsdienst wendet dafür 2 Prozent seines Budgets auf.

Häufiger als Männer leiden Frauen unter Depressionen; das Verhältnis beträgt fast zwei zu eins und variiert stark je nach Alter des Patienten sowie Typ der Depression. Schließlich kann man einen Indikator für die Verbreitung der Depressionen aus dem Arzneimittelmarkt ableiten, auch wenn dieser Indikator sehr grob ist: 1980 wurden auf dem Markt für Antidepressiva etwa 600 Millionen Dollar umgesetzt, verglichen mit rund 800 Millionen Dollar für Anxiolytika und 350 Millionen Dollar für Neuroleptika.

Vom klinischen Standpunkt aus werden die Geisteskrankheiten in zwei Gruppen, die Neurosen und die Psychosen, eingeteilt. Die Neurosen sind von Angstzuständen begleitet und werden mit angstlindernden Wirkstoffen wie Benzodiazepinen behandelt. Die Psychosen umfassen die Schizophrenien, die Manien und die Depressionen. Allerdings ist die Klassifikation schwierig, und es werden sowohl Depressionen vom neurotischen wie vom psychotischen Typ diagnostiziert.

Neurotische Depressionen treten in Gestalt von Angst auf, verbunden mit einer Anzahl somatischer und Verhaltensstörungen (wie in den F.D.A. Richtlinien für Psychopharmaka von 1980 dargelegt). Die selteneren psychotischen Depressionen können weiter in reaktive (sekundäre) und endogene (primäre) Depressionen eingeteilt werden, wobei die primären Depressionen etwa 30 Prozent aller behandelten Fälle ausmachen. Akistal und McKinney untersuchten 1975 die verschiedenen verursachenden Faktoren bei der Entwicklung der Depression, die von genetischen Faktoren über Umwelteinflüsse bis hin zu toxischen Einflüssen reichen. Diese Ätiologien liegen in drei Hauptbereichen:

1. biochemische Veränderungen bei der Menge der Amine und/oder in deren Stoffwechsel im zentralen oder peripheren Nervensystem;
2. Veränderungen im elektrolytischen Verhältnis von Na^{+}/K^{+} und Veränderungen an der stimulierten ATPase;
3. Veränderungen der endokrinen Funktionen.

Antidepressiva

Es gibt fünf Hauptgruppen von Medikamenten, die in der Allgemeinpraxis zur Behandlung von Depressionen verwendet werden. Die trizyklischen Antidepressiva dominieren in der Therapie, da sie in etwa 84 Prozent der akuten und etwa 53 Prozent der chronischen Fälle eingesetzt werden.

Betrachtet man die trizyklischen Antidepressiva, so gibt es unter ihnen wenigstens 20 bis 30, die zur Therapie von Depressionen geeignet sind. Amitriptylin und Imipramin sind die verbreitetsten Medikamente; sie werden allein oder in Kombination mit Anxiolytika verabreicht. Medikamente wie Amitriptylin oder Doxepin werden in der Therapie von Depressionen mit einer Angstkomponente verwendet, aber es muß eingeräumt werden, daß das Nachlassen der Angst möglicherweise den sedierenden Wirkungen dieser Medikamente zugeschrieben werden muß, eine Tatsache, die bezüglich unserer Methoden bei der „Therapie" der Angst zahlreiche Konsequenzen hat.

In den letzten Jahren kreiste eine Reihe von Studien um die Wirkungsmechanismen dieser Medikamente und um Tiermodelle der Depression. Übereinstimmung wurde darüber erzielt, daß trizyklische Antidepressiva die zerebralen Effekte von Noradrenalin (NA) und Serotonin (5-HT) verstärken, indem sie die Aufnahme dieser Amine in die zentralen Neuronen inhibieren. Ein Ungleichgewicht dieser Amine und auch anderer Neurotransmitter wird als eine der wesentlichen Änderungen angesehen, die auf eine reaktive Depression folgen beziehungsweise eine endogene Depression verursachen. Diese Medikamente sind durch größere anticholinerge und kardiovaskuläre Nebenwirkungen gekennzeichnet sowie durch eine möglicherweise fatale Überdosierung, da ihre antidepressive Wirkung erst zwei Wochen nach einer mehrfachen täglichen Verabreichung auftritt. Diese sekundären Wirkungen sollte man im Kopf behalten, aber sie begrenzen nicht die therapeutische Bedeutung der trizyklischen Antidepressiva, da Suizid bei Depressiven ein schweres Risiko darstellt.

Während die MAO-Inhibitoren heute weniger verwendet werden, weil das Risiko von Hypertensionskrisen besteht und die Trizyklika zuverlässiger sind, wurde eine zweite Generation antidepressiver Substanzen in die klinische Praxis eingeführt. Die wichtigsten Medikamente dieser Familie sind Nomifensin, Mianserin und Trazodon. Diese neuen Antidepressiva sind im allgemeinen durch eine geringere Häufigkeit von Nebenwirkungen (wie kardiovaskuläre und anticholinerge Effekte) gekennzeichnet sowie durch eine verstärkte angstmindernde Komponente. Eine große Zahl dieser Antidepressiva befindet sich in der Entwicklung. Einen Eindruck von den raschen Fortschritten auf diesem Gebiet vermittelt eine Statistik von 1981: 7 neue Produkte wurden auf dem Markt eingeführt, 28 waren in den Phasen I bis III der klinischen Erprobung und 46 befanden sich im Stadium der Laborforschung. Im

Vergleich zu den klassischen Antidepressiva werden viele dieser Medikamente vermutlich besser von älteren Menschen und von solchen Patienten vertragen, die Herzkrankheiten hinter sich haben. Aber es gibt keine Anzeichen dafür, daß ihre angstlindernde Komponente hinführt auf ein Antidepressivum mit einem breiteren Wirkungsspektrum.

Gegenwärtige Trends bei den antidepressiven Substanzen

Noch vor einigen Jahren hoffte man, mittels eines zuverlässigen biochemischen Modells durch die Aktivität der biogenen Amine zu einem vereinheitlichten Konzept der Depression zu kommen. Doch der gegenwärtige Kenntnisstand legt eine komplexere Vorstellung nahe. Viele Probleme bestehen bei der direkten Korrelation zwischen den Katecholaminen und der Depression. Erstens, eine einzige Dosis Antidepressiva führt zu einer Aufnahmeblockade von NA und 5-HT, aber die Verhaltenseffekte treten nicht eher auf, als bis wenigstens einige Wochen lang mehrfach täglich Injektionen gemacht wurden. Zweitens, Antidepressiva wie Mianserin haben eine schwache inhibitorische Wirkung auf die Aufnahme von NA und 5-HT, während andere nicht antidepressiv wirkende Substanzen, etwa Kokain, sehr potente Inhibitoren sind.

Weitere neurochemische Modelle der Depression wurden vorgeschlagen, etwa das Modell der Überempfindlichkeit der adrenergen präsynaptischen Alpha-2-Rezeptoren des Gehirns oder der Betarezeptoren. Viele Therapien gegen die Depression führen zu einer Unterempfindlichkeit auf diesen synaptischen Ebenen sowie zu einer Verminderung der Zahl der Bindungsstellen für 5-HT mit hoher Affinität im Hypothalamus und im frontalen Kortex, wie Fuxe und Mitarbeiter 1979 zeigen konnten. Deshalb wurde die Vermutung geäußert, antidepressive Substanzen könnten eine Methode der Anpassung an Streß darstellen, bei der das die Empfindlichkeit für Streß herabsetzende Geschehen durch antidepressive Substanzen an den NA und 5-HT Rezeptoren nachgeahmt wird.

Im Anschluß an eine Anzahl von Untersuchungen über die Rolle von Neuropeptiden bei der Depression wurde angenommen, daß das Fehlen zirkadianer Variationen beim Kortisolspiegel im Blut einen wichtigen Indikator für Depression darstellen könnte. Bei depressiven Patienten verändert sich der Kortisolspiegel nicht durch die von Dexamethason bewirkte Hemmung der Hypothalamus-Hypophyse-adrenokortikalen Achse. Nach einer Gabe von Dexamethason gelten Kortisolspiegel von mehr als 0,05 µg/ml als ein zuverlässiger Indikator für eine endogene Depression.

Fortschritte bei der Entwicklung von Tiermodellen der Depression wurden schließlich durch das Modell der „erlernten Hilflosigkeit" erreicht, das Seligman und Maier 1967 vorschlugen. Dieser Typ der Depression, der sensitiv für Imipramin ist und bei dem Veränderungen im zerebralen 5-HT entdeckt wurden, kann als eines der möglichen Modelle für die menschliche Verhaltensdepression angesehen werden, wie sie aus Stressoren entsteht, die in einer komplexen, hierarchischen Gesellschaft auftreten.

Benzodiazepine und Barbiturate

Geschichtliches

Vor der Einführung der Benzodiazepine (BDZ) wurden die Barbiturate als angstlindernde und als beruhigend-hypnotische Substanzen eingesetzt. Seither haben die Benzodiazepine die Barbiturate in den Schatten gestellt, deren Verwendung heute meist auf die Behandlung bestimmter Epilepsien und auf den Einsatz als intravenöse Anästhetika begrenzt ist. Die Entdeckung der Benzodiazepine durch Randall (1983) in den späten fünfziger Jahren stand im Zusammenhang mit den „zähmenden" Effekten, die sie auf das Verhalten von Labortieren ausübten. Diese Medikamente kamen in den frühen sechziger Jahren in den Handel, zunächst mit der Einführung von Chlordiazepoxid (Librium) als angstlindernder Substanz. Auf das Librium folgte 1963 dessen sogar noch erfolgreicherer Stammverwandter, das Diazepam (Valium).

Die weitverbreitete Akzeptanz dieser Medikamente in der Öffentlichkeit sowie bei Ärzten und Psychiatern zeugt für das hohe Angst- und Streßniveau in der heutigen Gesellschaft, aber auch für ihre Überempfindlichkeit gegenüber diesen Bedingungen. Auf einer sehr allgemeinen Ebene kann die Verbreitung von Tranquilizern und von Psychopharmaka von verschiedensten Gesichtspunkten aus betrachtet werden. Beispielsweise können wir die Tendenz zur Medikalisierung einer ganzen Zahl sozialer Probleme betrachten oder den Druck, den die Pharmakonzerne ausüben. Ich möchte aber auch einen positiven Punkt herausstreichen, nämlich die Tatsache, daß in industrialisierten Wohlfahrtsgesellschaften die primären Bedürfnisse befriedigt sind und daß das psychische Wohlbefinden für eine Gesellschaft, die nicht mehr um Nahrung oder das Überleben kämpft, ein sekundäres Bedürfnis darstellt. Noch vor einem Jahrhundert führten die meisten Menschen ein hartes Leben und waren überwiegend eher mit Versuchen zur Befriedigung ihrer physischen als ihrer psychischen Bedürfnisse beschäftigt.

Aber wir müssen im Gedächtnis behalten, daß heute riesige Mengen von Psychopharmaka produziert und verkauft werden. Wie Lader (1978) und Tallman und Mitarbeiter (1980) zeigten, wurden 1977 allein in den Vereinigten Staaten etwa 7000 Tonnen Benzodiazepine von annähernd 51 Millionen Menschen gekauft, auch wenn wir keine Schätzungen über die wirklich verbrauchte Menge an Benzodiazepinen haben. Wie Lader (1978) nachwies, besteht in den westlichen Staaten eine deutliche Korrelation zwischen dem Grad an sozialem Streß, dem Niveau der Industrialisierung und dem Verbrauch von Benzodiazepinen. In den späten siebziger Jahren standen beim regelmäßigen täglichen Verbrauch von Benzodiazepinen für einen Monat oder länger Großbritannien, Dänemark, Holland und Belgien an der Spitze. Dort nahmen etwa 8 Prozent der erwachsenen Bevölkerung Tranquilizer, in Frankreich etwa 7 Prozent, 6 Prozent in der Bundesrepublik, 5 Prozent in Schweden; Spanien mit 4 und Italien mit 3,5 Prozent lagen am unteren Ende der Skala. Die Raten bei den Frauen waren beinahe doppelt so hoch wie bei den Männern. Eine kürzlich durchgeführte Erhebung über die Verschreibung von Medikamenten in der Allgemeinpraxis zeigt, daß Diazepam das am häufigsten verschriebene Medikament überhaupt ist und rund 4,5 Prozent aller Verschreibungen ausmacht.

Benzodiazepine

Der Einsatz von Benzodiazepinen dient in der Mehrzahl aller klinischen Anwendungen zur Bewältigung von Angst und Schlaflosigkeit. Diese Medikamente sind bei der Linderung von Ängsten emotionalen oder körperlichen Ursprungs weit wirksamer als Placebos. Bei der Behandlung von Ängsten, die mit endogener Depression oder Schizophrenie verbunden sind, erweisen sich diese Komponenten als unwirksam. Deshalb ist es von großer Bedeutung, die Art der Verhaltensstörung richtig zu diagnostizieren. Nach dem *Diagnostic and Statistical Manual of Mental Disorders* (DSM-III) ist die Gabe von Benzodiazepinen angezeigt bei generalisierter Angst, frei flottierender Angst, panischen Störungen, ängstlicher Stimmung und somatisierenden Störungen. Wie Lader (1978) jedoch hervorhob, tendieren die Allgemeinpraktiker dazu, diese Medikamente zu häufig und nach sehr kurzen Konsultationen zu verschreiben; bei einer von Lader durchgeführten Erhebung ergab sich, daß die Hälfte aller Konsultationen 6 bis 15 Minuten dauerte.

Wahrscheinlich geht dieser allgemeine Gebrauch von Benzodiazepinen zurück zugunsten einer Tendenz, sie gezielter und gewissenhafter zu verschreiben. Ein angemessener Einsatz dieser Medikamente ist sehr wichtig, weil ihre Wirksamkeit unbedingt im Anfangsstadium der Therapie abgeschätzt werden muß. Downing und Rickles (1982) zeigten, daß sich daraus, wie der Patient während der ersten Behandlungswoche auf die Benzodiazepine reagiert, eine Vorhersage über das Ergebnis der Therapie ableiten läßt. Die beiden Autoren wiesen nach, daß 90 Prozent der Patienten, die während der ersten Woche von einer klaren Besserung berichteten, am Ende einer sechswöchigen Periode auch deutlich gesünder geworden waren. In dieser Untersuchung wurde außerdem nachgewiesen, daß mehr als 50 Prozent der Patienten, die nach sechs Wochen Behandlung Besserungen zeigen, keine Rückfälle erleiden, wenn ihnen Placebos verabreicht werden, eine Tatsache, die zeigt, daß eine zeitlich begrenzte Benzodiazepintherapie eine vernünftige Praxis ist. Im Gegensatz zu dieser Einsicht sind aber Langzeitbehandlungen noch weit verbreitet.

Unter dem Gesichtspunkt der Schlaflosigkeit sind geeignete Benzodiazepine wie Flurazepam, Temazepam, Nitrazepam und ähnliche Stoffe sehr wirksam bei der Erleichterung des Einschlafvorgangs. Aber diese Mittel verändern das Schlafmuster, indem sie die Dauer des orthodoxen Schlafes steigern und die REM-Schlafphasen verkürzen. Ihr abrupter Entzug führt manchmal zu einer wiederkehrenden Schlaflosigkeit; eine angemessene Auswahl und Verwendung dieser Mittel ist daher wünschenswert. Psychische und physische Abhängigkeit ebenso wie ernste Entzugserscheinungen bilden einen kritischen Aspekt bei Benzodiazepintherapie und -mißbrauch.

Forschungen im Bereich der Benzodiazepine führten jüngst zu einigen Fortschritten bei der Aufklärung ihrer Wirkungsmechanismen. Durch den Einsatz dieser Substanzen wurden GABAerge Mechanismen auf der Ebene des Gehirns untersucht und genau beschrieben. Es ist schwierig, die Fülle der dabei gemachten Entdeckungen zusammenzufassen. Zwei Meilensteine sollten aber erwähnt werden:

1. Die Entdeckung, daß Benzodiazepine selektiv auf der Ebene des limbischen Systems (Amygdala und Hippocampus) wirken, also des Systems, das hauptsächlich am emotionalen Geschehen beteiligt ist, und

2. der Nachweis durch Costa, Guidotti und Mao (1975), daß die GABAerge Synapse die primäre Stelle ist, an der auf der Ebene des Zentralnervensystems die Benzodiazepine wirken.

Gegenwärtig nimmt man an, daß die angstlindernden, krampflösenden, beruhigenden und die Muskeln entspannenden Wirkungen der Benzodiazepine durch den Benzodiazepin-(BDZ-)Rezeptor vermittelt werden, der ein Teil eines supramolekularen Komplexes ist, der aus dem GABA-Rezeptor und dem Chlorid-Ionenkanal besteht (Olsen 1982). Das Vorkommen eines spezifischen BDZ-Rezeptors legt die Existenz eines endogenen „Liganden“ nahe, in Analogie zu dem Verhältnis des Opiatrezeptors zu den Endorphinen. Neue Daten von Costa und seinen Kollegen zeigen, daß es natürliche Peptide gibt, die mit dem BDZ-Rezeptor interferieren können und dadurch Angst verursachen. Im Augenblick werden experimentelle Modelle untersucht, die auf Vermeidungsverhalten in Konfliktsituationen sowie auf BDZ und Diazepam bindenden inhibitorischen (DBI-)Peptiden beruhen. Dieser Ansatz scheint gegenwärtig unter der Perspektive der Erforschung von Physiologie und Psychopharmakologie der Emotionalität besonders attraktiv zu sein.

Gegenwärtige Trends

Angst, Schlaflosigkeit und Anfallsleiden (bei denen Barbiturate eingesetzt werden) gehören zu den wichtigsten Bereichen psychopharmakologischer und neurologischer Therapie. Wenn Benzodiazepine aber auch wirkungsvolle Medikamente sind, so sind sie doch wegen ihrer Selektivität, der Gewöhnung an sie und der Abhängigkeit von ihnen, wegen ihres Suchtpotentials sowie den bei ihnen auftretenden Entzugserscheinungen weit davon entfernt, ideale Medikamente zu sein. Daher werden gegenwärtig viele Substanzen getestet, etwa Quinolin-Derivate. Diese Substanzen sind Teilagonisten am BDZ-Rezeptor und sollten daher selektiver sein, das heißt, sie sollten angstlindernde Wirkungen ausüben, ohne sedierend oder krampflösend zu sein. Die Entwicklung solcher selektiver Substanzen wird bei einer systematischen Erforschung der Angst von entscheidender Bedeutung sein.

Neuroleptika

Geschichtliches

Die Geschichte der Phenothiazinderivate begann in den dreißiger Jahren, als Laborit und seine Kollegen (1952) herausfanden, daß Promethazin, ein Antihistaminikum, das von der Gruppe um Fourneau hergestellt wurde, auch eine stark sedierende Substanz ist. Die Synthese und Einführung von Chlorpromazin (CPZ) zur Behandlung schizophrener Erkrankungen durch Charpentier (1950) in den fünfziger Jahren kann als ein grundlegender Schritt bei der Therapie dieser schweren Verhaltensstörung angesehen werden.

Trotz vieler Kritik, trotz Mißbrauchs und Fehleinsatzes dieser Medikamentenfamilie begründeten die neuroleptischen Phenothiazine eine therapeutische Revolution, denn sie erlaubten die Kontrolle einer Anzahl von Symptomen, die es zuvor vielen Schizophrenen nicht möglich machten, außerhalb der Wände eines Krankenhauses zu leben.

Neuroleptika können in fünf Hauptklassen eingeteilt werden: Phenothiazinderivate, Butyrophenone (wie Haloperidol), Dyphenylbutylpiperidinderivate (wie Pimozid), Thioxanthinderivate (wie Thioxen oder Flupentixol), Piperazinyldibenzoxazepinderivate (wie Clozapin) und substituierte Benzamide (wie Metoclopramid oder Sulpirid).

Neuroleptika und die Dopaminfunktion im Gehirn

Unmittelbar nach ihrer Verabreichung blockieren Neuroleptika die Dopaminrezeptoren im Gehirn. Die antipsychotische Wirkung dieser Medikamente korreliert direkt mit ihrer Fähigkeit, mit den Dopaminrezeptoren des Gehirns in Wechselwirkung zu treten. Wie von Kebabian und Cole dargestellt (1981), besteht eine lineare Beziehung zwischen der Fähigkeit dieser Medikamente, Liganden wie Spiperon oder Haloperidol von ihren spezifischen Bindungsstellen in striatalen oder anderen dopaminergen Hirnstrukturen zu verdrängen, und der durchschnittlichen Dosis dieser Komponenten, wie sie zur Kontrolle der Schizophrenie verwendet wird (Bender und Cockfort 1977). Einigkeit besteht auch darüber, daß die Fähigkeit von Neuroleptika, eine antipsychotische Wirkung hervorzurufen, in Beziehung steht zu ihrer Fähigkeit, mit D-2-Rezeptorpopulationen zu interagieren. Es ist unmöglich, über all die komplexen Interaktionen, die zwischen Neuroleptika und dopaminergen Funktionen bestehen, einen Überblick zu geben. Aber eines der wichtigsten Ergebnisse dieser Entdeckungen ist die Dopaminhypothese der Schizophrenie. Diese Hypothese, die weit davon entfernt ist, die Komplexität aller schizophrenen Störungen zu erklären, postuliert eine übermäßige Produktion von Dopamin oder eine Überempfindlichkeit der D-2-Rezeptoren, vor allem auf der Ebene des mesolimbischen Systems, das eine zentrale Rolle bei der Modulation der Gefühle spielt, indem es den Fluß der Gefühle in Richtung auf den frontalen Kortex „filtert". Entdeckungen aus jüngster Zeit mit Hilfe bildgebender Verfahren wie der Kernspintomographie (NMR) und mittels autoradiographischer Techniken unterstützen diese Hypothese, indem sie zeigen, daß eine gewachsene Menge von Neuroleptika auf der Ebene des limbischen Systems bindet sowie eine gewachsene Zahl von D-2-Rezeptoren auf der Ebene des mesolimbischen Systems. Obwohl keine vollständige Einigkeit über diesen Punkt besteht, wie von Jenner und Marsden dargestellt (1985), ist die Dopaminhypothese der profundeste biologische Erklärungsansatz für psychotisches Verhalten.

Verschiedene tierexperimentelle Modelle wurden zu dem Zweck vorgeschlagen, die Wirkung von Neuroleptika sowohl auf spontane als auch auf von Dopaminagonisten induzierte motorische Phänomene zu testen. Das von Costall und Taylor (1974) vorgeschlagene Modell stellt einen originellen Test zum Nachweis der Aktivität von Neuroleptika dar. Tiere mit unilateraler 6-Hydroxidopamin-Läsion einer nigrostriatalen Bahn zeigen gegenläufige Rotationen bei direkt einwirkenden Dopaminagonisten wie Apomorphin und gleichsinnige Rotationen nach der Injektion von indirekt wirkenden Substanzen wie Amphetamin. Das Kreisen ist eine Komponente der Körperhaltung, die im Striatum entsteht, während die lokomotorische Dynamik dem Nucleus accumbens entspringt. Die Gabe von Neuroleptika inhibiert sowohl die gleich- wie die gegensinnige Rotation.

Gegenwärtige Trends

Wiederholte Gaben von Neuroleptika führen zur Gewöhnung. Ein kompensatorisches Anwachsen der Dopaminumwandlung tritt in allen Hirnregionen auf. Untersuchungen dieser Anpassungsphänomene werden weiterhin gemacht, vor allem deshalb, weil sie bei der Klärung jener Mechanismen helfen können, wie die Überempfindlichkeit des Dopaminrezeptors entsteht. Die Entstehung des Dystonen Syndroms ist eine der ungünstigsten Folgeerscheinungen nach chronischer Neuroleptikatherapie. Für diese unerwünschte und schwere extrapyramidale Nebenwirkung ist eine durch Neuroleptika bewirkte Überempfindlichkeit für Dopamin verantwortlich. Unglücklicherweise liefern gegenwärtig die meisten Prüftests für Neuroleptika (etwa die Hemmung von durch Apomorphin bewirkter Stereotypie oder Katalepsie) bessere Prognosen über deren extrapyramidale Nebenwirkungen als über ihre antipsychotische Wirkung. Neue Modelle von Verhaltensstörungen (etwa von Autismus oder Katatonie) werden jetzt an nichtmenschlichen Primaten entwickelt und erlauben hoffentlich eine bessere Prüfung der Wirkungen von Neuroleptika auf das Verhalten. Zugleich zeigen mehrere Tiermodelle, die ebenfalls auf verschiedenen genetischen Methoden beruhen, daß Wechselwirkungen zwischen Katecholaminen und Opioidpeptiden auf der Ebene des nigrostriatalen und des mesolimbischen Systems sowie des Hypothalamus eine zentrale Rolle bei der Entstehung von Fehlfunktionen des Verhaltens spielen könnten.

Um das Gesagte zusammenzufassen: die Psychopharmakologie ist ein relativ neues Gebiet, das sich rapide ausdehnt. Eine ganze Anzahl natürlicher und synthetischer Peptide wurden auf ihre Wirkungen auf das Verhalten und die Emotionalität hin überprüft. Möglicherweise wird es in naher Zukunft Medikamente mit selektiverer Wirkung geben. Zusätzlich dazu bildet der Einsatz psychoaktiver Substanzen eine Schlüsselmethode bei der Untersuchung neurobiologischer und psychobiologischer Mechanismen. Ihre Anwendung führt zu einer Reihe ethischer Probleme, die auf individueller wie auf der Ebene der Bevölkerung ziemlich neuartig sind. Diese Probleme werden in klinischen Begriffen diskutiert und, häufiger noch, in ethischen Begriffen. Während einige Philosophen und Experten für biomedizinische Ethik (vergleiche Glover 1984) sich der wichtigen ethischen Konsequenzen bewußt sind, die sich aus der Verbreitung von selektiver wirkenden psychotropen Substanzen ergeben, beachten Biologen und Psychopharmakologen dieses Problem weniger. Aber ihre Beteiligung an diesem Problem ist von entscheidender Bedeutung, da sie unmittelbar mit einem Forschungsbereich verflochten sind, der rasch wächst und der eine Reihe von sozialen und politischen Entscheidungen und Regelungen erfordert.

Literatur

Die folgenden Hinweise decken die Hauptthemen ab, die in diesem kurzen Übersichtsreferat behandelt sind.

Akistal HG, McKinney WT (1975) Arch Gen Psychiatry 32: 285
Blender DA, Cockfort PM (1977) Biochem Soc Trans 5: 155
Charpentier P (1950) U.S. Patent 2: 519, 886
Costa E, Guidotti A, Mao CC (1975) Adv Biochem Psychopharmacol 14: 113
Costall B, Taylor RJ (1974) Neuropharmacology 13: 353
Downing RW, Rickles K (1982) Psychopharm Bull 18: 37
FDA (1974) Guidelines for Psychotropic Drugs. Psychopharm Bull 19: 70
Fuxe K, Ogren SO, Agnati LP (1979) Neurosci Lett 13: 307
Glover J (1984) What sort of people should there be? Pelikan Books, London
Jenner P, Marsden D (1985) Drugs in central nervous system disorders. In: Horwell, DC (Hg) Antidepressants. Marcel Dekker, New York, S. 149
Kebabian JW, Cole TE (1981) Trends Pharmacol Sci 2: 69
Laborit H, Huguenard P, Alluaume R (1952) Press Med 60: 206
Lader M (1978) Neuroscience 165: 159
Olsen RW (1982) Ann Rev Pharmacol Toxicol 22: 245
Randall LO (1983) Discovery of benzodiazepines. In: Usdin E et al. (Hg): Pharmacology of benzodiazepines. McMillan, London
Tallman JF, Paul SM, Skolnick P, Gallagher DW (1980) Science 207: 27
Seligman MEP, Maier SF (1967) Exp Psychol 74: 1

Diskussion

PATZIG:

Ich vermute, daß jeder, dem der Sachverhalt noch nicht bekannt war, sehr beeindruckt ist von den 10000 Tonnen Benzodiazepinen, die von 55 Millionen Menschen in den Vereinigten Staaten verbraucht werden. Wenn meine Überschlagsrechnung stimmt, dann wären das durchschnittlich 200 Gramm pro Person und Jahr – ist das nicht ein überraschend hoher Verbrauch?

OLIVERIO:

Diese Zahlen wurden von der Weltgesundheitsorganisation untermauert. Sie geben nicht notwendig den tatsächlichen Verbrauch an, sondern beziehen sich auf die verschriebenen und verkauften Mengen. Wir wissen nicht, welcher Gebrauch von den Medikamenten gemacht wird, nachdem sie erworben wurden.

PATZIG:

Das wäre beinahe ein Gramm pro Tag, was meines Wissens eine gefährliche Überdosis ist.

OLIVERIO:

Diese Mengen wurden wahrscheinlich nicht verbraucht, jedoch tatsächlich verkauft.

FASELLA:

Man mag sich fragen, aufgrund welcher psychischen Mechanismen die Leute Medikamente kaufen, ohne sie zu verbrauchen. Auf jeden Fall bedeutet das für die pharmazeutische Industrie einen jährlichen Markt von über zwei Milliarden Dollar.

OLIVERIO:

Benzodiazepine stehen an vierter Stelle bei den meistverkauften Medikamenten.

GROS:

Lassen Sie mich eine Laienfrage stellen: Ist es nicht den von Ihnen erwähnten Beispielen der Verwendung von Psychopharmaka implizit, daß deren Wirkung auf der Ebene der neuronalen Zelle gänzlich reversibel ist? Ich würde Sie, Dr. Oliverio, gerne fragen, ob es irgendwelche Untersuchungen zu diesem Aspekt gibt. Weiß man – abgesehen von der These, die Wirkung der Psychopharmaka liege in erster Linie auf der Ebene der Rezeptoren – irgend etwas über ihre Wirkungen auf der Ebene der Gene oder der Proteine? Bis zu welchem Punkt ist die neuronale Zelle schnell und vollständig in der Lage, in ihren anfänglichen physiologischen Zustand zurückzukehren, sobald die medikamentöse Behandlung unterbrochen wird?

OLIVERIO:

Es gibt hier zwei kritische Punkte. Erstens der Gebrauch dieser Medikamente während der Schwangerschaft und ihre Wirkungen auf die Nachkommen; wir besitzen eine Reihe von klinischen und Laboruntersuchungen über die Langzeitwirkungen dieser Substanzen. Zweitens gibt es eine Anzahl von Mechanismen, die in dieser Beziehung kritisch sind und die die positiven Wirkungen begrenzen, so etwa die Entwicklung von Überempfindlichkeit in einigen Hirnregionen. Dies ist in der Tat ein entscheidender Punkt, und mit Blick auf die Psychochirurgie kann ich sagen, daß die Psychopharmaka zwar ein sichereres Werkzeug sind, daß aber auch sie nicht von ernsten Langzeitwirkungen ausgenommen sind.

Ein anderer Punkt. In Sitzung III diskutierten wir den genetischen Ansatz. Es besteht ein Interesse an der dopaminergen Funktion und an Modellen, die die Veränderung der dopaminergen Funktion bei Geisteskrankheiten darstellen. Eines dieser Modelle bedient sich Mechanismen des chronischen Stresses: das Tier wird – beispielsweise durch räumliche Einengung – chronisch gestreßt und dann wird nach dem Auftreten von Verhaltensstereotypien geschaut, zum Beispiel kreisende oder kletternde Bewegungen oder Miauen, von denen eine Reihe durch dopaminerge Agonisten wie Apomorphin hervorgerufen werden. Man kann bei einem Tierstamm hochgradig stereotypisiertes Verhalten finden, während ein anderer vollständig resistent dagegen ist, ein Verhalten, das man mit Hilfe dopaminerger Rezeptoren erklären kann.

DINSDALE:

Wir müssen einige Probleme erkennen, die sich bei der Evaluation der Entwicklung und Anwendung von Medikamenten in der Therapie von Geistesstörungen ergeben. Das erste Problem ist die umstrittene Relevanz vieler Tiermodelle für menschliche Krankheiten, besonders für degenerative Krankheiten des Nervensystems und Krankheiten, die das Verhalten und die Stimmungen beeinflussen. Zweitens besteht ein ernster Mangel an überzeugenden klinischen Versuchen zur Abschätzung der Wirkung von Medikamenten bei der Therapie affektiver und anderer psychiatrischer Störungen. Viele affektive Störungen bessern sich im Laufe der Zeit, und es ist fraglich, ob Medikamente diese Zeitspanne abkürzen oder nicht. Könnte einer der Anwesenden uns bezüglich der medikamentösen Behandlung und der Depression auf den neuesten Stand bringen?

PLOOG:

In Langzeituntersuchungen mit Patienten, die viele depressive Phasen von etwa gleicher Dauer durchgemacht haben und bei denen Antidepressiva zum ersten Mal eingesetzt werden, kann man eindeutig zeigen, daß die Medikamente wirken und daß keine spontane Erholung eintritt. Es gibt mehr als ein Beispiel, das ohne jeden Zweifel die Wirksamkeit von Medikamenten bei der Behandlung größerer depressiver Störungen zeigt.

OLIVERIO:

Gibt es da nicht einen kritischen Punkt – den Unterschied zwischen akuter und chronischer Depression und den Einsatz dieser Medikamente bei akuter Depression?

CAZZULLO:

Ein neues Institut – das Lawrence Kolb Institute for Neurotoxicology – besitzt eine große Sammlung von Gehirnen von Menschen, die während einer Therapie, besonders während einer Neuroleptikatherapie starben. Das Institut hat vor allem bei hohen Dosen von Chlorpromazin eine toxische Wirkung auf Menschen dokumentiert, nicht so sehr jedoch bei Haloperidol. Ich habe viele Jahre lang die Wirkung von

Chlorpromazin auf das zentrale Nervensystem untersucht. Es ist wahr, daß irreversible Wirkungen auftreten können, besonders dann, wenn das Medikament die Nuclei angreift. Man kann nicht beide Typen von Antidepressiva nacheinander einsetzen; man verwendet einen einzigen, aber nicht beide in Kombination. Das bringt mich auf einen anderen Punkt. Was über die sogenannte reaktive oder neurotische Depression gesagt wurde, ist korrekt. In Großbritannien dauert die Standardbehandlung drei Wochen, aber gewiß nicht bei den größeren Affektstörungen, weil es sich dabei – wie Dr. Ploog sagte – um periodisch wiederkehrende Krankheiten handelt. Da das Wiederauftreten nicht vorhergesagt werden kann, muß man sich nach jedem einzelnen Patienten richten.

HESS:

Manchmal hat man das Gefühl, daß bestimmte Leute diese Medikamente als eine Art geistiger Vitaminpille schlucken, genau wie ein Nahrungsmittel. Die Diskrepanz zwischen den Tonnen von Medikamenten, von denen wir gehört haben, und der Häufigkeit des Auftretens von wirklichen bipolaren Depressionen ist schlagend, denn es muß sehr viel mehr Leute geben, die diese Substanzen einnehmen oder sie verschrieben bekommen. Habe ich unrecht? Gibt es einen anderen Grund, aus dem diese Tonnenmengen konsumiert werden?

DOI:

Mein Beitrag bezieht sich auf Dr. Hess und auf das Statement von Dr. Oliverio über den hohen Konsum von Psychopharmaka in den vergangenen Jahren. Ich glaube, Dr. Oliverio, Sie trafen eine sehr optimistische Feststellung, als Sie bemerkten, diese Tatsache zeige vielleicht, daß heute – verglichen mit vergangenen Zeiten, als die Menschen unter Hunger oder nicht befriedigten Grundbedürfnissen litten – der Bewußtheitsgrad der Menschen sich gehoben hat und daß sie sorgsamer auf subtile psychische Bedürfnisse achten. Auch ich glaube, daß aus diesem Grund der Konsum an Psychopharmaka gestiegen ist, aber ihr hoher Verbrauch steht auch in Beziehung zu dem wachsenden Alkohol- und Drogenmißbrauch, über den Dr. Helgason vorgetragen hat. Dies ist ein Zeichen generellen Unbehagens in der Gegenwart und es hat sehr bedeutende ethische Implikationen. Wir sollten irgendwie Mittel und Wege finden, um die Öffentlichkeit vor dieser Gefahr zu warnen, die sich über die gesamte Welt ausbreitet, besonders über die Industriestaaten, aber sogar auch über die Entwicklungsländer.

HELGASON:

Wir müssen im Kopf behalten, daß eine Reihe dieser Krankheiten sich selbst begrenzen und daß die Betroffenen letzten Endes genesen, gleichgültig, ob etwas unternommen wird oder nicht. Das läßt sich auf viele andere Krankheiten anwenden, die Ärzte zu behandeln versuchen – unter anderem die Epilepsie. Die epileptischen Anfälle gehen vorüber, aber trotzdem versuchen wir ihr erneutes Auftreten durch den Einsatz von Medikamenten zu verhindern, genau in der Weise, in der wir versuchen, Anfälle von Angst, von Depression und Manie zu verhindern. In zahlreichen Untersuchungen konnte gezeigt werden, daß Medikamente wirkungsvoll das Leiden der Patienten lindern können, sowohl während einer Akutphase als auch bei der Verhinderung wiederkehrender Anfälle.

GLOWINSKI:
Im Vortrag von Dr. Helgason hat mich sehr stark die Zahl der Alkoholiker beeindruckt. Ich möchte die Kliniker fragen, welches Verhältnis zwischen einem erhöhten Alkoholkonsum und einem verminderten Konsum von Anxiolytika besteht.

HELGASON:
Dr. Oliverio hat uns über einige der Länder berichtet, die die Liste des Verbrauchs von Benzodiazepinen anführen, darunter Belgien, die Bundesrepublik und Großbritannien. Dabei handelt es sich um dieselben Länder, die auch den höchsten Alkoholkonsum aufweisen. Es gibt also keine Verschiebung vom Alkohol zu den Benzodiazepinen (wie wahrscheinlich der eine oder andere glaubt), sondern die Benzodiazepine werden auf die Spitzenwerte beim Alkoholkonsum noch daraufgesetzt.

ROY:
Die allgemeine Richtung meiner Bemerkung ist: Stehen wir möglicherweise vor einer Übermedikalisierung eines Problems, das im Grunde eigentlich sozialer Art ist? Meine Frage wurde durch die erste Bemerkung von Dr. Oliverio angeregt, der erwähnte, daß in den westlichen Ländern eine deutliche Korrelation zwischen dem Grad an sozialem Streß, dem Industrialisierungsgrad und dem Konsum von Benzodiazepinen besteht. Er erwähnte auch, daß die Ärzte dazu neigen, diese Medikamente nach sehr kurzen Konsultationen zu verschreiben. Ich frage mich, ob diese Verschreibungspraxis nicht ein Reflex der Resignation der Ärzte angesichts sehr schwieriger sozialer Probleme ist, und ob wir nicht einer von Ärzten verordneten Abhängigkeit als einem von der Profession abhängigen ethischen Problem in der Medizin gegenüberstehen. Meine zweite Bemerkung greift Dr. Dois Reflexion darüber auf, ob der wachsende Verbrauch auftritt, nachdem die grundlegenden Bedürfnisse befriedigt sind. Sollte das irgend stichhaltig sein, so hoffe ich, daß wir einigen dieser subtilen Bedürfnisse Aufmerksamkeit schenken und häufiger ein Verlangen beispielsweise nach Befriedigung des Dranges nach Wissen sehen können.

DIETZ:
Man könnte argumentieren, daß die Benzodiazepine, indem sie die Wahrnehmung von Angst herabsetzen, eine grundlegende adaptive Funktion unterdrücken und daß der Zweck der Angst darin besteht, unter widrigen sozialen Umständen Unzufriedenheit in Gärung zu versetzen. In dieser Sicht ist die Unterdrückung der Angst die Unterdrückung abweichender Meinungen. Solange solche Medikamente von einzelnen Ärzten einzelnen Patienten verschrieben werden, gibt es keine Verschwörung, die politische Besorgnis erregen könnte. Auf der Ebene ganzer Bevölkerungen jedoch könnte der massenhafte Verbrauch von Anxiolytika genau diese Wirkung haben. Deshalb führt dieser Konsum zu der Frage, ob wir größeren Wert entweder auf individuelle Zufriedenheit mit dem Leben im Hier und Jetzt legen oder auf den kulturellen Fortschritt auf Kosten gegenwärtigen Unbehagens bei einzelnen Individuen.

HELGASON:

Dr. Roy hat einen sehr wichtigen Punkt genannt. Auf die Frage der Medikalisierung sozialer Probleme kommen wir bei der Diskussion über den Einsatz beruhigend wirkender Medikamente immer wieder zurück. Wenn Ärzte solche Medikamente einsetzen, so tun sie dies, um persönliches Leid zu lindern und zu erleichtern, das vielleicht durch eine bestimmte Krankheit oder durch äußeren Streß hervorgerufen worden ist. Wir therapieren ein Individuum wegen individueller Beschwerden. Ob diese Beschwerden ein Ausdruck sozialer Probleme sind, ist eine andere schwierige Frage. Ich denke, daß sie oft gestellt wurde, um die Autorität der Ärzte über das Leben der Menschen in Frage zu stellen, was eine völlig legitime Frage ist. Weiter, was das Verhältnis zwischen Streß und Industrialisierung und dem Konsum von Benzodiazepinen in den stärker industrialisierten Ländern Europas betrifft, so gibt es beim Konsum dieser Medikamente ein geographisches Muster. Der Verbrauch sinkt, sobald man sich in Richtung Süden bewegt – etwa wenn man in Island im hohen Norden startet und nach Italien im Süden geht. In den siebziger Jahren war der Konsum von Benzodiazepinen in Island ebenso häufig wie in Mitteleuropa und ungefähr doppelt so hoch wie in Südeuropa, auch wenn man wahrscheinlich kaum vermuten würde, daß die Leute in Island ebenso durch die Industrialisierung gestreßt sind wie die Zentraleuropäer. Während der vergangenen Jahre sank der Verbrauch nicht nur von Benzodiazepinen sehr deutlich, sondern auch von Antidepressiva und Neuroleptika. Diskussionen in den Medien über den zu häufigen Gebrauch von Sedativen haben ziemlich häufig eine Wirkung auf die Verschreibungspraktiken von Allgemeinärzten, die einen Großteil der psychotropen Substanzen verordnen. Sie stellen nicht nur weniger Rezepte für Benzodiazepine aus, sondern auch für andere Psychopharmaka mit sehr legitimen medizinischen Indikationen, ein Vorgang, der oft zum Schaden der Patienten ist. Schließlich die durch den Arzt verursachte Abhängigkeit: ich glaube, daß Dr. Oliverio uns darüber etwas sagen kann.

OLIVERIO:

Ich kenne keine genauen Statistiken über Abhängigkeit und Entzug bei den Benzodiazepinen. Bei dem Punkt Medikalisierung glaube ich noch immer (auch wenn das sehr naiv und optimistisch scheinen mag, wie Dr. Doi wahrscheinlich annimmt), daß dieses Problem zwei Aspekte hat. Der eine ist die Medikalisierung der Gesellschaft und der andere betrifft den Gebrauch von Medikamenten im allgemeinen. Denn wir müssen auch in Betracht ziehen, daß wir zusätzlich zu den Psychopharmaka gegenwärtig viele andere Medikamente verwenden. Die psychischen Bedürfnisse und Probleme der Gesellschaft spiegeln sich nicht nur in einem gestiegenen Verbrauch von Psychopharmaka, sondern ebenso in einer wachsenden Zahl von Konsultationen bei Psychiatern, Psychologen usw. Ich glaube, daß man sich in der Industriegesellschaft des letzten Jahrhunderts nicht um die psychischen Bedürfnisse der Menschen, sondern nur um ihre Grundbedürfnisse gekümmert hat (man denke nur an das London des 19. Jahrhunderts, das eine Stadt war, in der es sich schrecklich lebte). Daher möchte ich behaupten, daß der Trend in Richtung auf eine wachsende Sorge um das psychische Wohlergehen auch eine positive Komponente enthält: Heute verschieben sich in den Wohlstandsgesellschaften die Gewichte von den primären zu den sekundären Bedürfnissen.

MINDERHOUD:
Im Augenblick neigen die Patienten subjektiv weniger zum Medikamentengebrauch, was mit den erwähnten sinkenden Verbrauchszahlen übereinstimmt. Die Frage ist nur: warum? Das hat etwas mit ethischen Aspekten zu tun. Nehmen wir beispielsweise einen Allgemeinpraktiker, der in zweiminütigen Konsultationen Medikamente verschreibt, eine Zeit, die gerade ausreicht, um das Rezept auszufüllen. Die geringere Neigung der Leute zum Medikamentengebrauch hat meiner Meinung nach mit der Tatsache zu tun, daß Medikamente oft an die Stelle der persönlichen Anteilnahme der Ärzte für ihre Patienten und deren Probleme treten.

MARSHALL:
Ich stimme mit Dr. Roy über die Medikalisierung der Gesellschaft nicht überein. Das gehört zu den großen Mythen der Gegenwart. Sie stammen – wie ich meine – von Sozialkritikern und Akademikern, die zur Kritik an den Praktikern tendieren. Die Praktiker sind diejenigen, die den Problemen ins Gesicht sehen, und was wir brauchen, ist der ethische Praktiker. Wenn ein Arzt zwei Minuten mit seinem Patienten verbringt, hilft er ihm immer noch, aber er untersucht ihn nicht, spricht nicht mit ihm und tut nicht die anderen Dinge, die ein Arzt tun sollte. Das ist das Problem der schlechten Praktiker und nicht das der Medikamente. Ein Arzt sollte imstande sein, die positiven und negativen Wirkungen eines Medikaments gegeneinander abzuwägen, und wenn er aus der Literatur erfährt, daß dessen negative Effekte überwiegen, sollte er es nicht mehr verschreiben. Schließlich zu dem Punkt von Dr. Dietz über eine Verschwörung zur Zerrüttung der Bevölkerung durch Medikamente: das ist – jedenfalls was mein Land betrifft und vermutlich auch andere Länder – ganz einfach falsch und unsinnig.

CAZZULLO:
Sie betonen das Konzept einer korrekten Medikalisierung, und ich möchte ergänzen, wie wichtig eine korrekte Information ist. Vor einigen Jahren zeigte eine epidemiologische Erhebung in den Vereinigten Staaten, daß ein Drittel aller Medikamente über den Ladentisch verkauft wurde und somit im allgemeinen ohne Verschreibung durch einen Arzt. Die Leute verordneten sich die Medikamente selbst. Die Ehefrauen neigten dazu, ihren Ehemännern Medikamente zu verschreiben – die Folgen kann man sich ausmalen.

WEBSTER:
Meine Frage an die anwesenden Fachleute lautet: Gibt es Daten über unterschiedliche Verschreibungsraten für Psychopharmaka versus andere Medikamente durch denselben Arzt? Und eine verwandte Frage: Gibt es innerhalb eines Landes regionale Unterschiede bei den Verschreibungsraten für diese beiden Klassen von Medikamenten? Mein Eindruck ist, daß innerhalb der Vereinigten Staaten die Einwohner der Neuenglandstaaten ziemlich stoisch sind und daß die Verschreibungsraten für alle Medikamente (einschließlich der Benzodiazepine) recht niedrig liegen. Im Einzugsbereich von Washington dagegen scheinen die Verschreibungsraten für alle Medikamente höher zu liegen und könnten bei den Benzodiazepinen signifikant größer sein.

DOI:

Ich rufe ins Gedächtnis zurück, was Dr. Roy über die Motivation der Ärzte zur Verschreibung von Psychopharmaka gesagt hat. Ich glaube, daß das Gefühl der Resignation keine korrekte Beschreibung ihrer Motivation ist. Meiner Meinung nach verschreiben viele Ärzte Psychopharmaka genau deshalb, weil sie ihre eigene Angst dämpfen müssen, wenn sie sich bei der Therapie sehr schwierigen Fällen gegenübersehen.

DINSDALE:

Wir haben bezüglich der Mengen von Medikamenten, die den Patienten in Arztpraxen verschrieben werden, riesige Zahlen gehört. Es gibt eine wichtige Untergruppe mit pathologischer Depression, die professionelle Fürsorge benötigt sowie den umsichtigen Einsatz von Medikamenten. Allerdings betrifft viel von dem, was in der Praxis des Hausarztes vorgeht, die Gruppe derer, die sich bei ihren Sorgen wohlfühlen. Läßt man diese Gruppe fort, dann könnte sich die Vorstellung, daß wir es mit einer weltweiten Seuche depressiver Erkrankungen zu tun haben, sehr wohl in einem beträchtlichen Grad verflüchtigen. Die Bewohner dieser Erde hatten während der gesamten Geschichte viele Anlässe, sich Sorgen zu machen. Daher bin ich mir nicht sicher, ob es so offenkundig und naheliegend ist, daß wir uns in einem neuen Zeitalter der Angst befinden.

BRENNER:

Ein wichtiger Punkt ist gegeben, wenn der Staat sowohl die sozialen Bedingungen schafft als auch die medizinische Versorgung bereitstellt. In England haben wir derzeit eine Krankheit namens Arbeitslosigkeit, und es gibt anekdotische Beweise dafür, daß diese Krankheit mit Psychopharmaka behandelt wird. Die Therapie für Arbeitslosigkeit heißt Arbeitsplätze und nicht Benzodiazepine. Ich denke, daß dies wirkliche Fragen für Ärzte aufwirft, die jetzt ebenso sehr zu Sozialtherapeuten werden wie sie die Krankheiten des Körpers behandeln. Dies ist einer der Gründe, weshalb ich Kosten-Nutzen-Analysen verabscheue, denn man könnte argumentieren, es sei billiger, jedem eine Pille zu geben als neue Arbeitsplätze zu schaffen.

ROY:

Ich hatte nicht die Absicht, mit meinem Beitrag die Ärzte zu kritisieren. Dr. Brenners Diskussionsbeitrag eben zielte in die Richtung meiner Bemerkung. Justice Marshall hat gesagt, Praktiker sähen den Problemen ins Auge. Das ist alles. Dr. Helgason betonte, Ärzte verschrieben Medikamente, weil sie menschliches Leiden lindern wollen. Das ist das Problem, das Ärzte sehen: das individuelle Leid. Meine Absicht ist nicht, die Autorität von Ärzten anzugreifen, sondern die Tatsache zu kritisieren, daß Ärzte dazu mißbraucht werden könnten, Agenten des Status quo zu sein – natürlich nicht durch eine bewußte Verschwörung, aber durch die besondere Lage, in der sie sich befinden. Mit anderen Worten, Konservative brauchen Ärzte, nicht für sich, sondern für diejenigen, deren negative Energie, würde sie auf andere Weise kanalisiert, zu produktiven Veränderungen führen könnte.

PLOOG:

Wir müssen eine wichtige Frage diskutieren: Wie können wir eine Beziehung herstellen zwischen dem Bedarf an weiterer Forschung zur Entwicklung neuer

Medikamente und den ethischen Schranken, die dieser Forschung gesetzt sind? Die Gesetzgebung verschiedener Länder wird es immer schwieriger machen, unter aussichtsreichen Bedingungen neuropsychiatrische und psychopharmakologische Forschung zu betreiben. Ich denke, mit unseren Standardformen der Therapie gibt es in keinem der hier vertretenen Länder Schwierigkeiten. Die übliche medikamentöse Therapie erfordert vielleicht nicht mehr viele zukünftige Forschungen. Die Probleme beginnen, sobald man etwas Neues in der Therapie erprobt; dann muß man sich an ein Ethikkomitee wenden, das dann, je nach den Zielen und Risiken, die der klinische Versuch enthält, entweder ja oder nein sagt. Ein anderer Problembereich ist die psychiatrische Forschung, die auch solche Experimente umfaßt, bei denen die Versuchsperson, die ihr Einverständnis erklärt hat, keinen persönlichen Vorteil aus dem Versuch zieht und nicht weiß, wie die Therapie sich letztlich bei ihr auswirken wird. In solchen Fällen werden ebenfalls Ethikkomitees benötigt. Meiner Meinung nach sind die beiden letztgenannten Typen der Forschung, der klinische Versuch und das Humanexperiment, absolut notwendig, um Fortschritte in der Psychopharmakologie zu machen. Wie denken Sie darüber?

Roy:

Die Frage von Dr. Ploog ist zentral. Sie ist vielleicht eine der entscheidensten Fragen, die heute gestellt werden. Eines der Hauptelemente dieser Frage ist das Problem der Einwilligung nach Aufklärung bei psychiatrischen Patienten, die als Versuchspersonen eingesetzt werden. Applebaum und Roth, zwei amerikanische Forscher, stellen fest: „Der Zugang zu Patienten hängt wesentlich davon ab, was man unter ‚Einwilligung‘ versteht.“ Das Modell der Einwilligung enthält vier Elemente und kann von einem bis zu allen vier von ihnen umfassen. Erstens: hat der Patient entweder verbal oder durch sein Verhalten ein „Ja-“ oder ein „Nein-“ Signal“ gegeben? Damit meine ich folgendes: wir hatten einen Patienten, der zwar „nein“ sagte, aber seinen Arm für die Injektion hinstreckte; das war ein doppeldeutiges Signal. Zweites Element: Ist der Patient in der Lage, die Bestandteile des Versuchs zu verstehen? Drittes Element: Ist der Patient fähig, diese Bestandteile miteinander zu verbinden, so daß er zu einem zusammenfassenden Urteil kommt? Und das vierte Element: Ist der Patient imstande, die Konsequenzen dieses Urteils zu bewerten? Je nachdem, welche der vier Elemente man in seine Anforderung an eine Einwilligung einschließt, wird man seinen Zugang zu psychiatrische Patienten entweder erweitern oder verengen.

Marshall:

Dr. Ploog hat eine große und weite Frage gestellt. Aber der Unterschied zwischen Therapie und Forschung ist sehr bedeutsam, und die Wissenschaftler und Ärzte sollten alles daran setzen, ihr therapeutisches Privileg zu wahren sowie ihr Recht, den Patient so zu behandeln, wie es ihnen am besten erscheint. Wenn sie das tun, fällt ein Gutteil der Forschung legitimerweise in den Bereich der Therapie. Wenn es aber dazu kommen sollte, daß jedesmal, wenn ein Arzt eine neue Therapie erproben will, um einem Patienten zu helfen, er vor ein Komitee treten muß (in Kanada ist das nicht der Fall), dann, denke ich, würde das die Flexibilität und die Aussicht auf medizinischen Fortschritt stark einschränken – was in der Tat eine traurige Sache wäre.

FASELLA:

Wenn wir zu den drei Kategorien von Dr. Ploog zurückgehen, so versteht sich meiner Meinung nach die erste von selbst. Die zweite Kategorie im Schema von Dr. Ploog würde die Einbeziehung eines Ethikkomitees einschließen, um sicherzustellen, daß die Einwilligung des Patienten in irgendeiner Weise in die Überlegungen einbezogen worden ist. Das ist der Punkt, an dem Sie, Justice Marshall, entsprechend der kanadischen Praxis nicht einverstanden sind, während Sie die Möglichkeit oder Notwendigkeit akzeptieren würden, vor ein Ethikkomitee zu gehen, bevor ein Experiment ausgeführt wird, das nur dem Zweck des Wissenserweiterung dient, das heißt, wenn es nur darum geht, mehr über die Anwendung eines Medikamentes zu erfahren, ohne daß sich ein offensichtlicher Nutzen für den Menschen ergibt, der sich freiwillig dem Experiment unterwirft. In Kanada durchläuft man also ein Ethikkomitee nur bei Typ drei nach Ploog, nicht jedoch bei Typ zwei, weil Sie der Ansicht sind, daß dies eine Einschränkung oder ein Zwang für die Verantwortung und die Autorität des einzelnen Arztes wäre. Ist das korrekt?

MARSHALL:

Falls es sich um ein Experiment handelt, wird man niemals etwas ohne die Einwilligung des Patienten oder richtiger: der Versuchsperson unternehmen. Ich vermute, daß viel gute Forschung zur Erweiterung des Wissens von Praktikern unter der Rubrik der Therapie durchgeführt wird. Es ist wichtig, daß die Ärzte diese Kategorie so breit wie möglich halten und nicht alles zuerst einem Komitee unterbreiten.

ROY:

Ich möchte eine Unterscheidung einführen, die in Dr. Ploogs Frage impliziert war und die sich mit Justice Marshalls Anliegen berührt. Ethisch gesehen besteht ein signifikanter Unterschied zwischen einem Versuch bei einem Eingriff und einem Versuch zur Erklärung von etwas (eine Unterscheidung, die Alan Feinstein aus Yale entwickelt hat). Ein Versuch bei einem Eingriff deckt sich weitgehend mit den Zielen bei der direkten Therapie: Man versucht den besten Weg zu finden, um einen Patienten zu behandeln, man weiß nicht, wie das geschehen soll und probiert deshalb im Rahmen eines Heilversuchs Verschiedenes aus. Ein erklärender Versuch ist das grundlegende Bemühen, die Kinetik, den Wirkungsmechanismus usw. einer verwendeten Substanz zu entdecken. Justice Marshall will den Ärzten einen weiten Ermessensspielraum lassen. Ich glaube, daß dies wichtig ist, würde aber zögern, das meiste davon Forschung zu nennen, es sei denn, dieser weite Ermessensspielraum bei der Anwendung von Substanzen ist irgendwie eingebunden in einen systematisierten Ansatz zur Gewinnung verallgemeinerbaren Wissens. Das ist das Ziel: Gewinnung von zuverlässigem, generalisierbarem Wissen. Um dorthin zu kommen, sollten wir die Erlaubnis haben, innerhalb des Rahmens von bei Eingriffen vorgenommenen Versuchen an psychiatrischen Patienten zu forschen. Andernfalls werden wir keine Fortschritte erzielen und werden unter dem Deckmantel der Ethik psychiatrische Patienten einer minderwertigen Medizin überlassen.

FASELLA:

Hier gibt es eine Frage, die bedeutende praktische Folgen haben könnte. Wie ist Ihre Meinung zu der Möglichkeit, die Protokolle, die erforderlich sind, um ein

Psychopharmakon zur Zulassung zu bringen, nochmals zu überprüfen? Welche Bereiche in den Protokollen sollten einen wachsenden Einsatz von Primaten vorsehen? Sollte dieser Einsatz hinausgeschoben werden, bis die Ergebnisse aus Forschungen an niedereren Tieren weiter fortgeschritten sind? Wäre es zweitens nützlich und praktisch, bei einem neuen Medikament – dessen Gebrauch sich möglicherweise sehr ausweiten kann – nach der Einführung zunächst für eine bestimmte Zeit die klinische Anwendung zu gestatten, aber nur unter besonderen Auflagen für die Ärzte, die über das Medikament Bericht erstatten sollen und den Verlauf sogar noch sorgfältiger überwachen müssen als bei Medikamenten, die bereits vollständig bekannt sind?

OLIVERIO:

Zum ersten Punkt möchte ich vorschlagen, daß verschiedene Tiermodelle zur Anwendung kommen sollten, um den vollen Anwendungs- und Wirkungsbereich des Medikaments bestimmen zu können. Zum zweiten Punkt: die Untersuchung langfristiger Veränderungen an Rezeptoren könnte ein Ansatz sein, der es Wert wäre, aufgenommen zu werden, weil viele dieser Medikamente über die Rezeptorsensitivität wirken. Das ist ein entscheidender Punkt bei der langfristigen Toxizität und bei der Modifikation. Ein dritter Punkt ist die Untersuchung der Frage, was für Wirkungen sich bei akuter und bei langdauernder Anwendung von Medikamenten bei der Mutter auf das Gehirn und das Verhalten ihrer Nachkommen ergeben.

WIDLÖCHER:

Betrachten wir die klinische Phase der Erprobung von Medikamenten, so findet meiner Ansicht nach eine Pervertierung bei der Auswertung der Medikamentenwirkung statt, weil alle Untersuchungen auf Durchschnittsergebnisse bezogen werden. Durchschnittsergebnisse haben keine Bedeutung. Wir hätten lieber ein exaktes Wissen und sorgfältige Erhebungen darüber, welche Patienten warum auf diese Medikamente ansprechen beziehungsweise welche warum auf sie nicht ansprechen. Trotzdem bildet die Auswertung statistischer Durchschnitte die Grundlage von Vergleichen für alle Reporte in offiziellen Komitees. Ich bin absolut davon überzeugt, daß wir mehr über ein neues Medikament erfahren, wenn wir es einem Patienten geben, den wir gut kennen, und anschließend sorgfältig prüfen, was geschieht, wenn wir es zehn oder hundert nach einem Zufallsprinzip ausgewählten Menschen verabreichen.

Sitzung IX

DETLEV PLOOG

Einleitung

Lassen Sie mich einige einführende Bemerkungen zu dem Vortrag von Prof. Carlo Cazzullo machen. Er wird über den gegenwärtigen Stand der Therapieforschung in der Psychiatrie sprechen, einschließlich solcher Probleme wie Einwilligung nach Aufklärung und Datenschutz. Trotz weltweiter Erfolge bei der psychopharmakologischen Therapie von endogenen Psychosen und von Depressionen ist – so scheint es wenigstens mir – die Forschung über Wege und Mittel psychiatrischer Therapie noch ganz in ihren Anfängen; ihr sollte in der Zukunft mehr Gewicht beigemessen werden. Wie Sie wissen, gibt es bisher noch keine befriedigende Therapie zahlreicher geistiger Störungen, beispielsweise der Schizophrenien, der monopolaren und bipolaren endogenen affektiven Psychosen mit ihrer genetischen Übertragungskomponente, der schweren Zwangsneurosen und der anderen Persönlichkeitsstörungen, die den Betroffenen in der Tat persönlich, sozial und beruflich behindern.

Deshalb zielt die Therapieforschung nicht nur auf eine Verbesserung der bereits vorhandenen somatischen und psychologischen Behandlungsmethoden, sondern auf die Entdeckung neuer psychotroper und neurotroper Substanzen, die entweder prophylaktisch und vielleicht sogar kausal wirken, oder die selektiv mit so wenigen Nebenwirkungen wie möglich eingreifen. Jene Forscher und Ärzte, die dieses Ziel verfolgen, müssen sich des Punktes bewußt sein, an dem die Praxis in Forschung umschlägt. Obwohl die Regeln der klinischen Forschung auf den Deklarationen von Helsinki und Tokio basieren, muß der Forscher jedes Projekt kritisch prüfen, um ethisch zweifelhafte Entscheidungen zu vermeiden. Wie arbeiten die Ethikkomitees in den hier vertretenen Staaten und wie sind sie zusammengesetzt? Wo haben sie ihren gemeinsamen Nenner, wo liegen die Unterschiede? Wie sollte mit dem Datenschutz verfahren werden? Wir müssen uns darüber im klaren sein, daß die Weitergabe persönlicher Daten bei Längsschnittuntersuchungen notwendig ist, weil Informationen aus unterschiedlichen Quellen nach der Form des Krankheitsverlaufs und unter prognostischen Kriterien ausgewertet werden. Wie mir scheint, entsteht der ethische Konflikt aus dem Widerstreit zwischen zwei grundlegenden Interessen: Auf der einen Seite steht das Interesse des Patienten, der seine Privatsphäre geschützt sehen will, und auf der anderen Seite das Interesse der Gesellschaft, die eine möglichst wirkungsvolle Therapie für ihre Kranken wünscht. Auch darüber sollten wir in dieser Sitzung sprechen.

Carlo Lorenzo Cazzullo

Der gegenwärtige Stand der Therapieforschung in der Psychiatrie. Ethische Analyse des Patient-Arzt-Verhältnisses

Ethik und Recht

Zunächst mag es nützlich sein, einige Daten zur gegenwärtigen Lage aus der Perspektive des internationalen Rechts darzustellen. Klar ist, daß weder ein Staat oder eine Nation noch irgendeine andere soziale Institution es unterlassen sollte, internationale Beschlüsse in ihr Kalkül zu ziehen. Dieses Kalkül bezieht sich auch auf den ärztlichen Beruf, der in einer gewissen Hinsicht mit einer internationalen Funktion ausgestattet ist und der deshalb direkten internationalen Schutz genießen kann, in den kein einzelner Staat eingreifen darf.

Wenn man beginnt, neue diagnostische und therapeutische Verfahren anzuwenden, kann es gegenwärtig auf der internationalen Ebene Konflikte geben zwischen dem Menschenrecht auf eine Privatsphäre einerseits und gesellschaftlichen Bedürfnissen andererseits. Die Bewegung für die Menschenrechte datiert zurück in das Jahr 1945. Sie hatte seit damals großen Erfolg, wie sich im Laufe der Jahre an der Menschenrechtscharta der Vereinten Nationen und den verschiedenen Formen, in der sie zur Anwendung kam, gezeigt hat. Einige Beispiele für solche Anwendungen sind die internationalen Abkommen über zivile, wirtschaftliche und soziale Rechte, die Deklaration von Helsinki, die zahlreichen einstimmig verabschiedeten Deklarationen der Vollversammlung der Vereinten Nationen und die zwischenstaatlichen Verträge wie die Europäische Menschenrechtskonvention von 1950.

Gleichzeitig gab es umfangreiche soziale Aktionen, um Menschen aller sozialer Schichten das Recht auf Gesundheitsfürsorge zu garantieren. Auf diese Weise wurde zunächst die WHO geschaffen; dann entstanden die FAO sowie die Internationale Arbeitsorganisation (IAO) und schließlich die Verträge, die das Leben und die Gesundheit der Bevölkerung angesichts von Ereignissen wie Kriegen oder militärischen Invasionen garantieren (die Genfer Konventionen von 1949 und die beiden Zusatzprotokolle von 1977).

In einigen Fällen kann eine Gruppe von Menschenrechtsnormen in Konflikt kommen mit einer anderen, die dasselbe Recht schützen. Beispielsweise schreibt die Genfer Konvention vor, daß ein militärischer Sieger den Gesundheitszustand in den von ihm besetzten Gebieten garantieren muß. Das kann zu Verletzungen der Privatsphäre führen, da der Zwang zur Offenlegung therapeutischer und diagnostischer Daten sowie zur Evakuierung von Teilen oder der gesamten Bevölkerung bestehen kann. Experten für internationales Recht konnten noch keine Einigkeit darüber erzielen, welches der beiden Prinzipien (Privatsphäre – Offenlegung) im

Fall solcher Konflikte ausschlaggebend sein sollte. Wichtig ist dennoch der Hinweis, daß beide Prinzipien unter internationalem Schutz stehen und daß die Festlegung, welches der beiden den Ausschlag geben soll, von Fall zu Fall getroffen werden muß. Eine solche Wahl muß getroffen werden, sobald die Gesundheit und/oder Sicherheit des Einzelnen in Konflikt gerät mit dem Problem, wie die Gesundheit und Sicherheit der gesamten Gemeinschaft geschützt werden können. Dem Berufsstand der Psychiater sind Dilemmas dieser Art wohlvertraut. In der psychiatrischen Praxis treten ethische Probleme sowohl im Stadium der Diagnose wie – in größerer Zahl – im Stadium der Therapie auf.

Ethische und diagnostische Probleme

Ein gutes Mittel, um diese Probleme anzugehen, ist der umfassende Gebrauch international akzeptierter diagnostischer Kriterien, beispielsweise des RDC für eine saubere Abgrenzung der verschiedenen Psychopathologien. Seine eigenen Instrumente oder Verfahren zu verwenden ist nicht per se unethisch, kann aber inexakt, wenn nicht unethisch werden, falls die Resultate von anderen nicht verifiziert werden können. Das ist besonders dann der Fall, wenn es unter anderem um die Verschreibung psychotroper Medikamente geht.

In der Psychiatrie sollten psychologische Tests nicht gemacht werden, ohne die Wünsche der Patienten in Betracht zu ziehen sowie ihre Freiheit, an Verfahren teilzunehmen, die unmittelbar nützlich für ihr Wohlbefinden sind. Wegen ihrer Fähigkeit, die Psyche rasch zu durchdringen, sollten diese Tests nur durchgeführt werden, nachdem die Einwilligung des Patienten eingeholt wurde. Das ist eine wirkliche klinische Notwendigkeit. Ebenfalls von besonderer Bedeutung ist die Verwendung der Ergebnisse psychologischer Tests. Offensichtlich kann eine zusätzlich bestehende therapeutische Perspektive diese Techniken bereichern.

In einem experimentellen Kontext wird die Zustimmung des Patienten zur Teilnahme am Experiment und an einem Test sogar noch wichtiger. Der Patient sollte daher über jeden Test und seine Ergebnisse voll unterrichtet sein. Eine noch delikatere Situation entsteht, sobald Testergebnisse für Zwecke verwendet werden, für die sie ursprünglich gar nicht gedacht waren, das heißt zivil- oder strafrechtliche Ermittlungen. In diesen Fällen muß die Offenlegung der Daten von den kompetenten Autoritäten erbeten und erlaubt werden.

Forschungen über die psychobiologische Verfassung des Einzelnen

Der einheitliche Gebrauch diagnostischer Kriterien löst nur teilweise das Problem der Heterogenität und Variabilität der Individuen. Infolgedessen ist die Sammlung von Informationen über ihren psychobiologischen Hintergrund ein seit langem akzeptiertes Verfahren, um die frühe und angemessene Verordnung einer Therapie zu erleichtern. Die Forschung in diesem Bereich beruht darauf, daß man den psychiatrischen Patienten eine inhärente Heterogenität unterstellt, sogar dann, wenn sie unter dieselbe diagnostische Kategorie fallen. Diese Heterogenität könnte für die großen Unterschiede bei den klinischen Reaktionen auf psychotrope Medikamente verantwortlich sein. Das Ziel bei der Suche nach psychobiologischen Charakteristika des Patienten besteht im Aufbau biologischer Indikatoren, die schließlich den Kliniker dabei unterstützen können, klinische Reaktionen auf medikamentöse Therapien vorherzusagen.

Die Erforschung der schweren Affektstörungen (*Major Affective Disorders*, MAD) hat zu größeren Fortschritten bei der Entwicklung nichtpharmakologischer Instrumente zur Vorhersage der Reaktion auf Medikamente geführt. Neueste Forschungsergebnisse über die Schizophrenie scheinen aber ebenfalls fruchtbar zu sein. Wir analysierten mutmaßliche Indikatoren klinischer Reaktionen auf Antidepressiva und Lithiumsalze (Langzeitbehandlung) bei Patienten mit schweren Affektstörungen. Es gab deutliche Verbindungen zwischen der klinischen Reaktion auf verschiedene trizyklische Antidepressiva einerseits und dem MHPG-Spiegel im Urin vor der Therapie und dem Alter, in dem die Affektkrankheit ausbricht, auf der anderen Seite (Abb. 1). Patienten, bei denen die Krankheit vor dem 40. Lebensjahr ausbricht und/ oder die wenig MHPG ausscheiden (weniger als 1650 µg/24 h) sprechen wahrscheinlich gut auf Nortriptylin und Imipramin an und schlecht auf Chlorimipramin und Amitriptylin. Genau entgegengesetzte Resultate ergaben sich bei Patienten mit hoher MHPG-Ausscheidung und bei Patienten mit spätem Ausbruch der Krankheit.

Diese Forschungsstrategien sind von grundlegendem Nutzen in der klinischen Praxis. Die meisten Patienten (mehr als 90 Prozent), die wegen einer größeren depressiven Episode überwiesen worden waren, wurden mit Erfolg ambulant behandelt. Zudem zeigten Patienten, die sich einer präventiven, regulären Behandlung mit

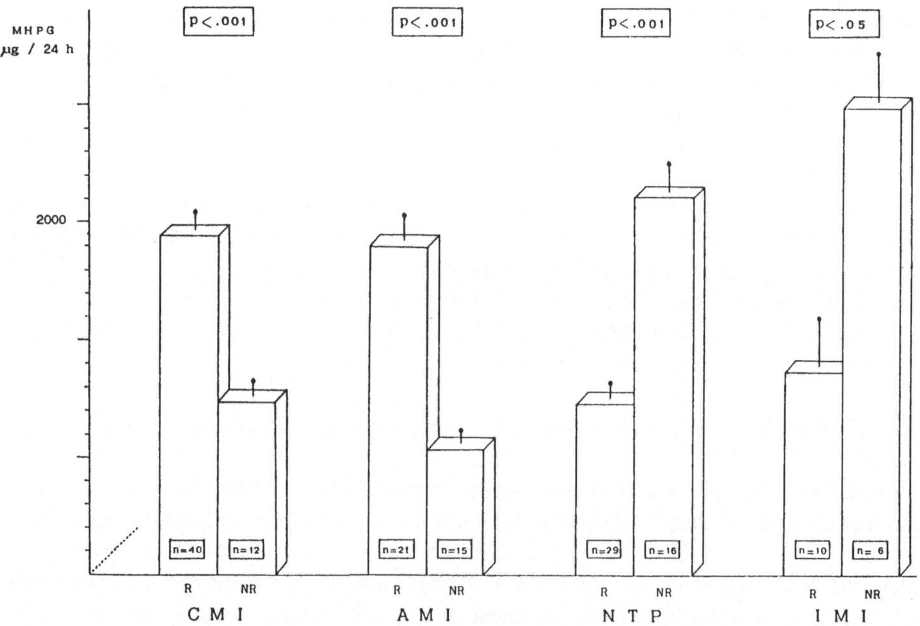

Abb. 1. Höhe des MHPG-Spiegels im Urin vor der Therapie und Reaktion auf trizyklische Antidepressiva bei größeren affektiven Störungen (CMI = Chlorimipramin; AMI = Amitryptilin; NTP = Nortriptylin; IMI = Imipramin)

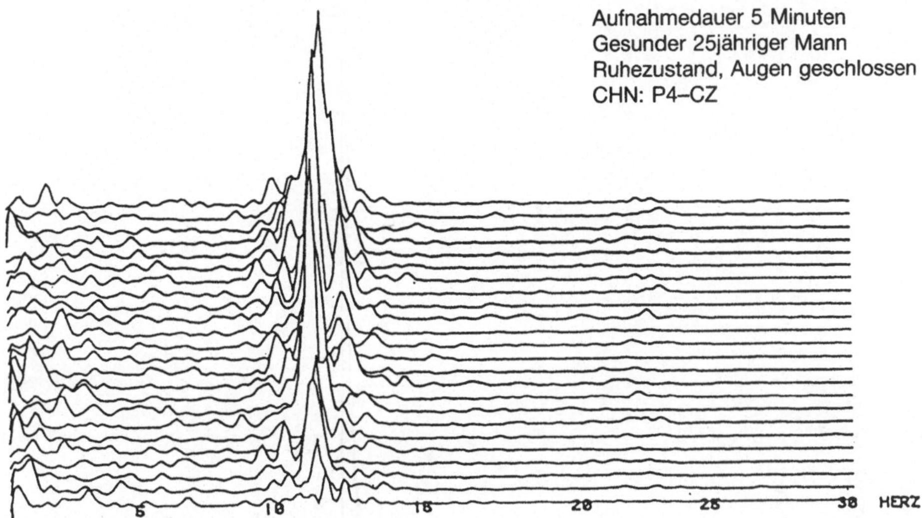

Abb. 2. Normales computerisiertes EEG-Profil

Lithium unterzogen hatten, eine signifikante Verminderung sowohl bei der jährlichen Anzahl ihrer Hospitalisierungen (weniger als 3 Prozent) wie auch ihres Suizidverhaltens (weniger als 0,3 Prozent). Ähnliche klinische Richtlinien kann man durch die extensive Anwendung des computerisierten EEG erhalten, das ein objektiveres Bild vom neurofunktionellen Zustand des Patienten liefert. Abbildung 2 zum Beispiel zeigt ein normales computerisiertes EEG-Profil mit einem Aktivitätsmaximum im Bereich der Alphafrequenz bei 10 bis 12 Hz. Abbildung 3 zeigt die normale EEG-Aktivität eines chronisch schizophrenen Patienten, und auf Abbildung 4 ist die EEG-Reaktion eines dementen Patienten auf eine kognitive Aufgabe zu sehen. Folglich kann ein endgültiges Urteil bei schweren Krankheiten wie Schizophrenie und Alzheimersche Demenz nicht auf klinische Evaluationen allein eingeschränkt werden.

Einwilligung nach Aufklärung

Einwilligung des Patienten *nach Aufklärung* ist besonders wichtig und wird unter Psychiatern oft und heftig diskutiert. Daher scheint es angemessen, die Artikel 4 und 5 der Deklaration von Hawaii der World Psychiatric Association zu zitieren. Artikel 4 lautet: „Die Psychiater sollten den Patienten über seinen Gesundheitszustand unterrichten, außerdem über die beabsichtigten diagnostischen und therapeutischen Verfahren, einschließlich möglicher Alternativen, sowie über die Prognose. Die Information muß in einer überlegten und rücksichtsvollen Weise vermittelt werden, und dem Patienten muß die Möglichkeit gegeben werden, zwischen angemessenen und verfügbaren Methoden zu wählen."

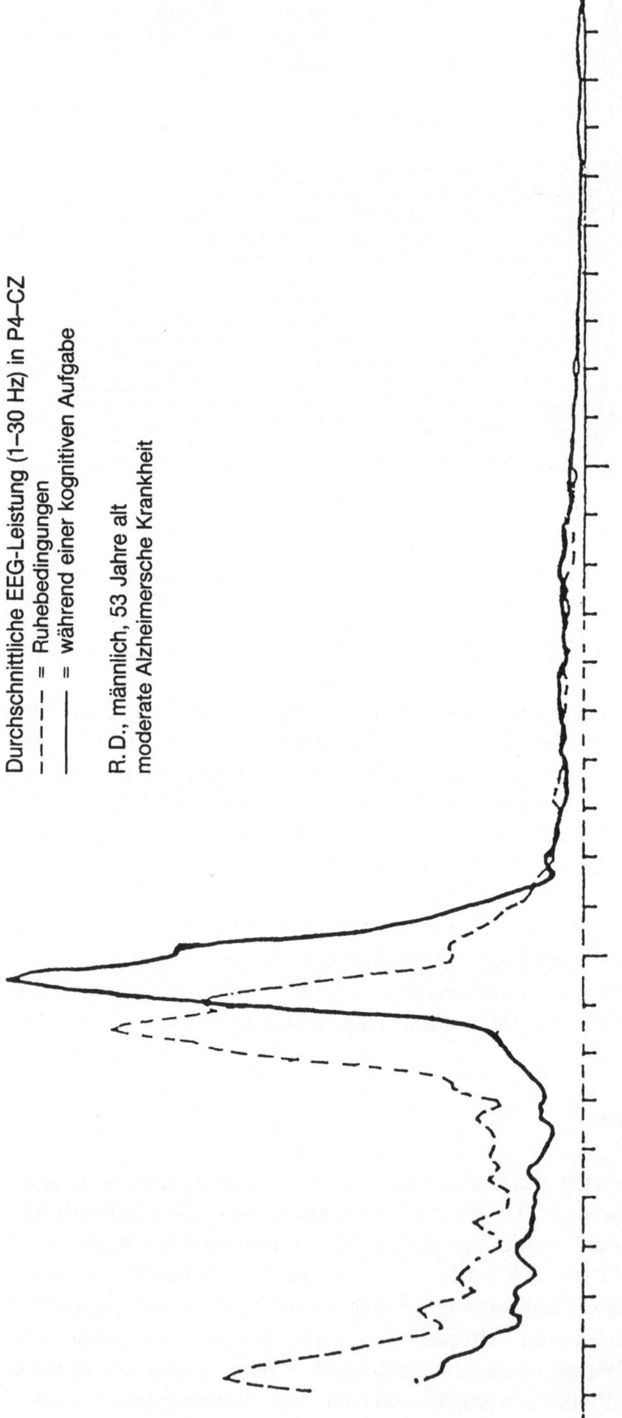

Abb. 3. Erhöhte Frequenz des Alphabandes während einer

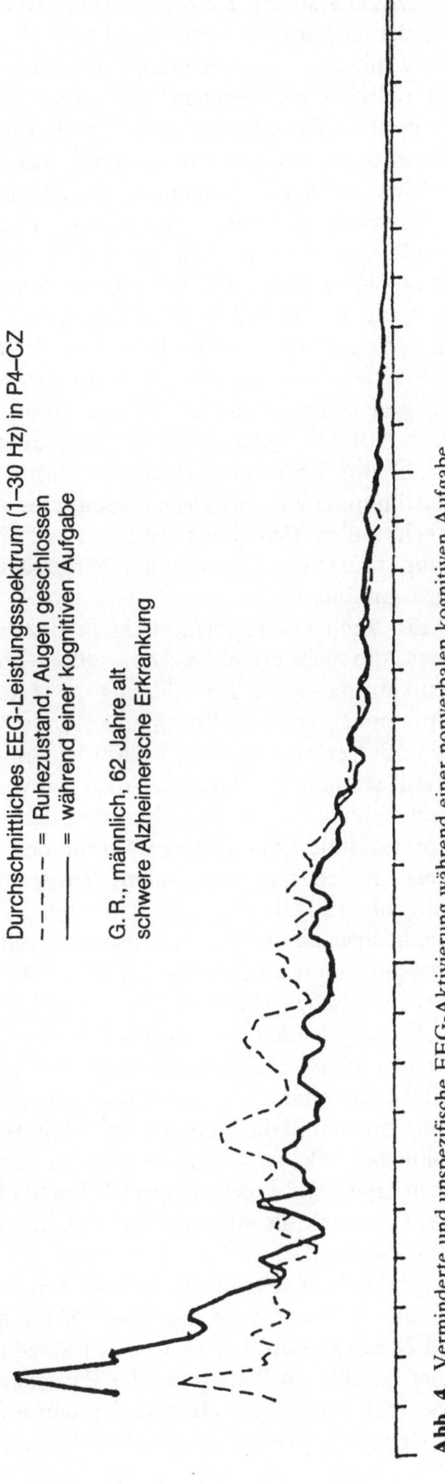

Abb. 4. Verminderte und unspezifische EEG-Aktivierung während einer nonverbalen kognitiven Aufgabe

Artikel 5 lautet: „Kein Verfahren darf durchgeführt und keine Therapie angewandt werden gegen oder unabhängig vom Willen des Patienten, es sei denn, der Patient wäre unfähig, seine Wünsche zu äußern oder könnte wegen einer psychiatrischen Krankheit nicht absehen, was in seinem besten Interesse ist, oder er wäre aus demselben Grund eine ernsthafte Bedrohung für andere. In diesen Fällen muß die Einwilligung von jemand eingeholt werden, der dem Patienten nahesteht."

Eine wichtige Ergänzung zu diesen Zitaten ist die Forderung, daß die vermittelte Information nicht nur adäquat sein soll, sondern auch dem kulturellen Niveau, der Intelligenz, dem Alter und der psychischen Situation des Patienten angepaßt werden sollte. Außerdem hat der Patient sogar dann, wenn er dem Arzt vollkommen vertraut, in jedem Augenblick Anspruch auf Kenntnis des therapeutischen Verfahrens, da er immer das Recht besitzen sollte, es zu akzeptieren oder zurückzuweisen.

Infolgedessen wird die Vermittlung von Informationen ein grundlegendes Mittel, um eine „therapeutische Allianz" zu errichten und um eine wirkliche Einwilligung nach Aufklärung zu erhalten, die oft ebenso freiwillig wie unfreiwillig ist. Patienten mit akuter Störung der Realitätswahrnehmung sollte es erlaubt sein, ihre freiwillige Zustimmung zu erteilen, nachdem eine Besserung eingetreten ist. Das italienische Recht äußert sich aber ganz klar zu der Notwendigkeit einer ersatzweisen Einwilligung, sofern der Patient von einem rechtlichen Standpunkt aus ganz oder teilweise dazu unfähig ist.

Ein ähnliches Problem steht in Beziehung zur Teilnahme an klinischen Versuchen, die nicht erlaubt werden sollte, sofern der Patient psychisch unfähig ist, nach Aufklärung seine Einwilligung zu erteilen (beispielsweise bei Alzheimerscher Krankheit), an einer Kommunikationsstörung leidet (beispielsweise an einer Aphasie) oder er minderjährig ist. Im letzten Fall muß die Einwilligung von den Eltern erteilt werden, im ersten Fall dagegen vom gesetzlichen Vormund in Absprache mit dem behandelnden Arzt. In jedem Fall kann ein Richter, ein Elternteil oder ein Vormund die Einwilligung während der Therapie und/oder während des klinischen Versuchs jederzeit widerrufen. Ich persönlich bin auch geneigt, mir nach Aufklärung die Einwilligung des Patienten zu verschaffen, daß seine Familie an allen diagnostischen und therapeutischen Maßnahmen beteiligt wird. Das hilft mir dabei, eine günstigere Beziehung zwischen Patient, Arzt und Medikament und ein besseres therapeutisches Milieu zu bekommen.

Arzneimitteltherapieforschung in der Psychiatrie. Forschung dieses Typs scheint direkt auf das Problem der beruflichen Verantwortung und Ethik zu passen. Die Einwilligung beim Einsatz von Medikamenten hat zwei Hauptaspekte: das Medikament selbst und die klinische Situation des Patienten. Aufklärung nach Einwilligung sollte bei solchen Medikamenten verlangt werden, deren Wirksamkeit noch gar nicht erwiesen ist, oder deren Wirksamkeit nur für andere Indikationen nachweisbar war (Beispiel: die Anwendung antikonvulsiver Mittel bei affektiven und schizophrenen Störungen).

Eine Pflicht scheint die Einwilligung nach Aufklärung in solchen Fällen zu sein, wo die toxischen Wirkungen von Medikamenten noch nicht bekannt sind oder wo die Medikamente bei gesunden Individuen nicht besonders gefährlich sind, wohl aber bei älteren Patienten oder Patienten mit organischen Störungen. Der Einsatz von Placebos gehört ebenfalls zu den ethischen Problemen im Rahmen klinischer Forschung. Offensichtlich ist die Verwendung eines Placebos notwendig, um den wirklichen therapeutischen Wert einer chemischen Verbindung zu ermitteln, besonders dann, wenn es sich um eine neue Verbindung handelt. Folglich sollten die Versuchspersonen, denen Placebos verabreicht werden, über die Bedeutung und die Ziele des Experiments unterrichtet werden, um ihre Einwilligung zu erhalten und um die Wahrscheinlichkeit zu vermindern, daß Probanden den Versuch abbrechen.

Der Einsatz der pharmakokinetischen Methode kann als ein zusätzliches Instrument zur Verbesserung therapeutischer Reaktionen und zur Verringerung von Nebeneffekten dienen. Das trifft vor allem auf Langzeittherapien zu, wo toxikologische Probleme durch systematische Prüfung des Plasmaspiegels des Medikaments abgedämpft werden können. Bei der Behandlung älterer Menschen sollte die Aufmerksamkeit wachsen, wenn zugleich organische Beeinträchtigungen vorhanden sind. Vorläufige akute pharmakokinetische Untersuchungen können eingeleitet werden, um die biologische Wirksamkeit des Medikaments zu bestimmen, besonders dann, wenn es sich um eine neue Verbindung handelt (Abb. 5).

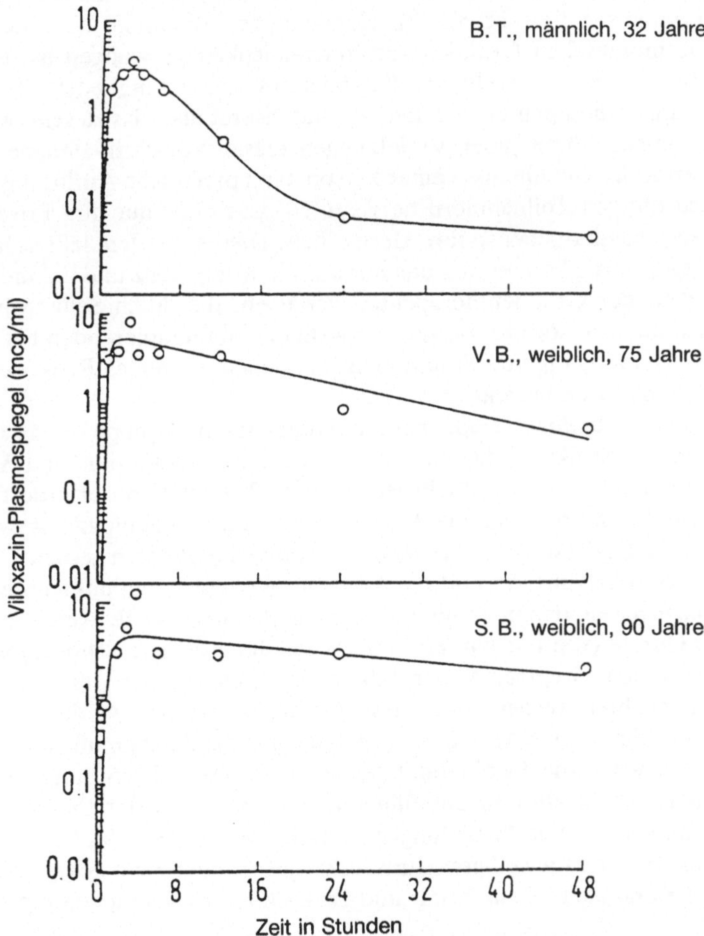

Abb. 5. Kinetische Profile einzelner Versuchspersonen (Alter 32 bis 90 Jahre) nach einer akuten Verabreichung von Viloxazin

Ethik und Psychotherapie

Die verschiedenen Formen analytischer Psychotherapie schließen implizit Patient-Arzt-Verhältnisse ein, die einen angemessenen Schutz der Privatsphäre erforderlich machen, etwa um einen Mißbrauch des vom Patienten entgegengebrachten Vertrauens zu verhindern. Wir werden drei Formen der Therapie analysieren, in denen die dort gemachten Mitteilungen im allgemeinen vertraulich sind und in vielen Fällen so vertraulich, daß sie als „geheim" angesehen werden können: *individuelle analytische Psychotherapie, analytische Gruppenpsychotherapie* und *Familientherapie*.

Das psychoanalytische Setting ist durch die freie Assoziation gekennzeichnet, durch die Bemühungen des Patienten, alles zu verbalisieren, was ihm in den Sinn kommt, besonders kulturell verbotenes oder verpöntes Material. Immer noch offen ist die ethische Frage, ob es dem Patienten erlaubt sein sollte, schlechthin alles zu kommunizieren, was ihm durch den Kopf geht.

Bei der analytischen Gruppenpsychotherapie stellt sich deutlich das Problem der skrupulösen Bewahrung von Geheimnissen. Während der Therapeut aus legalen wie moralischen Gründen zur Vertraulichkeit gezwungen ist, erstreckt sich diese Pflicht nicht notwendig auf die anderen Gruppenmitglieder. Sie werden von vielen Gruppentherapeuten gebeten, absolut diskret über das zu sein, was sie während der Sitzungen hören, aber Verletzungen dieser Vorschrift ereignen sich häufig. Der Verrat der Geheimnisse einer Person kann psychische Auflösungserscheinungen bei den übrigen Teilnehmern hervorrufen, was nicht nur ihre Privatsphäre schädigen kann, sondern ebenso ihre Gesundheit. Dieses Problem läßt sich nicht leicht lösen. Gegenwärtig können wir uns nur auf die Kompetenz und die moralische Ehrenhaftigkeit der Gruppentherapeuten verlassen, die durch Selbstbeherrschung geleitet sein müssen, sowohl was die Auswahl der zu therapierenden Fälle betrifft wie auch die Bewältigung von Situationen, bei denen ein hohes Risiko zur Enthüllung von Geheimnissen besteht.

In der *Familientherapie* hat die therapeutische Gruppe offensichtlich eine andersgeartete Struktur, die auf das Problem der Diskretion und Vertraulichkeit ein eigentümlich anderes Licht wirft. Diese Therapieform erfordert gewöhnlich keine freie Assoziation, und die Aufmerksamkeit des Therapeuten ist wahrscheinlich eher auf die Beziehungen zwischen den Familienmitgliedern gerichtet als auf den sprachlichen Inhalt der Interaktion. Vom moralischen Standpunkt aus ist es wichtig darauf hinzuweisen, daß in Familientherapien oft audiovisuelle Aufnahmegeräte und andere Geräte (wie nur von einer Seite aus durchsichtige Schirme) verwendet werden. Nach den Gesetzen vieler Länder (darunter Italien) muß die Familie darüber unterrichtet werden, daß diese Geräte verwendet werden, und die schriftliche Einwilligung aller Mitglieder (unabhängig vom Alter) muß eingeholt werden. Sogar dann, wenn die Familienmitglieder nicht ausdrücklich aufgefordert werden, dem Therapeuten alles zu enthüllen, können während der therapeutischen Sitzungen dennoch wichtige Mitteilungen vertraulichen Charakters fallen. Folglich muß das, was unter den jeweiligen Umständen gesagt oder nicht gesagt werden sollte, durch die Kompetenz, Sensibilität und Diskretion des Therapeuten gesteuert werden.

Vertraulichkeit der Information

Die Verpflichtung des Arztes, all das, was ihm zu Ohren kommt vertraulich zu behandeln, beginnt, sobald die therapeutische Beziehung ihren Anfang genommen hat. Diese Vertraulichkeit ist innerhalb wie außerhalb von Institutionen der therapeutischen Beziehung inhärent, und es ist kein formales Verfahren notwendig, um sie zu garantieren. Wir haben den Eindruck, daß die Pflicht zur Vertraulichkeit manchmal nicht voll respektiert wird, obwohl sie von verschiedenen Gesetzen anerkannt wird (im italienischen Strafgesetzbuch beispielsweise in den Paragraphen 326 und 351). Jede Weitergabe außerhalb der Arzt-Patient-Beziehung erfordert die Einwilligung nach Aufklärung über Art und Menge der weiterzuleitenden Informationen. Diese „Ausnahmen", das heißt, die Preisgabe von Wissen über den Patienten, können freiwillig oder zwangsweise geschehen. Die Freiwilligkeit kann sich auf die Einholung der Zustimmung des Patienten zur Preisgabe diagnostischer und therapeutischer Informationen beziehen (beispielsweise gegenüber Versicherungsgesellschaften oder gegenüber Dritten, mit denen der Patient solche Verträge schließt, die eine Kenntnis seines Geisteszustandes erforderlich machen). Zum Glück sind auch Versicherungsgesellschaften bei Verträgen zur Vertraulichkeit verpflichtet, und nur ein Gerichtsbeschluß, der den Psychiater auffordert, für die notwendige Information zu sorgen, kann diese Vertraulichkeit brechen. Es ist unethisch für einen psychiatrischen Therapeuten, seine berufliche Meinung zu äußern, bevor er nicht eine Untersuchung durchgeführt hat und ihm die Erlaubnis erteilt wurde, beides zu tun (APA Versammlung 1975).

Beispiele für Abweichungen von solchen fundamentalen ethischen Grundsätzen können im Laufe der Forschung auftreten. Obwohl in der gegenwärtigen Forschung über neue Therapien Falldarstellungen weniger häufig verwendet werden, erfordert ihre Freigabe die ausdrückliche Einwilligung des Patienten, falls der Bericht irgendeine Information enthält, die seine Identität enthüllen könnte. Das betrifft ebenfalls Darstellungen und Kommentare über psychotherapeutische Forschungsaktivitäten.

Damit der Psychotherapeut das Risiko vermeidet, in fernerer Zukunft vor Gericht zitiert zu werden, ist es weise, zu Beginn die Zeitspanne zu definieren, über die sich die Einwilligung erstreckt. Das hohe soziale Risiko bei einigen pathologischen Zuständen rückt das Problem des teilweisen oder vollständigen Verstoßes gegen die therapeutische Intimität ins Blickfeld. Wenn die ernsten Folgen bestimmter Pathologien verhindert werden müssen (etwa die physische Aggression eines Patienten oder ein möglicher Suizid) und schnelle Entscheidungen notwendig sind, trifft das italienische Zivilrecht Vorsorge, daß der Kliniker die Gerichte zum Einschreiten auffordern kann. Außerdem gibt es bestimmte Bedingungen, unter denen das Gesetz Klageansprüche aufhebt (etwa bei Patienten mit AIDS). In Italien muß eine solche Zwangsmitteilung an die Behörden so vertraulich wie möglich geschehen.

Vertraulichkeit von Forschungsdaten

Die Psychiatrie bildet keine Ausnahme, wenn es um die Wahrung der Vertraulichkeit von Forschungsdaten geht. Informationen über große Stichproben wurden seit den frühen sechziger Jahren aufgehäuft, wobei psychiatrische Fallregister nur ein

Beispiel unter vielen sind. Jede im großen Maßstab angelegte Datensammlung schließt Probleme der Vertraulichkeit ein, die jedoch seit den siebziger Jahren mit dem Beginn des weitverbreiteten Gebrauchs von Computern und der daraus folgenden Geschwindigkeit bei der Verarbeitung und beim Austausch von Informationen sehr viel komplexer geworden sind. Aus praktischen Gründen müssen beinahe alle Studien diejenigen Merkmale einschließen, durch die der Einzelne identifiziert werden kann, weil sie als ein klinisches Register oder als Datenbasis dienen. Folglich müssen diese (aber nicht alle) Forschungsdaten besonders geschützt werden.

Auf einer technischeren Ebene müssen wir sehen, ob entfernte Arbeitsstationen Zugriff auf die Daten haben, das heißt, ob man auf sie auf Netzwerkbasis zugreifen kann. Wenn das der Fall ist, so ist die Kontrolle des Zugriffs eine grundlegende Forderung. Wir können den Zugriff auf definierte Untereinheiten der Datenbasis einschränken, und zwar mittels Kennwörtern und Benutzerausweisen, die jederzeit unabhängig voneinander durch alle dazu legitimierten Benutzer ausgewechselt werden können. Wir können auch jeden einzelnen Schlüssel, den ein Benutzer eingesetzt hat, aufzeichnen und dadurch genau verfolgen, was gemacht worden ist.

Die Sache wird noch kniffliger, sobald Daten aus einem entfernten Zentrum verfügbar sind. Die genannten Sicherheitsmaßnahmen können nicht länger angewendet werden, obwohl ihre Prinzipien gültig bleiben. Die Daten sollten auf verschiedenen Ebenen verschlüsselt werden, wobei die unterste Ebene offensichtlich die sein muß, die aus der die Person identifizierenden Information besteht. Das ist Gegenstand der Kryptographie, eine Disziplin, die solide mathematische Fundamente besitzt und die sich während des letzten Jahrzehnts in Richtung auf eine wachsende Exaktheit fortentwickelt hat. Es gibt zwei häufig verwendete Systeme. Das eine besteht darin, den Kode zu wechseln, so daß ein „A" von jemandem, der unbefugt in die Datenbank eindringt, als ein „F" gelesen wird. Das zweite System besteht darin, daß die Buchstaben und Zahlen der verschiedenen Felder einer Aufzeichnung ausgetauscht werden, beispielsweise so, daß einige Buchstaben des Familiennamens in das Adressenfeld hineingeschrieben werden und so fort. Diese Techniken sind inzwischen so weit fortgeschritten, daß kryptographische Algorithmen nach den Anforderungen des Benutzers beinahe endlos ausgetauscht werden können, ohne daß die allgemeinen Eigenschaften des verwendeten Systems oder die der Datenbasis selbst verändert würden. Auf jeden Fall ist es hauptsächlich eine Frage des Verhältnisses von Kosten und Nutzen, wenn man Daten für Unbefugte unzugänglich machen will, was derzeit erfolgreich in Angriff genommen werden kann.

Zwei Beobachtungen bilden eine passende Schlußfolgerung zu dem, was ich hier gesagt habe. Erstens scheint es für die psychiatrische Therapie und Forschung ratsam, immer stärker ihre Energien der Beobachtung der somatischen wie der psychischen Aspekte jedes Patienten zu widmen und dabei auch seine besondere existentielle Situation mit in Rechnung zu stellen. Zweitens scheint es ebenfalls ratsam, aktiver als in der Vergangenheit professionelle Trainingszentren und öffentliche Gesundheitsbehörden einzubeziehen. Das ist der Weg, der zu einer allmählichen Bildung eines „corpus doctrinae" auf nationaler wie internationaler Ebene führen kann.

Literatur

Altamura AC, Buccio M, Colombo G, Terzi A, Cazzullo CL (1986) Combination therapy with haloperidol and orphenadrine in schizophrenia. A clinical and pharmacokinetic study. Encephale XII: 31–36

Altamura AC, Melorio T, Colombo G, Cazzullo CL (1984) Clinical relevance of single-dose kinetic studies of antidepressants in the elderly. Clinical Neuropharmacol 7 (S1): 850–851

Altamura AC, Melorio T, Invernizzi G, Gomeni R (1982) Influence of age on Mianserine pharmacokinetics. Psychopharmacology 78: 380–382

Bion WR (1961) Experiences in groups. Social Sciences Paperbacks, Tavistock, London

Carta I, Cazzullo CL (1984) Studi sulla famiglia. Borla, Rom

Cazzullo CL (1963) Biological and clinical studies on schizoprenia related to pharmacological treatment. In: Recent advances in biological psychiatry. Vol 5: 114–143. Plenum Press, New York

Cazzullo CL, Altamura AC (1984) The heterogeneity of schizophrenic syndromes: psychopathological, biological and pharmacological aspects. Kongress der Italienischen Gesellschaft für Neurowissenschaften, Rom 12.–15. Dezember. Abstract 1: 389-393

Cazzullo CL, Altamura AC (1985) Bioavailability of some atypical antidepressants and therapeutic management of late life depressive states. Integr Psychiatry 3: 505–509

Cazzullo CL, Invernizzi G, Tacchini G (1985) Progressi e prospettive dell'automatismo in psicologia e psichiatria. Regione Lombardia

Cazzullo CL, Sacchetti E, Allaria E et al. (1984) Is urinary MHPG a real predictor of drug response in primary depression? In: Costa E, Racagni G (Hg): Typical and atypical antidipressants: clinical practice: 237–247. Raven Press, New York

Cazzullo CL, Sacchetti E, Vita A et al. (1985) Cerebral ventricular size in schizophrenic spectrum disorders: relationship to clinical, neuropsychological, and immunogenetic variables. Proceedings of the 4th World Congress of Biological Psychiatry (Philadelphia, 8.–13. September)

Cazzullo CL, Smeraldi E, Bellodi L et al. (1979) The HLA system and the clinical response to treatment with haloperidol. In: Saletu B et al. (Hg): Neuropsychopharmacology: 47–53. Pergamon Press, Oxford

Chiodi V (1982) Il consenso del patiente. In: La responsabilità medica. Giuffrè ed, Mailand

Codice Civile Italiano: Artikel 330–333

De Leon MJ, George AE (1983) Computed tomography in aging and senile dementia of the Alzheimer type. In: Mayeux R, Rosen WG (Hg): The dementias: 103-122. Raven Press, New York

Flores I (1980) Data structure and management. Prentice Hall, Englewood Cliffs, New Jersey

Flores I (1981) Job controll language and file definition. Prentice Hall, Englewood Cliffs, New Jersey

Floyd RW (1983) Syntactic analysis and operator precedence. JACM 10: 316

Fromm-Reichmann F, Moreno JL (1956) Progress in psychotherapy, Band I. Grune and Stratton, New York

Gabbrielli M, Fineschi V (1986) Informazione e consenso all'atto medico. Legislazione Regionale Italiana. Federazione Medica XXXIX, 3: 471

Goodwin FK, Cowdry RW, Webster MH (1978) Predictors of drug response in the affective disorders: towards an integrated approach. In: Lipton MA et al. (Hg): Psychopharmacology: a generation of progress: 1277–1298. Raven Press, New York

Lega C (1979) Deontologia medica. Piccin, Padua

Legge 15 Agosto (1978) n. 59, art. 3, art. 7. Region Toskana, Italien

Linnoila M, Dorrity F, Jobson K (1978) Plasma and erythrocyte levels of tricyclic antidepressants in depressed patients. Am J Psychiatry 135: 5

Maas JW (Hg) (1983) MHPG: basic mechanism and psychopathology. Raven Press, New York

Maguire KP, Norman TR, McIntyre I, Burrows GD (1983) Clinical pharmacokinetics of Dothiepin. Single-dose kinetics in patients and prediction of steady state concentrations. Clinical Pharmacokinetics 8: 179–185

Montgomery SA (1980) Measurement of serum drug levels in the assessment of antidepressants. Br J Clin Pharmac 10: 411–416

Pearce JK, Friedman LJ (1980) Family therapy. Grune and Stratton, New York
Richelson E (1984) The newer antidepressants: structures, pharmacokinetics, pharmacodynamics and proposed mechanism of action. Psychopharmacology Bulletin 20,2: 213–223
Sacchetti E, Allaria E, Negri F et al. (1979) 3-methoxy-4-hydroxyphenyletylenglycol and primary depression: clinical and pharmacological consideration. Biol Psychiatry 14: 473–484
Sacchetti E, Vita A, Conte G, Pennati A (1984) Lithium prophylaxis in major affective disorders: on the specifity and sensitivity of some „new“ predictors of treatment outcome. In: Corsini GU (Hg): New trends in lithium and rubidium therapy: 165–187. MTP Press, Lancaster
Sacchetti E, Vita A, Conte G, Invernizzi G, Cazzullo CL (1986) Heterogeneity of major affective disorders and the outcome of long-term lithium treatment. IRCS Med Sci (Forum Article) 14: 407–412
Scheider PB (1965) Pratique de la psychothérapie de groupe. Press Univ de France
Slovenko R (1985) Law and psychiatry: Kapitel 51. In: Kaplan H, Sadok B IV (Hg). Williams and Wilkins, Baltimore
Smeraldi E, Bellodi L, Sacchetti E, Cazzullo CL (1986) The HLA system and the clinical response to treatment with chlorpromazine. Br J Psychiatry 129: 486–489
Vita A, Sacchetti E, Conte G, Alciati A, Pennati A (1985) Heterogeneity of major affective disorders: biological and clinical evidence. Encephale XI: 71–77
Weinberger DR, Bigelow LB, Kleinmann J et al. (1980) Cerebral ventricular enlargement in chronic schizophrenia: association with poor response to treatment. Arch Gen Psychiatry 37: 11–14

Diskussion

PLOOG:

Vielen Dank, Dr. Cazzullo. Ich denke, wir verfügen nun über genug Stoff für eine Diskussion entlang der Linien, die ich in meiner Einleitung skizziert habe. Wir können nicht erwarten, daß diese Konferenz fertige Antworten liefert, aber wir sollten in der Lage sein, die Probleme zu identifizieren. Bereits das wäre eine große Hilfe.

ROY:

Wir reden viel über die Einwilligung nach Aufklärung, was augenscheinlich sehr wichtig ist. Aber bei psychiatrischen Patienten gibt es einen zweiten Aspekt der Einwilligung, der sogar noch wichtiger ist, die freiwillige Zustimmung. Man kann psychiatrische Patienten bekommen, die durchaus fähig sind, Informationen aufzunehmen und diese sogar zu verstehen, die aber außerstande sind, aus eigenem Antrieb wirklich einzuwilligen. Das Ziel psychiatrischer Therapie und sogar psychiatrischer Forschung ist die Befreiung dieser Patienten von den Zwängen ihrer Psychopathologie bis zu dem Punkt, wo sie ihren persönlichen Willen formulieren und ihm Ausdruck verleihen können. Dieses Problem wurde in den Vereinigten Staaten nach einem Fall im Boston General Hospital aktuell, bei dem Richter Truro den Möglichkeiten der Psychiater, Patienten zu behandeln, einige starke Beschränkungen auferlegte. Der Aspekt der Freiwilligkeit ist es, der im Bereich der Forschung mit psychiatrischen Patienten kritisch ist. Es kann den Anschein haben, als ob sie zustimmten oder ablehnten. Aber in vielen Fällen sind sie außerstande, sich persönlich mit ja oder nein zu äußern.

PLOOG:

Ich möchte hinzufügen, daß es Regeln gibt, um herauszufinden, ob eine Einwilligung freiwillig ist oder nicht. Von der Komplexität des Falles hängt es ab, ob man ein zusätzliches Interview benötigt, um wirklich zu bestimmen, ob die Einwilligung aus freien Stücken abgegeben wurde. Ist dies nicht der Fall, muß man an den nächsten Schritt denken.

HELGASON:

Ich möchte den Faden an dem Punkt aufnehmen, wo Dr. Cazzullo aufgehört hat, und Ihre Aufmerksamkeit auf das Problem der Einwilligung bei in großem Maßstab durchgeführten epidemiologischen Untersuchungen lenken. Daraus sind in den letzten Jahren zahlreiche Schwierigkeiten entstanden, als solche epidemiologischen Untersuchungen auf der Grundlage von Fallregistern durchgeführt wurden, in unserem Fall von psychiatrischen Fallregistern. Zahlreiche Schwierigkeiten traten auf, weil es nicht leicht ist, wegen der großen Zahl beteiligter Patienten, die in solchen Registern gespeichert sind, die Einwilligung nach Aufklärung zu erhalten. Eines der dramatischsten Beispiele, von denen ich gehört habe, betraf ein Fallregister in der Bundesrepublik. Es wurde geschlossen, und es bestand sogar die Gefahr, daß alle gesammelten Daten zerstört werden könnten, was meiner Ansicht nach ein schrecklicher Vorgang wäre, wenn hochbedeutsame Forschungsdaten verloren wären. Diese Frage wurde innerhalb der European Science Foundation (ESF) debattiert, und die ESF veröffentlichte schon 1980 eine Stellungnahme zum Schutz der Privatsphäre und zur Verwendung personenbezogener Daten in der Forschung. Als eines der Grundprinzipien ist dort erwähnt, daß die Freiheit der Forschung einen möglichst umfassenden Zugang zu Informationen zur Voraussetzung hat. Deshalb sollte die Gesetzgebung neben einer Spezifizierung der Bedingungen, unter denen personenbezogene Daten in der Forschung verwendet werden können, auch den Zugriff auf die benötigte Information sicherstellen. In den Richtlinien, die auf diese Grundprinzipien folgen, führt der erste Artikel folgendes aus: „Jede Verwendung personenbezogener Daten zu Forschungszwecken, unabhängig von den Zielen, für die sie gesammelt wurden oder werden sollen, setzt entweder die ausdrückliche Zustimmung des Gesetzgebers voraus oder die Einwilligung nach Aufklärung, auch wenn die betroffenen Individuen vom Empfänger der Daten nicht identifiziert werden können." Außerdem gibt es zusätzliche Richtlinien darüber, wie man die Erlaubnis zur Verwendung von Daten einholt. Wegen der Schwierigkeiten, in die unter anderen das Fallregister in der Bundesrepublik geraten war, nahmen die European Medical Research Councils dieses Thema auf. Auf ihre Initiative fand auf der Generalversammlung der ESF im November 1985 eine erneute Diskussion dieser Fragen statt. Diese Versammlung nahm bezüglich des Verzichts auf die Einwilligung nach Aufklärung einige Zusätze zu den bestehenden Richtlinien an. In den neuen Richtlinien ist folgendes festgeschrieben: „Mit Billigung der Datenschutzbehörde, einer ihr äquivalenten Instanz oder speziell ernannter unabhängiger Komitees (wenn also in Übereinstimmung mit der Deklaration von Helsinki (II)/2 solche Komitees eingerichtet worden sind) ist die Einwilligung nach Aufklärung in besonders gelagerten Fällen nicht erforderlich." Die dort erwähnten Sonderfälle sind solche, wo

1. die Einwilligung nach Aufklärung wichtige Zielsetzungen der Forschung ungültig machen würde; wo
2. sie bei den betroffenen Individuen geistiges oder körperliches Leid hervorrufen könnte; sowie
3. Fälle, wo in der Praxis die Zustimmung nicht von jedem einzelnen eingeholt werden kann, wie bei epidemiologischen Untersuchungen im großen Maßstab, bei Längsschnittuntersuchungen, wo ein wiederholtes Herantreten an die Betroffenen notwendig wäre, sowie bei Umständen, wo die Versuchspersonen nicht verfügbar oder unauffindbar sind, weil sie ihre Adresse gewechselt haben, verzogen oder gestorben sind.

Ich glaube, daß es sehr wichtig wäre, wenn diese Konferenz zu diesen Punkten Stellung beziehen könnte. Ihre Bedeutung liegt in dem möglichen Konflikt zwischen der Vertraulichkeit einerseits und Forschungsinteressen andererseits. Außerdem müssen beide Aspekte im Zusammenhang mit ethischen Fragen der medizinischen Forschung in Erwägung gezogen werden.

CAZZULLO:

Sie weisen auf die beiden grundlegenden Elemente der Einwilligung hin, das sind ihre Qualität und ihr Umfang. Wenn man über die aufgeklärte und die freiwillige Einwilligung diskutiert, meint man ihre Qualität. Der Umfang der Einwilligung steht in Beziehung beispielsweise zu folgenden Fragen: Wieviel Zeit? Für wieviele

Menschen? Bei der Untersuchung dieser Fragen müssen wir sowohl die Qualität als auch den Umfang der Einwilligung in Betracht ziehen, denn das Leben des einzelnen ist sowohl innerhalb wie außerhalb der Krankheit sehr komplex. Eine der Empfehlungen der World Psychiatry Association (WPA) betrifft die Verbesserung der Arzt-Patient-Beziehung, da sie ein grundlegendes Hilfsmittel darstellt. Das Milieu, innerhalb dessen diese Möglichkeiten untersucht werden können, bedarf ebenfalls der Verbesserung. Die sogenannten „Liaisons", die Verbindungen der Psychiatrie mit der Allgemeinmedizin, können ein gutes Handwerkszeug bilden. Wenn man keine sehr gute Beziehung zwischen Arzt und Patient hat, ist es natürlich einfach, die Einwilligung des Patienten als gegeben hinzunehmen. Ich möchte nicht behaupten, daß Ärzte Patienten ihren eigenen Willen aufzwingen, um etwas zu erhalten, was in Wirklichkeit ganz oder zu Teilen eine unfreiwillige Zustimmung ist. Aber oft ist es nicht möglich, das geeignetste Milieu zu haben, um den Patienten wirklich zu verstehen. Ich möchte anregen, daß einige der Instrumente, etwa kognitive Tests, gelegentlich gebraucht werden.

ROY:

Ich fürchte mich beinahe, dies zu sagen, und sage es nur, weil wir hinter verschlossenen Türen miteinander sprechen: „Ad impossibile nemo tenetur", sagte Aristoteles, „Verlange von keinem Gegenstand mehr Gewißheit als er hergibt". Bei den psychiatrischen Patienten ist meine Furcht und meine Sorge, daß die moralisch und juristisch absolut gerechtfertigte Forderung nach aufgeklärter und freiwilliger Zustimmung zu einem Tabu werden könnte, das den Fortschritt bei notwendigen psychiatrischen Forschungen und bei der Therapie blockieren könnte. Ich frage mich, ob in einer Reihe von Fällen die Ernennung von entsprechenden Stellvertretern, die in der einen oder anderen Form eine Einwilligung erteilen, einen Ausweg aus dieser unmöglichen Situation bilden könnte. Andernfalls könnten wir uns manchmal heuchlerisch umwenden und sagen: „Nun, wir haben die Einwilligung nach Aufklärung erhalten", wenn das in Wirklichkeit gar nicht stimmte, und: „Wir haben eine freiwillige Zustimmung bekommen", wenn wir sie tatsächlich gar nicht haben. Statt diese Spiele zu spielen, sollten wir damit herausrücken und zugeben, daß wir von diesen Patienten keine Einwilligung erhalten können; wir müssen dies und jenes unternehmen, um sie jetzt und in Zukunft sorgfältig zu behandeln; wir sollten einen Weg finden, um sowohl eine juristische wie auch eine moralische Billigung für diese Vorgehensweise zu erhalten. Im Licht der Schriften von Thomas Szasz und der anderen Anhänger der Antipsychiatrie ist das eine gefährliche Aussage. Aber ich finde es notwendig, dies zu sagen, um der Therapie wie auch um der Forschung willen.

CAZZULLO:

Wir müssen uns auf internationale Regeln beziehen, etwa solche für die Bürgerrechte und die öffentliche Gesundheit. Man darf diese Regeln nicht verletzen. Nehmen wir als Beispiel die allgemeinen Bestimmungen der Genfer Konvention von 1977. Um die Volksgesundheit zu erhalten, haben die Behörden Anspruch auf alle diagnostischen Informationen. Mir scheint, daß sich die Psychiatrie nicht außerhalb der internationalen Regelungen bewegen kann. Wir müssen Wege finden, um das zu bekommen, was wir benötigen, sollten uns aber auch nicht zu sehr davor fürchten, die Möglichkeiten zu einem Experiment zu verlieren. Meine Erfahrung hat mir gezeigt, daß man den rechten Augenblick findet, um nach der Einwilligung zu fragen, wenn man nur die Geduld aufbringt, bei dem Patienten zu bleiben.

DIETZ:

Uns liegen eine Reihe von Konzepten über die Einwilligung nach Aufklärung vor, und ich frage mich, ob wir uns auf eine Struktur zur Prüfung dieser Fragen einigen können. Kein Konflikt sollte entstehen, wenn ein geschäftsfähiger Patient seine Einwilligung erteilt. Bei dem geschäftsunfähigen Patienten, gleichgültig, ob er einwilligt oder nicht, ist es notwendig, für Schutz zu sorgen, oft in Gestalt eines Stellvertreters, der Entscheidungen trifft, der über alle Risiken unterrichtet sein muß und der die Vollmacht hat, im Namen des Patienten einzuwilligen. Die meiner Meinung nach unbeantworteten Fragen lauten: Erstens, wie hoch wird der Maßstab für die Einwilligung angesetzt? Zweitens, was bedeutet es, geschäftsfähig zu sein? Drittens, wen sollte man zum Stellvertreter ernennen? Viertens die schwierigste Frage: Kann der Stellvertreter überhaupt seine Einwilligung zu einer Prozedur erteilen, die ein hohes Risiko für den Patienten darstellt und nur wenige Chancen auf einen Nutzen für ihn bietet, wie das in der Forschung der Fall ist? Das ist die allerproblematischste moralische Frage.

PLOOG:

Was meinen Sie mit „wie das in der Forschung der Fall ist"? Wollen Sie damit sagen, daß ein Stellvertreter als dritte Partei niemals diese Entscheidung für seinen Klienten fällen kann, sobald ein gewisses Risiko damit verbunden ist?

DIETZ:

Genau das meine ich. Es sind Situationen vorstellbar, die ein so hohes Risikopotential und so wenig Aussicht auf Vorteil für den einzelnen enthalten, daß niemand in korrekter und moralischer Weise in seinem Namen zustimmen kann.

PLOOG:

Aber dann ist das Risiko abgestuft. Sie sprechen nicht über Risiken im allgemeinen.

DIETZ:

Ein Risiko umfaßt die Wahrscheinlichkeit wie auch die Größe von Schäden. Wenn die Sicherheit für einen Eingriff mit Todesfolge 99 Prozent beträgt und die Chancen für den einzelnen, Vorteile aus ihm zu ziehen, Null sind, könnte niemand mit moralischen Gründen dem zustimmen. Sogar in weniger extremen Fällen treten moralische Probleme auf.

PLOOG:

Es kann wirklich schlimme Fälle geben, etwa in der Neurochirurgie, wo man genau diese einprozentige Chance ergreifen muß. Daher meine ich, daß das sehr stark von der Gesamtfrage in ihrem Kontext abhängt.

PATZIG:

Wir reden hier über eine Situation, in der, wie ich fürchte oder sogar hoffe, eine sehr substantielle Uneinigkeit herrscht zwischen denen, die aktiv an Forschungen dieser Art beteiligt sind, und denen, die wie ich und einige andere in dieser Versammlung, aus einem anderen Bereich kommen. Ich habe mir die Literatur über die Frage der Einwilligung nach Aufklärung angesehen. Sie ist in der Bundesrepublik inzwischen ziemlich umfangreich, stammt aber eher aus der Diskussion unter Juristen, weniger aus der unter Ethikexperten. Dort finden sich einige sehr interessante und beeindruckende Argumente zur Einwilligung in psychiatrische und verwandte Untersuchungen. Die Leitidee ist die, daß durch die Einwilligung nach Aufklärung dem Arzt keine „plein pouvoir" für alles erteilt wird, was ihm zu tun lohnend dünkt. Eine Risikoabschätzung ist eine zusätzliche Verpflichtung für den verantwortlichen Arzt; die Einwilligung ist eine notwendige, aber nicht hinreichende Bedingung, um Forschungen durchzuführen.

Der zweite wichtige Punkt betrifft die moralische und rechtliche Unterscheidung zwischen dem, was man Therapieforschung nennen könnte (z. B. die Erprobung eines neuen Medikaments an Patienten, die dieses Medikament heilen oder denen es wenigstens Linderung verschaffen könnte) und der Forschung, die hauptsächlich erklärenden oder Versuchscharakter hat, bei der der einzelne Patient rein als Forschungsperson dient und kein Nutzen für ihn beabsichtigt oder wahrscheinlich ist. Im ersten Fall reicht natürlich die Einwilligung eines Vormunds vollkommen aus, sofern der Patient nicht in der Lage ist, seine Zustimmung zu erteilen. Der Vormund muß die Risiken und möglichen Vorteile gegeneinander abwägen und seine Einwilligung geben, wenn er annimmt, daß die Chancen für den Patienten die Risiken entschieden überwiegen, wie auch ein Patient wahrscheinlich entscheiden würde, der im Vollbesitz seiner Fähigkeiten ist. Aber im Fall der Nicht-Therapie stehen wir sicherlich vor einer sehr anderen moralischen Situation: Was jemand mit sich selbst tun kann, nämlich im Interesse der Wissenschaft ohne Hoffnung auf Vorteil ein Risiko hinnehmen, das kann weder ein Vormund für einen Patienten übernehmen noch können es Eltern für ihre Kinder. Ich habe von Psychiatern und von Leuten, deren Forschungen ich hoch respektiere, gehört, diese Position sei ihrer Ansicht nach inakzeptabel, weil sie sehr wichtige Forschungen blockieren würde. Aber ich meine, daß wir hier das moralische Risiko für unsere Gesellschaft sowie das Gefühl der Sicherheit und Selbstbestimmung in der Gesamtbevölkerung abwägen müssen gegen die möglichen Aussichten des wissenschaftlichen Fortschritts, die wir verlieren würden, wenn wir uns an diese strengeren Regeln halten. Ich persönlich bevorzuge die Position, die angesichts dieses moralischen Dilemmas eine Verlangsamung des wissenschaftlichen Fortschritts hinnehmen würde.

DINSDALE:

Ich möchte zu dieser Diskussion über die Einwilligung nach Aufklärung eine besondere Ansicht beisteuern. In Nordamerika wird im Kontext von medizinischen Rechtsstreitigkeiten oft diskutiert, wieviel dem Patienten über das medizinische Verfahren erzählt wurde, gegen dessen Ergebnis er jetzt Einspruch erhebt. Wir müssen uns auch darüber im klaren sein, daß die therapeutische Wirkung eines Großteils der medizinischen und chirurgischen Verfahren niemals rigorosen klinischen Versuchen unterworfen wurde. Einige Wirkungen wie die von Penicillin auf den Pneumokokkus bedürfen keines klinischen Versuches, um ihre Anwendung zu rechtfertigen. Viele Verfahren werden aber einfach deshalb durchgeführt, weil sie „logisch scheinen" oder weil jemand „weiß, daß sie funktionieren". Die Ärzteschaft hat die Verpflichtung sicherzustellen, daß therapeutische und Forschungsmethoden

Gegenstand einer geeigneten und überzeugenden Bewertung werden. In einigen Fällen werden wir wegen der großen Zahl der benötigten Patienten vielleicht niemals statistische Antworten bekommen. – Besondere ethische Probleme stellen sich, wenn man die Einwilligung für Verfahren von Patienten mit psychiatrischen Krankheiten bekommen will. Allerdings sollten wir klar erkennen, daß im Zusammenhang mit medizinischen Therapien viele Entscheidungen ohne endgültige Informationen gefällt werden.

BRENNER:

Dabei stellt sich die Frage, ob man Argumente dafür anführen kann, daß die Arbeit zwar nicht von Nutzen für diesen Patienten, aber für andere Patienten wäre und nicht in einem allgemeinen Sinn, aber sehr spezifisch für eine Gruppe von Kranken, die vielleicht in der Zukunft in Erscheinung treten wird. Ich denke, dies ist eine stichhaltige Sache. Allerdings muß man das Argument in einer pessimistischen Weise ausarbeiten: an seinem Ende steht der aufopferungsvolle Freiwillige.

ROY:

Wir sollten sehr sorgfältig darauf achten, nicht in die Denkfalle zu tappen, zukünftige Patienten seien irgendwie wertvoller als gegenwärtige und wir könnten heutige Patienten zum Wohle zukünftiger opfern. Ich möchte diesen Punkt beiseite lassen und zurückgehen auf die Frage nach dem Verhältnis von Schaden und Vorteil. Ich glaube, daß der Punkt, den Dr. Dinsdale gerade erwähnt hat, absolut kritisch ist. Man könnte unter dem folgenden Titel darauf verweisen: klinische Forschung zur Prüfung von Neuerungen auf ihre Sicherheit und Wirksamkeit als ein moralischer Imperativ. Dies führt mich zu meinem Hauptpunkt, der auch schon von Dr. Dietz und von Dr. Patzig erwähnt wurde. Wir haben uns seit vielen Jahren daran gewöhnt (und nach Mißbräuchen in der Vergangenheit mit Recht), daß bei uns, sobald wir das Wort Forschung hören, eine rote Fahne hochgeht, auf der das Wort „Gefahr" steht. Dennoch behaupte ich, daß die Aussichten für Patienten, aus kontrollierten Versuchen, die von Ethikkomitees überwacht werden, Schäden davonzutragen geringer sind als die Chancen, bei unkontrollierten klinischen Eingriffen Schaden zu nehmen.

MARSHALL:

Wie mir scheint, verrechnen wir den allgemeinen Nutzen der Menschheit gegen den Nutzen, die Rechte oder die Autonomie des einzelnen. Gegenwärtig herrscht in Großteilen Nordamerikas oder wenigstens in Kanada das Gefühl vor, daß die Autonomie des Individuums ein sehr wichtiges Prinzip ist. Wir haben das erfahren, und deshalb geht die rote Fahne hoch. Es wäre mir sehr zuwider, dieses Prinzip zu ändern. Es steht auch in Beziehung zur Vertraulichkeit. Denn wir sprechen darüber, ob wir dabei sind, die Autonomie des Individuums der Wohlfahrt der Gruppe zu opfern, und auch da würden uns unsere Richtlinien die Verwendung vertraulicher Informationen nicht erlauben. Wenn sie auf eine bestimmte Person Hinweise geben, können wir nur mit deren Einwilligung erlauben, daß diese Informationen verwendet werden.

DINSDALE:
Meine Methode, die ich bei der Rekrutierung von Patienten für die extrakranial-intrakraniale Bypass-Studie verwendet habe, kann als ein Beispiel dienen, um die von Dr. Brenner geäußerte Sorge anzusprechen. Der Erfolg bei der Rekrutierung von Patienten für klinische Versuche hängt stark von der Art und Weise ab, wie der klinische Forscher das Problem darstellt. In einem solchen Fall habe ich mich mit dem Patienten zusammengesetzt und ihm gesagt: „Es scheint logisch, daß, wenn wir eine Arterie von außerhalb des Gehirns mit einer in seinem Inneren verbinden, wodurch wir die Durchblutung verbessern würden, wir das Risiko eines späteren Schlaganfalls bei dafür anfälligen Patienten mit Arteriosklerose vermindern sollten. Allerdings ist diese Wirkung bisher nicht erwiesen. Deshalb weiß weder Ihr Hausarzt noch Sie noch ich, ob die Operation diese Wirkung haben wird. Nur wenn wir diese Untersuchung vervollständigen, werden wir die Antwort bekommen." Wie viele von Ihnen wissen, war das Ergebnis negativ.

CAZZULLO:
Zu der Frage von Dr. Brenner: ich glaube, daß wir die Angriffspunkte einer spezifischen Therapie für einen bestimmten Patienten kennen müssen. Wir müssen so individualisierend wie möglich vorgehen. Aus diesem Grund empfiehlt sich eine Überwachung und eine Nachbehandlung für jeden Patienten. Das ist die therapeutische Praxis ebenso wie die Situation des Versuches zu Forschungszwecken. Auch ich glaube, daß derzeit bei einer schlecht beratenen, überholten therapeutischen Praxis weit größere Gefahren bestehen als bei einem systematischen und kontrollierten Versuch zu Forschungszwecken.

Dies ist eine allgemeine Regel: Wenn wir etwas über das Risiko sagen, sind wir immer verantwortlich, sogar in Situationen, wo sich alles in guter Ordnung befindet, wo eine gesunde Person ihre Einwilligung erteilt hat. Aber der Arzt trägt dennoch ein Risiko. Denn wie ich in meinem Vortrag sagte, kann man Medikamente verabreichen, die bei einem jüngeren Menschen nicht toxisch wirken, wohl aber bei einigen älteren Patienten. Wir sind dennoch verantwortlich.

BRENNER:
Eine Schwierigkeit entsteht in der klinischen Forschung, wenn es eine Reihe gleichwertiger, aber einander widersprechender Therapien gibt. Das trifft sicherlich auf die Krebsforschung zu, wenn man die relativen Vorzüge etwa der Radiotherapie und der Chemotherapie abschätzen will. Die Schwierigkeit besteht darin, daß ein Radiologe unabhängig davon, wie ein Patient ausgewählt wurde, den Patienten einer Radiotherapie wird unterziehen wollen, sofern er glaubt, daß sie ihm nützt. Konflikte können auftreten zwischen dem Ideal rationaler wissenschaftlicher Forschung und der Ansicht des Arztes, es sei seine Pflicht, das Beste für einen bestimmten Patienten zu tun.

DINSDALE:
Um Ihnen, Dr. Brenner, direkt zu antworten, möchte ich sagen, daß Sie einige der Probleme identifiziert haben, vor denen der Koordinator größerer, in mehreren Zentren stattfindender klinischer Versuche steht. Die Zustimmung der Forscher muß eingeholt werden um sicherzustellen, daß sie dem Versuchsprotokoll folgen

werden. Wenn ein Verfahren weit verbreitet ist, kann es sehr schwierig werden, Kliniker zu rekrutieren, die darauf vorbereitet sind, randomisiert Patienten zu verteilen, was heißt, daß die Hälfte derer, die gewöhnlich einer chirurgischen Behandlung unterzogen würden, keine solche Behandlung erhalten. Gegenwärtig kommt die nordamerikanische Planungsgruppe, die versucht, Anstöße für eine sorgfältige Bewertung der Endarteriektomie der Karotis zu geben, in solche Schwierigkeiten.

Brenner:

Mir wäre es recht, wenn wir die klinischen Grundlagen (falls ich sie so nennen darf) alternativer Therapiemethoden für bestimmte psychische Störungen diskutieren würden sowie das, was wir damit anfangen können. Es gibt Leute, die glauben, daß dies wirksame Methoden sind, und wir haben überhaupt noch nicht darüber debattiert.

Roy:

Ich möchte Dr. Brenners Bemerkung über die Überzeugung des Arztes kommentieren, er solle das Beste für seine Patienten tun. Charles Fried hat vor mehr als zehn Jahren in einem Buch über medizinische Experimente darauf hingewiesen, daß die vorrangige Pflicht des Arztes wenigstens zwei Komponenten enthält: Die Absicht, sein Bestes zu geben, ist wichtig. Aber sogar noch wichtiger ist, daß der Arzt weiß, was er tut, wenn er in den Körper eines Menschen eingreift. Das bedeutet, daß die Wahl der Therapie durch den Arzt und den Patienten nicht ihrer uneingeschränkt freien Wahl unterworfen ist. In diese Wahl sind professionelle Standards dessen, was das Optimum ist, eingebaut. Das weist auf die Notwendigkeit für die Ärzte hin, sich mit der Verifikation und Gültigkeit ihrer Therapien in einem sehr frühen Stadium zu befassen, bevor diese fest verwurzelt sind, und bevor es sehr schwierig geworden ist, das Ruder herumzuwerfen. Dies ist von absoluter und entscheidender Bedeutung. Die professionellen Standards fließen in die Beziehung zwischen Arzt und Patient ein. Beide bilden keine isolierte Dyade. Im gewissen Sinne steht der gesamte Berufszweig um das Krankenbett, um den klinischen Schauplatz herum. Eine Reihe von Klinikern hat das nicht verstanden. Es gibt das Prinzip des Gewissens, das den Arzt davor schützt, sich zu einer alternativen Therapie für einen Patienten zwingen zu lassen, wenn er davon überzeugt ist, daß diese Therapie minderwertig ist. Diese ethische Rechtfertigung kommt jedoch häufig in die Nähe einer ethischen Verdammung eines randomisierten klinischen Versuchs.

Doi:

Bei der psychiatrischen Therapie besteht eine besondere Gefahr, vor allem dann, wenn man forschen und nicht therapieren will. Diese Gefahr wurde noch nicht ausreichend berührt. Ich meine, daß Ärzte dazu neigen, sich von therapeutischer Begeisterung hinreißen zu lassen, und zwar genau deshalb, weil es keine wirklich angemessene Therapie der Psychosen gibt. Eine andere Komplikation ist die folgende: Wenn man geistige mit körperlichen Krankheiten vergleicht, so wird der physisch kranke Patient sterben, wenn die Prognose sehr schlecht ist, der geistig kranke Patient dagegen wird an seiner Krankheit niemals sterben, außer er begeht Suizid. Daher wird das Leid, das einem solchen Patienten durch eine unwirksame

Versuchsbehandlung zugefügt wird, für den Rest seines Lebens bleiben und jahrelang dauern. Deshalb meine ich, daß die Versuchung bei den Ärzten oder Psychiatern, ihrer therapeutischen Begeisterung nachzugeben, um so stärker eingedämmt werden muß.

ROY:
Ja, unbedingt. Ich habe den Verdacht, daß die Vermehrung von randomisierten kontrollierten klinischen Versuchen in der Psychiatrie zu einer Verminderung der Zahl jener Therapien führen wird, die gegenwärtig verwendet werden.

PLOOG:
Gehen wir zurück zu Dr. Patzigs Frage, die lautete: Kann ein Vormund jemals über eine Forschungsfrage entscheiden, wie riskant sie auch immer sein mag? Könnten Sie Ihre Meinung zu diesem moralischen Dilemma äußern?

BRENNER:
Ich meine, daß in solchen Fällen ein Kunstgriff notwendig wird, um das persönliche Interesse des Psychiaters – des Individuums – an der Situation, der Forschung und an deren Resultaten zu vermindern. Ich kann mir vorstellen, daß man dies durch einen „peer review" erreichen könnte, nicht notwendig mit anderen Psychiatern, aber mit anderen Ärzten.

PLOOG:
Wäre das nicht eine sehr passende Frage für ein Ethikkomitee? Das ist eine Art „peer review", obwohl nicht alle Gleichrangige sind.

BRENNER:
Ich würde es vorziehen, die ethischen Entscheidungen durch einen stärker wissenschaftlichen „peer review" zu bekräftigen. Das ist es, was ich sagen wollte.

PLOOG:
Sie wollen also, daß der „peer review" vor der Diskussion durch ein Ethikkomitee stattfindet?

BRENNER:
Ja, und durch andere Leute auf diesem Gebiet. Ich meine, daß dies nicht lediglich auf Psychiater beschränkt sein sollte.

MARSHALL:
Sprechen Sie von der stellvertretenden Einwilligung für ein Kind oder eine geschäftsunfähige Person, durch die der Betroffene keine Vorteile hat? In diesem Fall bin ich dagegen, außer wenn das Risiko minimal ist, gemessen an den Risiken des Alltagslebens. Es ist ein Risiko, sein Kind in den Park zu fahren und es wieder heimzubringen. Wir lassen es nicht zu, außer in Situationen mit minimalem Risiko.

ROY:
Ich denke, der Wert von Dr. Brenners Vorschlag zeigt sich darin, daß es manchmal schwierig für ein Ethikkomitee ist, das Risiko genau abzuschätzen und zu beurteilen. – Wir verwenden Wörter, wenn wir sagen „minimal" oder „maximal" – das sind

nur Wörter! Was bedeuten sie aber im konkreten Fall? Für ein Ethikkomitee (falls es keine geeigneten wissenschaftlichen Mitglieder hat) kann es äußerst schwierig sein abzuschätzen, ob ein Risiko tatsächlich minimal ist oder nicht. Ich glaube, daß das Grundprinzip allgemein akzeptiert ist: Stellvertreter haben nicht die Macht, heutige Patienten für zukünftige zu opfern. Wenn daher eine hohe Wahrscheinlichkeit für einen schweren Schaden besteht, haben Stellvertreter nicht die moralische oder sonstige Machtbefugnis oder das Mandat, ihre Zustimmung zu erteilen. Das wissenschaftliche Schlüsselproblem lautet: Wie mißt man dieses Risiko? Sie alle wissen, daß es eine unglaublich schwierige Aufgabe ist, sich in einem Bereich neuen Wissens und von Innovationen zu bewegen. Wer weiß denn wirklich, was mit den Patienten geschieht, bis der Versuch abgeschlossen worden ist? Dort könnte, wie ich meine, das wissenschaftliche Paradigma für das Ethikkomitee hilfreich sein.

PLOOG:

Dafür habe ich ein Beispiel. Der Direktor einer psychiatrischen Klinik wurde entlassen, weil er eine Untersuchung in die Wege geleitet hatte, die die Verabreichung von zehn Einheiten Insulin an Menschen einschloß, die unfähig waren, nach Aufklärung ihre Einwilligung zu erteilen. Das geschah nicht zum Wohl der Patienten, war aber gedacht zum Nutzen zukünftiger Therapien. Das Risiko war minimal, und es geschah eigentlich nichts, aber irgendwer sagte, die Patienten hätten ihre Zustimmung nicht erteilt, und deshalb verlor der Mann seine Stelle.

DIETZ:

Ich bin mir nicht sicher, ob wir diese Frage lösen können, wofür es meiner Meinung nach einen wichtigen Grund gibt. Wir würden wahrscheinlich an verschiedenen Stellen die Grenze ziehen, wieviele Risiken noch tolerabel sind, wenn ein möglicher Vorteil für die geschäftsunfähige Versuchsperson besteht. Aber das ist eine Illustration für ein wichtiges Thema unserer Konferenz, daß nämlich bestimmte therapeutische Eingriffe wie Eingriffe zu Forschungszwecken einen Konflikt erzeugen zwischen den wahrscheinlichen Folgen für den individuellen Patienten oder die Versuchsperson einerseits und den Folgen für die Bevölkerung auf der anderen Seite. Ein weiteres Beispiel sind die Benzodiazepine, die (wie die Antibiotika) wohltuend für den einzelnen Patienten sein können und vielleicht bei jeder Verschreibung ethisch gerechtfertigt sind, die aber für die Bevölkerung insgesamt Kosten mit sich bringen. Wer sollte die Entscheidungen in der Sozialpolitik treffen, wo ein solcher Konflikt zwischen individuellen Interessen besteht. Denn hier wird die Entscheidungsfindung von traditionellen beruflichen Belangen diktiert sowie von sozialen Interessen, die nicht primäre berufliche Belange der Ärzte sind. Wer sollte eine solche Politik festlegen? Sollten das Politiker tun? Oder Komitees? Sollte das demokratisch vor sich gehen?

PLOOG:

Das sind gute Fragen, auf die ich natürlich keine Antworten habe. Ich glaube, das dies durch ein Expertenkomitee geschehen sollte, das seine Entscheidungen zum Zweck einer abschließenden Zustimmung an die Politiker weiterleitet.

MARSHALL:
Ich möchte eine Ergänzung zu dem Beispiel von Dr. Ploog machen, bei dem der Klinikdirektor geschäftsunfähigen Patienten Insulin verabreichte und dafür entlassen wurde. Unter anderem haben wir – was andere vielleicht nicht getan haben – die Gerechtigkeit bei der Auswahl der Versuchspersonen geprüft. Weshalb wählt man nicht normale, gesunde Menschen aus, die diesem Versuch zustimmen können? Weshalb wird Kranken das Insulin gegeben? Ich glaube, daß dies eine schreckliche Sache ist und etwas, das in jedem Fall in Erwägung gezogen werden sollte: Wer trägt das Risiko? Es ist nicht fair, daß die ökonomisch und physisch Benachteiligten das Risiko tragen und die anderen die Vorteile davon haben.

PLOOG:
Die Teilnehmer waren sich darin einig, daß die Therapieforschung im Bereich der Psychiatrie absolut notwendig ist, weil Millionen von Menschen in der ganzen Welt unter geistigen Erkrankungen leiden, für die bisher keine befriedigende Therapie zur Verfügung steht – trotz der Tatsache, daß es in der Psychoneuropharmakologie größere Durchbrüche gegeben hat. Die Therapieforschung muß deshalb nach neuen psychotropen und neurotropen Substanzen suchen, die prophylaktische, kausale oder lindernde Wirkungen haben, oder um andere therapeutische Mittel mit ähnlichen Wirkungen zu finden.

Die Kernfrage dieser Sitzung lautete: Wie kann man mit der Therapieforschung in der Psychiatrie vorankommen und zugleich ethische Prinzipien beachten, die höchste Anforderungen stellen? Die Teilnehmer vermochten diejenigen Probleme in diesem Bereich zu identifizieren, mit denen praktizierende Psychiater, klinische Forscher und die Öffentlichkeit wie auch zunehmend die Gerichte sich täglich konfrontiert sehen. Eine der am meisten diskutierten Fragen war die Einwilligung nach Aufklärung. Was bedeutet diese Einwilligung für den Patienten in der Psychiatrie? Der Patient kann sehr wohl imstande sein, die Information aufzunehmen, die ihm gegeben wird, und sogar ihre Bedeutung verstehen, aber dennoch unfähig sein, eine freiwillige Zustimmung zu erteilen. Solche Patienten von den Zwängen ihrer Psychopathologie bis zu dem Punkt zu befreien, wo sie einen persönlichen Willen formulieren und ihm Ausdruck verleihen können, ist das Ziel psychiatrischer Therapie wie auch der Therapieforschung. Bei dem Bemühen, einen Ausweg aus diesem Dilemma zu finden, gab es eine Reihe von Entschließungen und Zusätzen zu bestehenden Richtlinien, zum Beispiel innerhalb der European Science Foundation (ESF) und den European Medical Research Councils. In diesen Empfehlungen wurden auch Fragen angesprochen, die den Schutz der Privatsphäre und die Verwendung personenbezogener Daten in der Forschung, besonders in epidemiologischen Untersuchungen, betreffen. Der dramatischste Fall, der den Bedarf an Empfehlungen deutlich machte, ereignete sich in der Bundesrepublik, wo ein äußerst wertvolles Fallregister aus Gründen des Datenschutzes geschlossen wurde. Klar wurde, daß die Bedingungen, unter denen persönliche Daten für die Forschung benutzt werden dürfen, genau spezifiziert werden sollten und daß die Gesetzgebung den Zugang zu den gesammelten Daten neu fassen sollte. Bei geschäftsunfähigen Individuen glaubte man, die Ernennung von Stellvertretern (Vormündern), die die Einwilligung erteilen können, sei ein Ausweg aus dem Dilemma. Die schwierigste Frage hier ist, ob derjenige, der stellvertretend entscheidet, die Einwilligung in eine

Prozedur erteilen kann, die für den Betroffenen mit hohem Risiko und einer geringen Hoffnung auf Vorteile verbunden ist.

Allgemeine Übereinstimmung herrschte, daß ein moralischer Imperativ in der klinischen Forschung darin besteht, Neuerungen auf ihre Sicherheit und Wirksamkeit hin zu prüfen. Es muß eine Risikoabschätzung durch den verantwortlichen Arzt erfolgen. Die Einwilligung ist eine notwendige, aber nicht hinreichende Bedingung bei der Durchführung von Forschungen. Eine besondere Lage entsteht dann, wenn die Forschung rein erklärenden oder Versuchscharakter hat, wo der Patient als Versuchsperson dient, ohne daß er irgendeinen möglichen Nutzen davon hätte, sondern vielmehr zum zukünftigen therapeutischen Fortschritt beiträgt. Hier herrschte allgemeine Einigkeit darüber, daß Stellvertreter nicht die Macht haben, eine solche Einwilligung zu erteilen, es sei denn, das Risiko ist minimal und vergleichbar den Risiken des Alltags. In kritischen Fällen könnte ein Kunstgriff notwendig werden, um das persönliche Interesse des Wissenschaftlers an der Forschung und deren Resultaten zu reduzieren. Das könnte durch ein unabhängiges Fachgutachten über ein klinisches Forschungsprojekt erreicht werden, bevor das Projekt durch das Ethikkomitee diskutiert wird, für das es dann vielleicht einfacher ist, das Risiko richtig abzuschätzen.

Der ethische Konflikt zwischen den beiden Grundproblemen – die Autonomie des einzelnen auf der einen Seite, das gesellschaftliche Bedürfnis nach der allerwirksamsten Therapie für ihre zukünftigen Patienten auf der anderen – wurde nicht wirklich gelöst. Wer soll hier über die Sozialpolitik entscheiden, wenn es einen solchen Konflikt gibt? Sollten das Wissenschaftler, Politiker oder Komitees sein oder sollten solche Entscheidungen demokratisch gefällt werden?

Bisher gibt es in der westlichen Welt weder allgemeine Antworten auf diese Fragen noch allgemeine Regeln und Verfahrensvorschriften für Ethikkomitees. Tatsächlich werden Ethikkomitees in den meisten Ländern noch nicht einmal vom Gesetz gefordert.

Neurowissenschaften und Ethik

Sitzung X

David Marshall

Einleitung

Es ist mir eine Ehre, unseren letzten Redner, Sir Stuart Hampshire, vorzustellen. Sir Stuart ist ein hervorragender Philosoph aus Großbritannien. Gegenwärtig ist er Professor der Philosophie an der Stanford Universität, war aber viele Jahre lang Rektor des Warren Colleges in Oxford. Das Thema dieser Sitzung lautet „Ethik in den Neurowissenschaften". Dabei handelt sich in der Tat um einen sehr umfangreichen Gegenstand, der die ethischen Probleme aller übrigen Themen umfaßt. Dr. Hampshire wird in seinem Vortrag die vor uns liegenden ethischen Fragen stellen. Unter anderem behandelt er die Tatsache, daß die Entscheidungsfindung in der medizinischen Ethik dem Rechnung tragen muß, was er „moralischen Pluralismus" nennt. Außerdem wird Dr. Hampshire die Ansicht betonen, daß dieses weite ethische Prinzip, also der Wert des moralischen Pluralismus öffentlich praktiziert oder argumentativ vertreten werden sollte. Diese Fragen stehen genau im Zentrum des ethischen Dilemmas, in dem wir uns im allgemeinen befinden, und im besonderen bei der Frage nach dem Verhältnis von Neurowissenschaften und Ethik.

Sir Stuart Hampshire

Ethische Fragen bei der Erforschung und Behandlung neurologischer und seelischer Störungen

Ich bin in einer etwas schwierigen Lage, weil es mir scheint, daß wir erst heute zu den wirklichen ethischen Fragen kommen. Deshalb hatte ich ziemlich wenig Zeit, meinen Vortrag vorzubereiten. Damit meine ich, daß die verschiedenen ethischen Probleme, die wir bereits erörtert haben, wie etwa das Recht auf die Durchführung von Tierexperimenten, die Fragen der Einwilligung nach Aufklärung, der Vertraulichkeit versus Forschungsinteressen und so fort, Fragen sind, die in der Praxis der Psychiatrie auf jeden Fall auftreten und die natürlich diskutiert werden sollten. Aber diese Fragen entstehen nicht sofort und direkt aus der fortgeschrittenen Forschung oder aus neuen neurowissenschaftlichen Entdeckungen. Sie wurden und werden von Expertenkomitees behandelt, und von den Anwesenden sind viele Experten auf diesen speziellen Gebieten. Da ich Philosoph bin, möchte ich mich diesen Fragen mit einem bestimmten Hintergrund nähern und muß dazu unvermeidlich ein wenig über Philosophie sprechen. Ich beabsichtige den Gegenstand der Psychiatrie zu demystifizieren, indem ich die Grundlagen für die sehr besondere Stellung angebe, die meiner Ansicht nach die Psychiatrie unter den angewandten Humanwissenschaften einnimmt. Man bezieht sich oft auf das, was die Öffentlichkeit denkt und erwartet, und um die Welt außerhalb dieses Raumes zu verstehen, müssen wir die Quellen mancher Vorbehalte gegen die Psychiatrie als Disziplin in Betracht ziehen, besonders diejenigen, die sich auf die Psychiatrie beziehen, insofern sie sehr weit von normalen medizinischen Praktiken abweicht. Das erfordert ein wenig Nachdenken über das Verhältnis von Gehirn und Geist. Hoffentlich vergeben Sie mir, wenn ich etwas dogmatisch bin, weil es in so kurzer Zeit schwierig ist, ein abgewogenes Bild dieses Gegenstandes zu vermitteln.

In einer Replik auf Dr. Ito schlug ich vor, wir sollten das Gehirn (das Objekt, das beobachtet wird und mit dem in einer Weise experimentiert wird, wie sie hier in den vergangenen beiden Tagen beschrieben wurde, und das das Instrument des Denkens, der emotionalen Einstellungen zur Welt und der Empfindungen ist), wir sollten, um Realitätssinn zu bewahren, das Gehirn mit dem menschlichen Auge vergleichen, mit dem Organ, das in enger Verbindung zum Gehirn steht und das wir zur Erkundung der realen Welt benutzen. Im Falle des Auges erfahren wir, wie es arbeitet, wir lernen es zu benutzen, wir betrachten es als ein Instrument. Wir vermuten, daß wir seine physische Struktur untersuchen können und, was noch wichtiger ist, daß wir seine Arbeitsweise verbessern können, indem wir seine Grundstruktur verstehen. Wir sollten gegenüber dem Gehirn dieselbe Haltung einnehmen: es ist ein Organ, das wir benutzen. Wir lernen, wie es arbeitet. Das können wir nur in einer kausalen Weise bewerkstelligen, wie Sydney Brenner meinte, weil die Kausalität uns das ursprüngliche Verständnis seiner Struktur vermittelt. Ich glaube, daß es wichtig ist, nicht in einer Metapher befangen zu bleiben, die Sydney Brenner in einem völlig angemessenen Kontext verwendete, in der Metapher, die Operationen des Körpers als Ganzes seien wie die Operationen einer Maschine anzusehen. Er behauptete nicht, die Operationen des Körpers seien maschinenartig, sondern nur, daß wir einen niederen Organismus, den er beschrieb, vollständig mechanisch verstehen könnten. Der menschliche Körper ist offensichtlich so wenig eine Maschine wie das Auge. Maschinenartig ist er möglicherweise in Teilen, aber nicht in seiner Gesamtheit. Und jeder, der Sydney Brenner ins Auge schaut, wenn er dabei ist, einen subversiven Witz zu machen, kann sehen, daß es einen Ausdruck annimmt, der für ihn charakteristisch ist. Alle menschlichen Körper, sofern sie belebt und nicht tot sind, zeigen Ausdrucksformen, einen Stil, gewohnheitsmäßige Bewegungen. Am Anfang der Tagung erwähnte François Gros die Unterscheidung zwischen dem geistigen und dem neuronalen Menschen. Ich möchte diese Unterscheidung ein wenig erweitern. Sydney Brenner sagt, wie viele andere auch, es sei eine Besonderheit des Menschen, daß er unwissend geboren wird. Abstrakter läßt sich dieser Sachverhalt ausdrücken, indem man sagt, verglichen etwa mit dem Gehirn eines Pferdes besitze das menschliche Gehirn Plastizität. Wir werden mit der Anlage geboren, eine Sprache, jede Sprache lernen zu können sowie mit der Anlage, die Zahlen zu lernen, und möglicherweise, anders ausgedrückt, zählen zu können. Sprachen haben nicht so sehr der Funktion der Kommunikation, sondern eher die der Trennung. Es gibt sie, um uns in gesonderte Populationen mit einer gesonderten Identität aufzuteilen. Wir haben mathematische Operationen, wir haben Vernunft, die ihrer Definition nach unterschiedliche Populationen vereint und wir haben die Wissenschaft. Die Wissenschaft überschreitet tatsächlich alle Grenzen. Daher haben wir zunächst einen Gegensatz zwischen Mathematik und Sprache oder, wenigstens an englischen Universitäten, zwischen den Geisteswissenschaften und Künsten auf der einen und den Naturwissenschaften auf der anderen Seite. Mit dem Namen von Noam Chomsky ist die Hypothese verbunden, wir seien vorprogrammiert, ein Teil unserer Plastizität sei (um Sydney Brenners Metapher zu verwenden) „hart verdrahtet“, damit wir eine Sprache lernen können. Welche Sprache wir aber lernen, hängt, wie wir alle wissen, davon ab, was auf den Knien unserer Mütter geschieht, wo wir die notwendigen Inputs erhalten, indem wir unsere Muttersprache hören sowie von den Gebräuchen unserer Umgebung. Auf diese Weise werden wir einer bestimmten Population zugewiesen. Daher haben wir auf der einen Seite die Menschheit in ihrer Gesamtheit, die zu zählen und zu messen vermag, die physikalische Wissenschaften aufbauen kann und die alle jene Attribute der reinen Vernunft besitzt, die Kant als grenzüberschreitend pries. Auf der anderen Seite haben wir die besonderen Sprachen. Das sieht ziemlich wie ein Triumph der Wissenschaft über alle natürlichen Neigungen aus. Deshalb haben wir seit den Anfängen die technische Kausalität, die Kausalität physikalischer Kontrolle. Sie muß nicht notwendig mechanisch sein, denn Maschinen sind letztlich nur eine Klasse natürlicher Objekte, und es gibt noch viele andere Klassen, die wir unter einem kausalen Gesichtspunkt untersuchen können, ohne bei ihnen an Maschinen zu denken. Auf der anderen Seite haben wir Populationen, Nationen, die geeint sind durch ihre Sprache, ihr Zusammenleben und vor allem durch ihre Geschichte. Das Verhältnis von Geschichte und Naturwissenschaft (beziehungsweise das Verhältnis von historischer und wissenschaftlicher Erklärung, dabei handelt es sich um zwei verschiedene Formen der Erklärung) ist für das Problem der Psychiatrie von Bedeutung, weshalb ich nun darüber sprechen will.

Oberhalb der Ebene der Population finden wir, wie im Laufe dieser Diskussionen oft festgestellt wurde, das Individuum. Von ihm aus kommt man zu den vertrauten und sehr wichtigen Ausdrücken „Autonomie" und „menschliche Würde", sobald man in die aktuellen Diskussionen in Komitees und Instituten eintritt, wo es um die angemessenen Grenzen für die Forschung geht, um die Grenzen der Privatheit sowie um ein Gleichgewicht zwischen diesen beiden moralischen Forderungen. Aber wir müssen sehen, daß die reale menschliche Würde selbst auf einer Naturtatsache beruht, nämlich auf der Speicherkapazität unseres Gehirns für unsere Erfahrungen. Eine Tatsache der Naturgeschichte ist, daß wir auf den Knien unserer Mütter beinahe nichts wissen. Deshalb ist der Speicher, der angefüllt ist mit individuellen Erinnerungen, ein ebenso mächtiger Bestimmungsgrund unseres Verhaltens wie die allgemeinen, die Menschengattung umspannenden Strukturmerkmale wichtige Determinanten sind. Mit Nachdruck wurde vertreten, daß individuelles Glück und Wohlbefinden auf der Fähigkeit beruhen, in Berührung mit der eigenen Geschichte zu stehen, über sie verfügen und sie in einem gewissen Sinne verstehen zu können. Wir wissen alle, daß es nicht zwei Menschen gibt, die in genau derselben Weise sprechen, daß jedes Gesicht einen nur ihm eigentümlichen Ausdruck besitzt und daß unser Fortbestand als Art auf der Sexualität beruht, die ihrerseits auf Individualität gegründet ist. Daher kann es für mich keine Frage geben, daß wir in einem medizinischen Setting oder ganz allgemein in einem Setting der Biowissenschaften (gleichgültig, ob wir an die Arzt-Patient-Beziehung oder an die Grenzen des Experimentierens mit Individuen denken) nicht bei einer dieser beiden Erklärungsweisen stehenbleiben können. Andererseits dürfen wir uns nicht mystisch oder sogar rhetorisch dazu verhalten, wie das manchmal der Fall ist. Denn es ist eine Tatsache, daß wir eben die Individualität haben, die wir haben. Ebenso ist (wie Dr. Widlöcher feststellte) die beste aller Leitlinien für einen Arzt bei der Behandlung seiner Patienten nicht die Statistik (wenigstens in vielen Fällen), sondern das, was in einer individuellen Beziehung seinem Urteil nach dem Patienten wohltut. Mit anderen Worten, es ist der Psychiatrie wesentlich, daß in ihr eine Spannung besteht zwischen der historischen und der wissenschaftlichen Erklärung, wobei letztere auf allgemeinen Strukturmerkmalen der beobachteten Realität beruht, Merkmalen, die *per definitionem* physisch, beobachtbar sind. Deshalb sind wir bei der Beurteilung der Wirkung eines Medikaments auf einen individuellen Patienten nicht gänzlich an statistische Verallgemeinerungen gebunden. Andererseits bieten diese statistischen Verallgemeinerungen eine Kontrolle des Arzt-Patient-Verhältnisses, das, wie ebenfalls schon gesagt, einen Interaktionsprozeß darstellt. Folglich ist der Arzt und Experimentator nicht – oder nicht in erster Linie – ein Beobachter.

Deshalb verlangt der Pluralismus der Erklärungen nach einem Pluralismus der Methoden und Ansätze. Ein gewisses Verständnis beider beruht auf der Einsicht, daß man menschliche Wesen nicht mit Erdwürmern gleichsetzen kann, nicht aus irgendwelchen mystischen Gründen, nicht wegen irgendeiner unerklärlichen menschlichen Tatsache, sondern wegen der Naturtatsache, daß Menschen teilweise durch ihre Geschichte bestimmt sind; denn jedes Individuum hat ein lernfähiges Gehirn, hat seine eigenen Allergien und geschmacklichen Vorlieben und so fort. Dabei handelt es sich nicht rein um Kulturmerkmale, wie manchmal behauptet wird, sondern um Merkmale des individuellen Organismus in seiner Individualität. Aus diesen Gründen sollten wir bereit sein, eine Vielfalt von Methoden zu tolerieren und zugleich zu akzeptieren, daß zwischen ihnen eine gewisse Spannung besteht. Gegenüber den Neurowissenschaften herrscht zweifelsohne ein genereller Vorbehalt, weil es den Anschein hat, als ob die Erforschung der Synapsen und Neurotransmitter eine gewisse Tendenz in sich enthielte, die Individualität der Person zu untergraben, oder, wie manchmal irreführend gesagt wird, den Begriff der Willensfreiheit zu zerrütten. Ich glaube nicht, daß es diese Tendenz gibt. Aber dahinter steht das Gefühl, ein Naturwissenschaftler genieße das ganze Prestige des Wortes „Wissenschaft". Das Wort enthält, beinahe in dem Sinn wie einstmals die Theologie, den Hinweis auf Objektivität und Vollständigkeit des Wissens. Folglich klassifiziert man beispielsweise eine Gruppe von Symptomen, zu denen auch eine geringe Motivation gehört sowie andere Symptome eines gleichermaßen als sozial oder historisch identifizierten Verhaltensmusters, das selber wiederum historisch ist und daher Ergebnis besonderer Bedingungen. Was unter einem niedrigen Motivationsniveau zu verstehen ist, könnte sich etwa in Südindien ganz anders darstellen als in Nordeuropa. Letztlich ist ein niedriges Motivationsniveau eine spirituelle Angelegenheit; es ist nicht nur historisch interpretierbar, sondern muß übersetzt werden. Alles, was übersetzt werden muß, ist in einem nichtwissenschaftlichen Bereich angesiedelt. Um es zu verstehen, muß man die Sprache, in der es auftritt, und die Kultur, in der es erkannt wird, insgesamt verstehen. Wenn man eine bestimmte Symptomgruppe als Ursache einer Krankheit akzeptiert, besteht daher der Verdacht, daß man sie der Sphäre individueller Meinung, individueller Anstrengung oder der Sphäre moralischer Verantwortung entzogen hat. Dann hat man eine bestimmte Krankheit als einen erkennbaren Gegenstand geschaffen. Ich will damit nicht einen Augenblick lang behaupten, es gebe keine solche Krankheit wie die Depression. Ich bin mir sicher, daß es sie gibt und das sie einen realen Kern hat. Die Frage ist: Wie kommt man an diesen Kern heran? Man kommt an ihn nur durch die Methoden heran, wie sie die physikalischen und chemischen Wissenschaften beschreiben. Nur auf diesem Weg kann Objektivität letztlich erreicht werden. Deshalb glaube ich auch, daß die Kausalerklärung, die aus der klassischen Physik stammt, grundlegend ist. Der Vorbehalt besteht darin, daß in der Epoche, die das psychiatrische Zeitalter genannt worden ist, die Individuen, besonders in statistischen Erhebungen über ihre Gewohnheiten, in einer Weise behandelt werden, als ob das einzig Interessante an ihnen ihre Stellung innerhalb einer Population oder, noch etwas verstörender, innerhalb der menschlichen Gattung wäre. Ärzte sind sich natürlich immer der Notwendigkeit eines historischen Zugangs bewußt. Sie sind sich darüber im klaren, daß alles, was einer Person begegnet, irgendwo in ihrem Gehirn gespeichert ist, und daß man die Person auf diese Weise nicht weniger verstehen muß als auf die andere. Aber es besteht außerdem das Bedürfnis, diese Dichotomie zu erklären und zu erkennen, daß keiner ihrer beiden Zweige in Wettstreit steht mit dem anderen. Aus diesem Grunde ziehe ich es vor, das Gehirn einfach als ein Organ anzusehen. Ich tue dies sogar, obwohl es das Organ ist, das in Bezug auf Glück, Freundschaft oder Liebe für uns das allerwichtigste Organ ist.

Ich möchte noch einige Zufallsbeobachtungen mitteilen, die ich bei unseren heutigen Diskussionen machte. Erstens, ich glaube nicht, daß sich die Depression in der Weise über die Welt ausbreitet, daß man mit Sicherheit sagen könnte, sie sei die Krankheit des modernen Lebens. Vielleicht ist sie es, aber wie mir scheint, haben wir darüber keine Sicherheit. Denn blickt man zurück in die dunklen Jahrhunderte des Mittelalters, in denen die Epidemiologie noch nicht existierte (sie ist ja letzten Endes eine Erfindung des 19. Jahrhunderts), sieht man, wie kollektiver Wahn, Hysterien und so fort über Europa hinwegbrausten. Tatsache ist, daß in Untersuchungen dieser Art die Epidemiologie, wenn man so will, ihre eigene Realität ans Licht bringt. Dies wirkt auf das menschliche Bewußtsein zurück. Dort liegt ein anderer Grund für Vorbehalte gegen die Psychiatrie, weil alles, was man zu jemandem sagt, um ihn als Menschen eines bestimmten Typs oder als Träger einer bestimmten Krankheit zu klassifizieren, zurückschlägt auf sein Leben, seine Gefühle, sein Selbstbild, die Art seiner Selbstbeschreibung usw. Das trifft gleichermaßen für den historischen Maßstab zu. Mein Pessimismus – soweit ich ihn habe – beruht daher nicht auf dem Glauben, daß die Depression ein besonderes Kennzeichen der industriellen Zivilisation ist. Größere Furcht als sie könnte mir eine falsche Rationalität einflößen.

Eine andere Sache, die mir sehr wichtig scheint und die erwähnt, aber nicht akzentuiert wurde, ist die Notwendigkeit, den Schmerz zu verstehen und eine allgemeine Theorie über ihn zu entwickeln. Für die utilitaristischen Ethiken war er letztlich das Übel selbst. Aber auch für jede andere Ethik ist ein großer Teil des menschlichen oder von Menschen kontrollierbaren Übels tatsächlich das Leid. Das ist ein Bereich für kausale, chemische und physikalische Erforschung des Gehirns, ohne daß man – wie Francis Crick zu sagen pflegte – nicht auch die griechischen Tragiker und Dante lesen müßte. Das wäre wiederum der falsche Gegensatz, weil man in allen Diskussionen über Depression einen Begriff von Pathologie haben muß, der physisch begründet ist. Es gibt keine andere Quelle für die Idee des Pathologischen als das Physische.

Zweitens. Was kann man mit kausalem Grundlagenwissen anfangen? Aus diesem Grund wollte ich das Beispiel mit dem Auge bringen: Man kann Prothesen herstellen, es gibt Brillen, es gibt künstliche Glieder für die Verkrüppelten. Es besteht jede Möglichkeit, daß man auch Prothesen für einige Aspekte der menschlichen Intelligenz, insbesondere das Gedächtnis, machen könnte. Natürlich ist das wilde Spekulation. Aber wenn gesagt wird, das Gehirn könne sich womöglich nicht selbst verstehen, so ist es natürlich nicht das Gehirn, sondern der Mensch, der sein Gehirn benutzt. Aber weshalb sollten wir unser Verständnis der Struktureigenschaften des Gehirns nicht verbessern? Ich hasse es, von dem Mann auf der Straße zu sprechen, aber wenn dereinst diejenigen, die Vorbehalte hegen, die Psychiatrie in diesem Rahmen sähen, so glaube ich, daß einige der Vorbehalte sich verkleinern würden. Diese Vorbehalte beruhen auf der Vorstellung, persönliche und individuelle Unterschiede würden ersetzt durch die gesamte Gattung umfassende Untersuchungen und darauf, das Individuum würde verschwinden. Das ist weit wichtiger als es die sozialen Faktoren verschiedener Sprachen und verschiedener Kulturen sind. Es handelt sich um das Gefühl, die Zufallsmerkmale der einzelnen Person, das, was ihr ganz eigen ist wie die Fingerabdrücke und, wichtiger noch, ihre Imagination, ihr Stil und ihre Physiognomie, würden zersetzt. Aber dem ist nicht so. Es besteht eine reziproke Beziehung zwischen den beiden Aspekten der Erklärung; daher sollten wir unsere moralischen Probleme in diesem Rahmen sehen. ·

Ein letzter Punkt. Mit moralischem Pluralismus meine ich folgendes: Obwohl es Prinzipien der Gerechtigkeit und Fairness gibt, die wir in einer rationalen, quasilegalen Weise über Grenzen hinweg diskutieren können, gibt es auch moralische Unterschiede, die den Menschen etwas bedeuten, von denen sie wissen, daß sie lokal sind und auch wollen, daß dies so ist und worauf sie stolz sind; sie sind eingebunden in ihre Gebräuche und ihre Erziehung. Deshalb sollten wir bei diesen Dingen weder auf einen totalen Konsens in moralischen Fragen abzielen noch nervös werden, wenn Unterschiede bestehen bleiben. Im Gegenteil, die Unterschiede sollen sich entwickeln und müssen hervorgehoben werden. Es gibt keinen Weg, zwischen Priestern und Agnostikern eines bestimmten Typs einen einfühlsamen und ehrenhaften Kompromiß über Fragen von der Art zu schließen, wie wir sie hier diskutiert haben. Diese Fragen müssen an die Öffentlichkeit getragen und von beiden Seiten als Ausdruck tiefer Überzeugungen verstanden werden. Ich sage die Öffentlichkeit, weil es sich hierbei keinesfalls um Fragen für Experten handelt. Dies sind Fragen der Anerkennung individueller Unterschiede, die eine historische Grundlage haben.

Diskussion

DOI:

Sie ziehen eine Verbindungslinie zwischen dem moralischen und dem wissenschaftlichen Standpunkt und Sie wenden den Begriff der Autorität auf den wissenschaftlichen Standpunkt an, wie es in der erlauchten Gemeinschaft der Gelehrten und Wissenschaftler zum Ausdruck kommt, während Sie für den moralischen Standpunkt Autorität in Abrede stellen und nur die rationale Argumentation fordern. Das unterscheidet sich stark von dem, was wir uns normalerweise unter dem moralischen und wissenschaftlichen Standpunkt vorstellen. Könnten Sie diese Unterscheidung näher erläutern? Denn wie mir scheint, wird der moralische Standpunkt durch Konsens gestützt und nicht durch bloße Rationalität.

HAMPSHIRE:

Den Satz „die Autorität und die Autorität der wissenschaftlichen Gemeinschaft" habe ich in folgendem Sinn verwendet: In den anderen Sitzungen haben wir oft gehört, es gebe einen „Konsens" über dies und das. Und es gibt ein Schiedsgerichtsverfahren der Gemeinschaft der Gelehrten und Wissenschaftler über Fragen, die deshalb zu objektiven Fragen werden, weil unter denen, die sich in diesem Bereich mit rationalen Fragen befassen, ein Konsens besteht. Ich glaube, daß die Moral in sich Merkmale enthält, insbesondere den Begriff der Gerechtigkeit, die alle Grenzen überschreiten. Aber es gehört ebenso zur Moral, daß sie einige Merkmale in sich trägt, die kulturell an eine Sprache gebunden sind, die wiederum, anthropologisch gesprochen, zu einer bestimmten Gruppe gehört. Für den Menschen ist es wesentlich, sich mit einer bestimmten Kultur zu identifizieren. Kulturen stellen beispielsweise Fragen wie die, wie man mit dem Tod umgeht. Das sind Fragen von der Art, die mit Gewohnheiten verbunden sind, die tiefe historische Wurzeln haben und sehr bedeutsam sind für die Menschen und die ihre moralischen Gefühle in Anspruch nehmen. In diesem Bereich wünscht man sich keine Autorität und fordert sie nicht. Hier muß man die Überzeugungen zum Vorschein bringen, sie verstehen und ihre historischen Wurzeln aufsuchen. Im Gegensatz dazu gibt es in der Quantenphysik wirkliche Autorität und diese ist objektiv.

DOI:

Ich kann Ihrer Argumentation sehr gut folgen, aber in Ihrer Position setzen Sie Objektivität beinahe gleich mit der Funktion der Autorität.

HAMPSHIRE:

Nein, ich glaube, daß der Begriff der Objektivität – wie die meisten unserer Begriffe in diesem Bereich – historisch bedingt ist. Seit Galilei ist der Begriff der Objektivität, mit dem wir alle arbeiten, ein partikularer Begriff von Objektivität, der Hand in Hand geht mit dem Erfolg der physikalischen Wissenschaften. Von daher muß man es verstehen, wenn die Leute den Arzt als einen Wissenschaftler aufsuchen. Wenn dieser zu jemandem sagt, er sei depressiv, wird der Betreffende denken: „Nun, hier herrscht ein internationaler Standard, die Symptome passen zusammen, deshalb, fürchte ich, hat der Arzt die Wahrheit gesprochen." – Ich weiß natürlich, daß das eine Parodie ist, aber ich erkläre gerade den Begriff der Objektivität. Dabei handelt es sich nicht um eine Sache, die man von einem Parlament entscheiden lassen wollte, während bei Fragen wie der nach der Behandlung von Föten und so fort, man sich alle Perspektiven zu eigen machen und sich anschauen muß, was die Leute darüber fühlen und denken. Ich behaupte nicht, hier gebe es keine Argumente, aber die Situation ist eine andere.

PATZIG:

Jeder weiß, daß, wenn man zwei Philosophen hat, man wenigstens drei Lehrmeinungen von ihnen hören kann, und ich möchte ihre Zeit nicht damit verschwenden, eine sozusagen innerphilosophische Diskussion mit Sir Stuart Hampshire anzufangen. Differenzen sind durchaus in vielen Punkten vorhanden, obwohl ich annehme, daß wir philosophisch im Hinblick auf die philosophische Methode relativ nahe, viel näher als viele andere, beieinander stehen. Ich möchte mich deswegen auf drei Punkte konzentrieren, und einen Punkt, in dem ich ihm voll und mit großen Enthusiasmus zustimme, hervorheben, nämlich die Betonung der Rolle der Individualität gegenüber jeder Art, den Versuch zu machen, menschliche Individuen nur unter dem Aspekt dessen, was an ihnen gemessen und objektiviert werden kann, zu sehen. Das scheint mir ein sehr wichtiger Gesichtspunkt zu sein. Ich glaube, daß alle Anwesenden auch überzeugt sind, daß dieser Gesichtspunkt nie außer Acht gelassen werden sollte.

Kritisch möchte ich mich äußern in Hinblick auf die Auffassung, die Sir Stuart in Hinblick auf die Mind-Body-Problematik vertreten hat. Natürlich können wir hier auch nicht einmal den Versuch machen, in die Sachproblematik einzutreten. Ich möchte nur dies feststellen: Er hat gesagt, er sei vielleicht ein bißchen dogmatisch. Deswegen, und um die Sache ein wenig interessanter zu machen, bin ich auch etwas dogmatisch und sage: Es ist eine Tatsache, daß wir, wenn wir vernünftig sprechen wollen, nicht sagen können, daß das Gehirn über sich selbst nachdenkt. Unser alltäglicher Sprachgebrauch ist so normiert, daß nur Personen denken, und das Gehirn ist insofern das Instrument, mit dem sie denken. Mir scheint dennoch die Analogie zwischen dem Auge und dem Gehirn, also dem Auge als Instrument des Sehens und nicht als Subjekt des Sehens und dem Gehirn als Instrument des Denkens und nicht als Subjekt des Denkens, nicht wirklich überzeugend zu sein. Zwar ist es so, daß unsere normale natürliche Sprache davon ausgeht, daß Personen denken. Das Gehirn ist dann in gewisser Weise das Organ, mit dem sie denken. Aber alles, was wir in der letzten Zeit über die Prozesse im Gehirn erfahren haben und übrigens auch das meiste, was die Philosophen inzwischen dazu an Diskussionen geführt haben, läßt jedenfalls den Gedanken ziemlich deutlich am Horizont erscheinen, daß eine Möglichkeit besteht, daß ein Satz wie „Stuart Hampshire denkt", daß die Person das Gehirn als Organ benützt, ein Satz ist, der übersetzt werden könnte (und zwar ohne daß von dem Inhalt etwas verloren geht), indem man nur auf bestimmte Zustände des Gehirns oder überhaupt des Nervensystems abstellt. Dabei ist klar, daß eine solche Übersetzung, die nach meiner Hypothese nichts von dem Inhalt verlieren müßte, ungeheuer kompliziert sein würde. Deswegen glaube ich, daß wir auch in Zukunft bei unserer natürlichen Sprache bleiben werden, wenn wir die Gedanken von Menschen beschreiben wollen. Aber es kommt darauf an, ob es im *Prinzip* möglich wäre, eine Übersetzung zu geben, die genau das an Information erfaßt, was ein Satz in natürlicher Sprache, der über denkende Subjekte spricht, wiedergibt, eine Übersetzung, die in wissenschaftlicher Terminologie Gedanken von Menschen als neuronale Aktivitäten in bestimmten Gehirnregionen und als Schaltungen zwischen diesen Zentren beschreibt. Ich sage, daß dies eine Möglichkeit ist, meine aber nicht, daß wir das in kurzer Zeit erleben werden. Man sollte offenlassen, ob diese Auffassung, die durch unsere natürliche Sprache und Tradition nahegelegt ist, diejenige ist, die die Realität in angemessenster Weise erfaßt.

Der zweite Punkt, bei dem ich etwas anderer Auffassung bin, und der für unsere Hauptthematik wichtig ist, betrifft das vorhin von Dr. Doi angeschnittene Problem des moralischen Pluralismus. Ich habe da eine in vielen Punkten übereinstimmende, aber, wie ich glaube, in wichtigen Punkten abweichende Meinung zu dem, was Sir Stuart vorgetragen hat. Ich glaube, daß es selbstverständlich so etwas wie moralischen Pluralismus gibt, daß aber all das, was mit einem moralischen Pluralismus zusammenhängt, wenn es darum geht, irgendwelche Richtlinien für Wissenschaft und ihre Anwendungen zu definieren, Schwierigkeiten mit sich bringt, die auf irgendeine Weise behoben werden müssen. Sir Stuart hat schon angedeutet, daß es so etwas geben kann wie das Feld eines möglichen Konsensus in dem Bereich, in dem es rationale Argumente für bestimmte Verhaltensweisen gibt, Argumente, bei denen nichts anderes eine Rolle spielt, als unsere Erfahrung und unsere logischen Regulative, wobei die Erfahrung sich auf von Menschen und vielleicht auch von nichtmenschlichen Lebewesen ins Spiel gebrachte Interessen, Wünsche und Bedürfnisse bezieht. Es ist der Diskussion in der Tat anzusehen, daß wir einen solchen Konsensus in vielen Bereichen schon erreichen. Auch die Diskussion, die wir gehabt haben, zeigt mir, daß ein solcher Konsensus jedenfalls keine Utopie ist, trotz der Unterschiede, die wir in unserer individuellen Sozialisation und kulturellen Tradition, auch in moralischen Fragen, oft haben. Das Problem des Pluralismus scheint mir darin zu liegen, daß die Frage beantwortet werden muß, ob jemand, der einer bestimmten moralischen Tradition folgt (also zum Beispiel einer religiösen Tradition), um ethische Regulative zu entwickeln, nicht nur das Recht haben darf, nach seinem eigenen Gewissen im Licht dieser moralischen Überzeugung zu handeln, sondern auch andere Menschen, die diese Überzeugung nicht teilen, so zu behandeln, wie es sein eigener moralischer Kode ihm vorschreibt. Es fragt sich, ob nicht ein Toleranzprinzip eingeführt werden muß, daß man, wenn man sich mit solchen Menschen (etwa als Arzt) in einer solchen Beziehung befindet, in der Handlungen, die moralisch relevant sind, vorkommen können, nur diejenigen Elemente seiner eigenen Moral ins Spiel bringen darf, von denen man voraussetzen darf, daß sie auch von demjenigen, den man behandelt, akzeptiert werden. Ein solcher kritischer Fall tritt zum Beispiel dort auf, wo ein Klinikchef entscheiden muß, ob bei einem Patienten im vegetativen Zustand die Behandlung fortgesetzt werden soll. Ich respektiere die Auffassung eines religiös orientierten Arztes, der sagt: „Das Leben ist ein Geschenk Gottes und kann nur durch Gott wieder genommen werden; ich werde in einem solchen Fall keine passive Sterbehilfe leisten." Die Frage ist nur, ob er berechtigt ist, eben dieses Prinzip auch gegenüber einem Patienten anzuwenden, der diese Auffassung nicht teilt. Ich glaube daher, und andere Fälle lassen sich natürlich beliebig anführen, wir brauchen einen gewissen Konsensus im Hinblick auf diejenigen, die zum Beispiel Patienten in einer Klinik werden. Sie müssen darauf vertrauen können, daß sie nicht behandelt werden nach moralischen Normen, die nicht diesem Konsensusgebiet angehören, sondern spezielle oder partikulare Normen sind. In diesem Punkt sehe ich die Schwierigkeiten, die mit der faktischen Pluralität moralischer Kodes zusammenhängen. Ich denke, daß die Lösung nicht so sehr in Institutionen liegt, die darüber entscheiden, in welchem Maße diese pluralistischen Prinzipien dann in gewisse Richtlinien eingehen. Meine Vorstellung von einer Lösung wäre eher die, einen bestimmten Kern des Konsensusfähigen auszuzeichnen und ihn zum allgemeinen Standard zu machen in solchen Fällen, in denen Anhänger verschiedener Kodes miteinander kooperieren. In modernen pluralistischen Gesellschaften wird dieser Fall der Normalfall sein, da man nicht voraussetzen kann, daß die Beteiligten in einer sozialen Kooperation die gleichen moralischen Überzeugungen auch in den Randgebieten haben.

HAMPSHIRE:
Zunächst zu dem Punkt der wissenschaftlichen Terminologie. Es besteht die Furcht, die physiologische Fachsprache könnte das verdrängen, was zuweilen unsere Folklorepsychologie genannt wird, also unsere ererbte Weise, über uns selbst in Begriffen von Sehnsüchten, Überzeugungen und anderen propositionalen Einstellungen zu sprechen. Wie ich meine, beruht diese Furcht auf einer Illusion und ist ein philosophischer Fehler, weil die wissenschaftliche Terminologie, allgemein gesprochen, sich mit generalisierbaren Merkmalen der Person befaßt und in einigen Fällen mit individuellen Charakteristika. Aber noch grundlegender betrachtet, handelt es sich um eine Beobachtersprache. Im Gegensatz dazu sind die meisten unserer Äußerungen Wünsche, Ausdruck unserer Gefühle, unserer Beweggründe, unserer Absichten, die alle Funktionen der Sprache sind und die wir benötigen, um unseren alltäglichen Betätigungen nachzugehen, denen sie gewisse Beschränkungen auferlegen – beispielsweise derart, daß viele von ihnen subjektiv sind und sich auf Zustände des Geistes beziehen, von denen der andere nicht sicher sein kann, daß ich sie habe. Dies ist keine Beobachtersprache.

Die Wissenschaftssprache hat verschiedenen Zwängen zu genügen. Sie muß so weit wie möglich quantitativ, bestimmt und eindeutig sein. Das heißt, die Prädikate und Beschreibungen, die man verwendet, sind entweder wahr oder falsch und sie sind so gut wie irgend möglich auf Beobachtungen bezogen. Aber wir sprechen nicht auf diese Weise. So könnten wir unser Leben gar nicht führen, wir könnten so weder Freunde, Brüder und Schwestern haben noch heiraten.

Der zweite, damit in Verbindung stehende Punkt betrifft die Ebenen der Erklärung. Traditionell unterscheidet man drei Erklärungsebenen:

1. die klassische kausale Erklärung (Bewegungsgesetze), über die wir im groben bereits gesprochen haben;
2. funktionelle Erklärungen, wie sie manchmal im großen Maßstab in der Biologie und mehr noch in allen Humanwissenschaften verwendet werden; und
3. teleologische Erklärungen im allgemeinen, die wir in unserem alltäglichen Handeln nicht entbehren könnten, weil wir aussprechen müssen, was unsere Zwecke sind und worauf wir hinauswollen.

Meiner Meinung nach ist es ein Fehler anzunehmen, daß unser Sprechen über unsere Gefühle und Absichten auf irgendeine Weise verschwinden könnte. Was tatsächlich geschieht, wenn unser Wissen über die Vorgänge im Gehirn wächst, ist, daß man davon einen gewissen Gebrauch machen kann (deshalb benutzte ich auch die Metapher von einem Instrument). In diesem Punkt bin ich ein Anhänger von Francis Bacon: Je mehr kausales Wissen man über die Arbeitsweise des Körpers oder über psychologische Ursachen hat, desto weiter wird das Feld der Optionen, weil man sie in die Situation, in der man sich gerade befindet, einbringen kann. Dort liegt nicht die wirkliche Schwierigkeit.

Die Schwierigkeiten des Pluralismus sind dagegen sehr real. Wir alle wissen das. Darin besteht letztlich die zentrale Schwierigkeit der Politik: Wie kommen die Menschen dazu zuzustimmen? Durch welche Prinzipien der Gerechtigkeit und anerkannte Standards der Argumentation können wir fundamentale moralische Konflikte ausräumen, die eigentlich auf kulturellen Unterschieden beruhen? Aber am wichtigsten sind die persönliche Lebensgeschichte und die Glaubenseinstellungen, insbesondere der Glaube an das Übernatürliche, denn wenn er sich nicht auf das Übernatürliche bezieht, kann man annehmen, es gebe eine rationale Methode, um ihn zu bewerten. Aus diesem Grunde sagte ich, diese Sichtweisen müßten an die Öffentlichkeit gebracht werden, weil dies der einzige Weg ist, sich gerecht gegenüber Minderheiten zu verhalten. Wichtig ist hier das Konzept der Gerechtigkeit als Konzept der praktischen Vernunft. Darauf hoffte man immer, wenn man annahm, die Vernunft überschreite die Grenzen und sei kein historisches Phänomen. Aber darin steckt auch ein Quentchen Glauben. Wenn man es auf diese Weise betrachtet, kann man nicht gänzlich ohne Hoffnung sein. Ich denke dabei an die grundlegenden Fragen der Moral, der Religion und des Gefühls. Man muß gegenüber Minoritäten fair sein und erkennen, daß sie über diese Fragen nachgedacht haben. Man kann die Position vertreten, man könne Glaubenseinstellungen historisch erklären und könne sie verschiedenen irrationalen Faktoren zuordnen. Aber wenn man ein gerecht denkender Mensch ist, wird man einsehen, daß dies auch für einen selbst gilt.

Roy:

Ich habe zwei Bemerkungen zu machen. Erstens begrüße ich den Gedanken, den Sir Stuart über den Pluralismus der Erklärung, der einen Pluralismus der Methoden einschließt, entwickelt hat. Verschiedene Anwesende, mich eingeschlossen, haben in den vorigen Diskussionen sehr hart den Standpunkt durchzusetzen versucht, daß therapeutische und diagnostische Innovationen mit rigoros kontrollierten Versuchen validiert werden sollten. Dennoch müssen wir uns darüber im klaren sein, daß man in der Hitze einer solchen Diskussion leicht das eigentliche Ziel aus den Augen verlieren kann. Unser Ziel ist gewiß zuverlässiges Wissen und nicht die Kanonisierung randomisierter Doppelblindversuche als magischer Methode zur Entdeckung der Wahrheit. Einer der Anwesenden korrigierte mich, indem er mich daran erinnerte, daß es andere Wege gibt, um verläßliches Wissen zu erhalten. Ein Chirurg beispielsweise, der zahlreiche Fälle über einen längeren Zeitraum bearbeitet, kann eine Art von Wissen erwerben, das in randomisierten klinischen Versuchen mit Chirurgen, die über einen unterschiedlichen Erfahrungshintergrund verfügen, nur sehr schwer zu verifizieren wäre. Daher ist es wichtig, sich klar darüber zu werden, daß wir sogar an den Punkt kommen können, wo – in Verbindung mit statistischen Methoden – das individuelle klinische Urteil zu einem Verfahren wird, das zu zuverlässigem Wissen führen kann.

Mein zweiter Punkt bezieht sich auf eine beiläufige Äußerung Sir Stuarts, der sinngemäß sagte: „Es gibt Fragen, die wir nicht von einem Parlament gelöst sehen wollen, sondern von denen wir uns wünschen, daß sie auf der Grundlage von Evidenzen entschieden werden." Dieser Punkt ist wichtig. Wir sollten ihn allerdings umkehren, um den Befürchtungen einiger, wenn nicht vieler wissenschaftlicher Laien Ausdruck zu verleihen. Diese sind gleichermaßen wie die Wissenschaftler betroffen durch den zukünftigen Kurs, wie er auf der Grundlage technischer Anwendungen der Wissenschaft in Gang gesetzt wird, und haben doch, anders als die Wissenschaftler, keine Gelegenheit mitzuentscheiden. Oder mit einer anderen Formulierung: Die Zukunft wird vorentschieden durch die Entwicklung der Wissenschaften, und die Freiheit der Gesellschaft, einen Weg statt einen anderen zu gehen, wird eingeschränkt.

DINSDALE:
Ich würde gerne auf die Begriffe „neuronaler Mensch" und „geistiger Mensch" zurückkommen. Die meisten von uns glauben, die gegenwärtige und die zukünftige Forschung werde zu einem besseren Verständnis des neuronalen Menschen und zu neuen Behandlungsmethoden für ihn führen. Wir sind auch in dem Punkt einer Meinung, daß diese beiden Menschen unter bestimmten Umständen wechselseitig aufeinander einwirken – so wird der plötzliche Tod eines Kindes eine gewaltige Wirkung des geistigen auf den neuronalen Menschen nach sich ziehen und zu chemischen Veränderungen und klinischen Symptomen führen. Sir Stuart, könnten Sie einige Bemerkungen darüber machen, ob zukünftige Forschungen, die unser Verständnis des geistigen Menschen verbessern könnten, wahrscheinlich sind?

HAMPSHIRE:
Der Begriff „geistiger Mensch" stammt nicht von mir. Aber ich möchte genauer erklären, was ich damit meinte. Ich verstehe unter dem Neuronalen die physisch beobachtbare Kreatur – den Körper. Das Geistige ist nicht in demselben Sinn physisch beobachtbar. Aus diesem Grund führte ich bewußt beispielsweise den Ausdruck in Sydney Brenners Auge ein, der sich in einem gewissen Sinn zweifellos nicht beobachten läßt. Wir können sicher sein, daß Ausdruck und physiognomische Merkmale ganz auf der Seite des Geistigen liegen. Was bedeutet das? Stelle ich damit eine metaphysische Behauptung auf über Schichten der Realität? Keineswegs! Ich behaupte etwas über unsere Systeme des Denkens und der Erklärung. Nehmen wir als Beispiel einen jungen Mann, der unter neurotischem Zwangsverhalten leidet und sich deshalb jede Nacht unbedingt als Frau verkleiden muß. Man könnte das vielleicht durch genetische Faktoren für zwanghaftes Verhalten erklären. Aber man könnte sich wegen der Phantasie, die hinter seinem Verhalten steht, auch für die Person interessieren, etwa indem man fragt: „Zieht er sich als seine Mutter an, oder was macht er?" Die gedankliche Komponente ist nichts, was beobachtet werden könnte. Beobachtet werden können nur die Verhaltensmerkmale. Alles, was bei der Übersetzung einer Sprache, beim Betrachten eines Bildes oder bei sonst etwas im Bereich der Übersetzung von Interesse ist, gehört für mich zum Geistigen. Ich behaupte aber keineswegs, die Realität sei in dieser Weise geschichtet. Dies ist eine Art, die Dinge zu betrachten, und sie wiederum ist mit einem Modus des Erklärens verknüpft. Deshalb muß ich viel über eine Kultur wissen,

bevor ich den Ausdruck im Auge eines Angehörigen dieser Kultur beschreiben kann. Natürlich gibt es Überschneidungen, wo man nicht weiß, welches Erklärungsschema das beste ist, und zwar:
1. von einem therapeutischen Gesichtspunkt aus,
2. von einem kausalen Gesichtspunkt aus und
3. von einem interesselosen intellektuellen Standpunkt aus.

Beispielsweise kann es beobachtbare Zustände von Personen geben, die, wie Allergien und Behinderungen, in den medizinischen Bereich fallen. Und dann kann es Zustände geben, die hochgradig individuiert sind, und wo das kausale Verstehen sich am besten historisch vollzieht, nicht notwendig allerdings auch die Therapie. Deshalb sollte man die verschiedenen psychiatrischen Behandlungsmethoden nicht polemisch betrachten. Aber diese Tendenz gibt es, weil einige Menschen von ihrem Temperament her vom Harten – wie den harten Wissenschaften – angezogen werden. Andere dagegen werden durch ihr Temperament von dem angezogen, was assoziativ und historisch ist, was ihr Gedächtnis umwälzt und was sprachlicher Natur ist. Wahrscheinlich haben sich diese beiden Menschentypen im Alter von dreizehn Jahren in zwei Richtungen auseinanderentwickelt, der eine macht Griechisch und der andere Naturwissenschaft.

ITO:
Darf ich eine etwas abweichende und vielleicht unkompliziertere Sichtweise des Problems von Geist und Körper anbieten? Mit „vollständigem Verstehen" meine ich das Wissen, mit dem wir ein künstliches Gehirn konstruieren können. Unter Berücksichtigung der raschen Ausweitung unseres Wissens werden wir vielleicht in der Zukunft in der Lage sein, so etwas wie ein Gehirn zu bauen. Eine ernsthafte Frage ist dann, ob dieses künstliche Produkt etwas haben wird, was dem menschlichen Geist ähnelt.

HAMPSHIRE:
Maschinen sind eine großartige Sache, und ich werde nicht gegen sie sprechen. Aber sie verfügen über kein aktives Leben, sie haben keine gefühlsmäßigen Bindungen und, was das allerwichtigste ist, mir fällt es sehr schwer, ihnen Sympathien oder feindselige Gefühle zuzuschreiben. Ich glaube nicht, daß wir für immer an dem beschränkten Begriff der Maschine festhalten werden, der gegenwärtig besteht. Möglicherweise werden Dinge entstehen, die uns dazu zwingen, unsere Vorstellung von dem, was wir zu den Maschinen zählen, zu erweitern. Es ist ebenfalls vorstellbar, wenn auch eher unwahrscheinlich, daß Dinge entstehen, die unsere Kategorie dessen, was wir „Tiere" nennen, erweitern könnten. Ich kann gegen eine gänzlich weiße Wand spekulieren, aber ich meine, daß man auf ihre viele konkrete Details eintragen muß, bevor das überhaupt Sinn macht. Ich kann in einer vollständigen Leere spekulieren, aber da gibt es nichts von dem ich sagen könnte, es sei entweder wahr oder falsch. Wir müssen die Dinge mehr oder weniger so nehmen, wie sie sind.

ITO:
Ich stimme Ihnen voll zu, aber die Neurowissenschaften räumen ein Geheimnis unserer geistigen Funktionen nach dem anderen fort. Sogar die Emotionen, die geheimnisvoll aussehen mögen, sind im Grunde Repräsentanzen biologischer Krite-

rien, mittels derer Tiere entscheiden, ob ein Reiz für sie nützlich oder schädlich ist. Menschliche Emotionen sind wegen zusätzlicher sozialer und kultureller Kriterien komplizierter. Eine Maschine, die mit solchen Kriterien ausgerüstet ist, mag sehr wohl Emotionen haben.

HAMPSHIRE:
Darauf kann ich auf zwei Weisen antworten. Erstens, die Menschen in Afrika, die depressiv sind, sprechen eine Sprache und haben bestimmte Gedanken, die mit ihrer Depression einhergehen. Ohne Zweifel gäbe es bei der Übersetzung ihrer Auffassungen einige Schwierigkeiten. Aber ihre Gedanken, die Verknüpfungen zwischen ihnen und ihre Ideen von Traurigkeit oder Depression würden sich ändern, sobald sie ihnen von Leuten vor Augen gestellt würden, die auf sie den Begriff der Depression anwenden. Da bereits zahlreiche Ursachen der Depression entdeckt worden sind, wird in einer wissenschaftlichen Kultur der Anspruch erhoben, jeder solle in derselben Weise zu sprechen beginnen. Im neunzehnten Jahrhundert glaubten die Materialisten, die Menschen würden eines Tages ihre lokalen Sprechweisen aufgeben, um ihren Freunden mitzuteilen, daß sie traurig seien, daß sie depressiv seien, daß das Leben nicht lebenswert sei und daß sie daran dächten, Selbstmord zu begehen. In Wirklichkeit ist das Gegenteil geschehen. Wenn irgend etwas, dann kleben die Menschen stärker an ihrer nationalen Herkunft und sind nationalistischer gesonnen. Deshalb bedroht die universelle Wissenschaftssprache bisher die lokalen Unterschiede nicht. Wenn jemand sagt, das werde eines Tages doch der Fall sein, so bin ich skeptisch. Aber wer kann das wissen?

Der zweite Punkt ist rein historisch. Die heutigen Probleme mit der Psychiatrie sind den optischen Problemen des siebzehnten Jahrhunderts ziemlich parallel gelagert. Ein weiterer Grund, weshalb ich das Auge erwähnte, ist, daß der Philosoph Spinoza, den ich bewundere, sagte: Die physische Basis des Sehens scheint in gewisser Weise unser Verständnis des Denkens in der materiellen Welt zu untergraben. Ich glaube, daß wir gegenwärtig in einer ähnlichen Situation stehen, aber mit einer Tendenz zu sagen, die sekundären Qualitäten der Dinge – Farben beispielsweise sind gänzlich subjektiv – sollten nicht ernst genommen werden. Aber als die Menschen begannen, intensiver darüber nachzudenken, sahen sie, daß diese Dinge in einer Weise miteinander zusammenhängen, die es nicht erlaubt, daß die Wissenschaftssprache alles in Beschlag nimmt.

BRENNER:
Ich möchte einige Bemerkungen machen, die weitgehend auf derselben Linie liegen. Meiner Ansicht nach sollten wir die Tatsache nicht ignorieren, daß wir ein neues Paradigma oder neue Beispiele für das haben, worauf wir unsere Forschungen beziehen können. Die Wissenschaft ging immer sehr stark von Analogien aus. Stellen wir uns einen Wissenschaftler vor, dessen Kenntnisse auf die Starkstromtechnik beschränkt sind, der Beobachtungen anstellt über sich bewegende Objekte und Schlußfolgerungen über ihre Antriebsmittel zieht. Er wäre sehr erstaunt, einen kleinen Mann zu sehen, der einen dreißig Tonnen schweren Lastwagen fährt. Unserem Wissenschaftler fehlt das Prinzip der Regeltechnik, daß nämlich der Lastwagenfahrer ein viel größeres Aggregat nur steuert und kontrolliert und nicht die Quelle der Antriebskraft ist. Wie mir scheint, haben wir etwas sehr Ähnliches im

Nervensystem. Wie viele Leute gesagt haben, können wir das Gehirn als ein nettes Stück Installateursarbeit betrachten mit einer Menge Stoff, der darum herumflattert. Aber es ist in einem gewissen Sinn auch eine Symbole verarbeitende Maschine. Wir müssen neue Fragen darüber stellen, welche Objekte überhaupt Symbole verarbeiten können, logische Operationen vollziehen oder Berechnungen anstellen. Heute sind wir nicht auf das Beispiel natürlicher Rechner eingeschränkt und können ernsthafte Fragen über künstliche Rechner und über Berechnung im allgemeinen anstellen. Hiermit meine ich nicht die simple Computermetapher; es ist eine Sache zu sagen, das Gehirn sei *wie* ein Rechner, aber eine andere, es *sei* ein Rechner. Wir müssen Fragen wie die folgenden stellen: Welcher Unterschied besteht zwischen dem Neuronalen und dem Geistigen? Gleicht er dem zwischen Hardware und Software? Macht die Aussage Sinn, daß wir eine Hardware besitzen, die durch die Gene spezifiziert wird und die programmiert werden muß? Was bedeutet es, ein Nervensystem zu programmieren? Und wenn ich Bezug nehmen darf auf die Psychiatrie von Computern: hier gibt es eine wohletablierte Wissenschaft, die sich „Austestung von Programmen und Fehlerbeseitigung" nennt.

Ich habe diese Fragen gestellt, weil es Leute gibt, die nicht akzeptieren können, daß man organisch eingreifen muß und daß eine Therapie durchgeführt werden kann, indem man mit den Menschen spricht oder ihnen zuhört. Zudem kann man eine Menge mit Nervensystemen anstellen, etwa Hypnose, wofür es keine fertige Erklärung durch Begriffe wie Rezeptoren oder Neurotransmitter gibt. Ich finde es sehr bemerkenswert, daß man deutliche Wirkungen auf den geistigen Menschen erzielen kann, indem man bei Fehlfunktionen in die Installateursarbeit eingreift. Dabei könnten sehr strenge Grenzen gelten, und wir sollten so weise sein, darüber nachzusinnen, ob wir uns mit den Menschen nicht eher auf der Ebene der Software befassen sollten (wenn ich diese armselige Analogie verwenden darf), als zu versuchen, die Menschen von innen her wieder zusammenzulöten.

DIETZ:

Sowenig wir zwischen den Natur- und den Geisteswissenschaften wählen müssen, um unser Verständnis fördern, sowenig müssen wir bei unseren Anstrengungen bei der Behandlung von Individuen zwischen Körper und Geist wählen. McHugh und Slauney von der Johns Hopkins Universität schlugen in einem Buch, das treffend „Die Perspektiven der Psychiatrie" betitelt ist (Johns Hopkins University Press, Baltimore, 1983), vier Methoden vor. Die erste betrifft das Konzept der getrennten Krankheitskategorie oder des Syndroms, etwa des Syndroms der Demenz (eine ihrer Ursachen ist die Alzheimersche Krankheit) oder der Syndrome Delirium und Schizophrenie. Das zweite Konzept ist das der Dimensionen des Verhaltens, die zwar auf einer quantitativen Skala meßbar sind, aber ohne unstetige Unterschiede zwischen Gruppen, so etwa der Intelligenzquotient (I.Q.) oder Introversion – Extraversion. Das dritte Konzept betrifft Verhaltensmuster, bei denen man analysiert, wie Belohnungen schlecht angepaßtes Verhalten verstärken, etwa in Sir Stuarts Beispiel mit dem Transvestiten. Das vierte Konzept (das unserem Jahrzehnt in Gefahr ist, vergessen zu werden) ist die lebensgeschichtliche Methode, die individuelle Lebensgeschichte, die das einzige Mittel darstellt, die subjektiven Zustände, Absichten, einzigartigen Merkmale und Idiosynkrasien eines Menschen zu verstehen. Der weise Psychiater benutzt alle vier Konzepte und wendet sie alle auf jeden Patienten an. Probleme treten auf, sobald ein Psychiater aus ideologischen oder aus Gründen des Temperaments eine dieser vier Perspektiven vernachlässigt. Solch ein Psychiater kann nicht alle verfügbaren Therapien oder Arten des Verstehens auf seine Patienten anwenden. Es gibt Gründe anzunehmen, daß politische Überzeugungen in Beziehung stehen zu den Vorlieben eines Psychiaters für eine dieser vier Perspektiven und daß Psychiater dazu neigen, konsistent innerhalb einer vorgegebenen Ideologie zu praktizieren. Eine Reihe von Untersuchungen, darunter einige von mir selbst, unterstützen die Feststellung, daß diese Verhaltensmuster während der gesamten beruflichen Laufbahn eines Psychiaters erhalten bleiben. Zu hoffen ist nur, daß Erziehung die Vernachlässigung nützlicher Perspektiven ausgleichen kann, indem die Psychiater ermutigt werden, eine Vielzahl von Ansätzen zu verwenden und jeden Patienten unter allen vier Perspektiven zu betrachten.

Roy:

Ich hätte eine Bemerkung zu der Diskussion zwischen Sir Stuart und Dr. Ito zu machen und möchte dann eine vielleicht etwas deutlichere Verbindung zwischen Sir Stuarts Vortrag und einigen der ethischen Probleme der anderen Sitzungen herstellen. Zunächst zu Dr. Ito: Ich glaube, daß wir in bezug auf das, was Sie sagten, unseren Geist offenhalten müssen. Ich weiß nicht, ob es linguistisch korrekt wäre zu sagen „wir müssen unser Gehirn dafür offenhalten", was Teile des Problems kurz zusammenfaßt. Ich sehe nicht, weshalb Geist ausschließlich an eine bestimmte Konstellation von Elementen von dem Typ, aus dem unser Körper besteht – Zellen genannt – gebunden sein sollte. Es könnte sein (und ich sehe nicht, weshalb wir das ausschließen sollten), daß Geist aus der besonderen Konstellation andersgearteter Elemente entstehen könnte. Ich teile Sir Stuarts Ansicht, daß man hier nicht wirklich Bescheid weiß, was sicherlich auch auf mich zutrifft. Ich möchte mich nur dafür einsetzen, daß man nicht zu schnell nein zu dem Problem sagt, das Dr. Ito aufgeworfen hat.

Zweitens zu den Folgerungen, die aus Sir Stuarts Ansatz zu ziehen sind: Er verwendete mehrmals das Wort „Pluralismus". Ich glaube, es bringt uns zu den Wurzeln unserer Diskussionen über die Ethik der Wissenschaft und der klinischen Therapie und an den Punkt, wo beide an den Bereich von Politik und Recht grenzen. Wir sprachen über das, was wir tun sollten: wir sollten versuchen, leidende Menschen zu heilen. Um dies leisten zu können, benötigen wir kausale Erklärungen, strukturelle Erklärungen usw. Beim Versuch, sie zu erhalten, kommen wir in einen Bereich, wo eine Reihe von Zwängen entstehen: Zwänge in bezug auf das, was wir tun und was wir nicht tun sollten, Zwänge in bezug auf die Instrumente zur Heilung der Menschen, Einschränkungen bei dem, was wir auch zum Wohl zukünftiger Patienten mit heutigen Patienten nicht machen dürfen. Sobald wir uns das vor Augen führen, kommen wir auf drei Ebenen in Konflikte und zu unterschiedlichen Standpunkten. Die erste Ebene ist die des Ethos, die Ebene unserer fundamentalen Empfindungen und Glaubensvorstellungen, die wir alle haben, sofern wir denken. Die Glaubensvorstellungen müssen keinen religiösen Charakter tragen, aber wir alle haben eine Reihe solcher Vorstellungen, die für uns eine geistige Grundlage sind und aus denen heraus wir arbeiten. Auf dieser Ebene kann es grundlegende Meinungsverschiedenheiten geben. Die zweite Ebene ist die der Moral oder der Grundwerte. Dabei ist, wie ich meine, wichtig, was wir denken. Entweder: was wir denken ist so wichtig, daß wir bereit sind, alles andere zu opfern, um es zu schützen. Oder: was wir denken ist weniger wichtig, und wir sind bereit, es zu opfern. Die dritte Ebene ist die der Ethik, die Ebene der Verfahren und Regeln, die wir verwenden, um Wertkonflikte zu lösen. In den vergangenen zwei Tagen waren wir Zeugen von Differenzen auf jeder dieser drei Ebenen. Eine der Differenzen, auf die Sir Stuart heute unsere Aufmerksamkeit gelenkt hat, ist die grundlegende Differenz in der Anschauung des menschlichen Lebens, seiner Zwecke und seiner Ausrichtung.

HAMPSHIRE:
Mir fällt ein Satz von Paul Valéry ein: „Parfois je pense, parfois je suis", „Manchmal denke ich, manchmal bin ich". Er wollte damit sagen, daß meine Individualität unterdrückt ist und unterdrückt sein sollte, solange ich denke. Genau das ist eine Forderung der Vernunft. Aber wenn man sich in den mittleren Bereich der expressiven Eigenschaften einer Persönlichkeit begibt, den Bereich des Stils, der Gedankenassoziation und der unbewußten Erinnerung, dann befindet man sich wieder im Bezirk der Idee der Autonomie, der Idee, daß jede Person etwas hat, was für sie spezifisch ist. Das ist selbst eine wissenschaftliche Hypothese. Denn es scheint mir ein Stoff für naturwissenschaftliche Forschungen zu sein, wenn man entdeckt, was (abgesehen von der unbewußten Erinnerung) die Individuen so stark voneinander unterscheidet. Wir wissen weder, wie eine Sprache gelernt wird noch durch welchen Mechanismus Assoziationen gespeichert werden. Diesen Punkt hatte Sydney Brenner im Kopf: Möglicherweise sind diese Vorgänge sogar noch individueller als bisher angenommen. Mit anderen Worten, um bestimmte, eindeutig identifizierbare Krankheiten zu behandeln, muß man sich Rechenschaft ablegen von der physischen Person. Man kann dabei nicht, wie man es sich erhofft hatte, abstrakte und allgemeine Strukturen verwenden. Denn offenkundig ist die Angelegenheit sehr schwierig. Wenn es sich herausstellen sollte, daß die unökonomisch individualistischen Methoden der Freudschen Psychoanalyse in dem Sinn eine physische Grundlage haben, daß man sich bei der Protokollierung einer individuellen Lebensgeschichte bestimmte Mechanismen anschauen muß, um eine Heilung hervorzurufen, dann würde der Gegensatz zwischen dem Historischen und dem Wissenschaftlichen anders aussehen als das derzeit der Fall ist, und die empirische Methode der Erklärung würde sich verändern. Sicherlich schließt dieser Gegensatz Unterschiede ein zwischen dem, was man beobachtet, und dem, was unpersönlich beobachtet wird, die niemals zu schlichten sein werden. Man zielt ab auf Allgemeinheit, auf Manipulation, auf Kontrolle (die im Gegensatz zu dem Mittelbereich der Gefühle steht) und so fort. Das würde sich nicht ändern, aber es kann gut sein, daß die Individualität größer ist, als wir glaubten, oder vielleicht auch kleiner. Ich vermute, sie wird sich wahrscheinlich als größer herausstellen, aber als Beweis wird nur eine kausale Erklärung zählen, eine Erklärung innerhalb der Naturwissenschaften.

CAZZULLO:
Sir Stuart hat den Methodenpluralismus mehrfach herausgestellt. Es gibt zwei grundlegende Methoden. Die eine ist die logische, die Beobachtung. Die zweite ist die Interpretation. Bei Gelegenheit der Interaktion zwischen Gehirn und Geist

erwähnten gerade Sie Sigmund Freud, und mir fällt ein, daß er einmal sagte, es bestehe noch immer ein geheimnisvoller „Sprung" vom Geist zum Körper. Glauben Sie, wir könnten diesen geheimnisvollen „Sprung" oder diese Lücke überbrücken? Einen Versuch dieser Art gibt es auf der Ebene der Motivation. Physiologisch gesprochen gibt es das Modell der motivationalen Ebene wie sie im Gehirn repräsentiert ist (zum Beispiel die negative kontingente Variation der Hirnwellen). Das ist ein Weg, wie Motivation erklärt werden kann. Der andere ist die künstliche Intelligenz. Aber wie es scheint, bleibt diese Lücke doch bestehen, weil es eine Grenze bei der Möglichkeit gibt, Verbindungen herzustellen. Wir sind dabei eingeschränkt, aber es ist dem Menschen doch möglich, mit drei Formen der Realität konfrontiert zu werden, mit der pragmatischen, der materiellen und der symbolischen Realität. Am wichtigsten ist es, über Möglichkeiten zu verfügen, die symbolische Realität zu erforschen, aber dennoch wird es schwierig sein, die Kluft zu überbrücken.

Werfen wir einen Blick auf das Problem des Konsenses. Glauben Sie, daß sich bei unseren Diskussionsgegenstände, moralischer Pluralismus und Individualität, die Frage der Geheimhaltung stellt? Hat der Einzelne das *Recht*, auch dem Therapeuten „Geheimnisse" über seine Individualität, seine Persönlichkeit zu enthüllen? Diskutiert werden muß hier aber nicht nur das Recht, sondern auch die *Pflicht*. Hat er die Pflicht oder die Möglichkeit? Darf der Einzelne ein Geheimnis, das sich auf einen Dritten bezieht, seinem Psychotherapeuten erzählen? Ich bringe das vor, weil wir wissen, daß im psychotherapeutischen Setting eifrig alles mögliche Material kommuniziert wird.

HAMPSHIRE:

Ich glaube, daß es einen persönlichen oder sozialen Vertrag hinter jeder Form psychiatrischer Behandlung gibt, der teils durch Institutionen, teils durch persönliche Beziehungen in Kraft gesetzt wird. Man kann bei keiner dieser Fragen abstrakt beginnen mit einer Forderung wie „es ist eine Pflicht für jedes menschliche Wesen ...". Vielmehr hängt alles davon ab, wie jemand zur Psychiatrie kommt und um welche Form der Psychiatrie es sich handelt. Die Welt der Psychoanalyse hat außerhalb ihrer einen großen Einfluß und ist dennoch eine Sonderwelt. Sigmund Freud strukturierte sie in einer Weise, die diese Intimität vervielfachte. Von daher stammt auch die Unterstellung, Psychoanalyse habe nichts mit Beobachtung zu tun, obwohl Freud nach eigenem Eingeständnis im Grunde ein Materialist war. Ich fühle mich nicht kompetent, Ihnen mehr als das zu sagen. Ich glaube, daß Erklärungen nicht zu realistisch betrachtet werden sollten. Das heißt, man sollte sie in gewisser Hinsicht realistisch ansehen, in anderer Hinsicht aber nicht. Denn die Form der jeweils bevorzugten Erklärungen ist teilweise determiniert durch bestimmte intellektuelle Errungenschaften und Stile einer Epoche. Gegenwärtig trifft dies auf die Molekularbiologie zu, denn einiges von dem, was derzeit in den Krankenhäusern vor sich geht, ist das Ergebnis triumphaler theoretischer Entdeckungen der Molekularbiologen. Geht man zurück in die Epoche von Freud und Josef Breuer, stellt sich die Gesamtsituation völlig anders dar. Dieser Kampf um die Behandlungsmethoden für Hysterien und ähnliches spielte sich vor einem vollständig anderen intellektuellen Hintergrund ab. Wir dürfen nicht etwas verabsolutieren, was lediglich einer bestimmten Phase des wissenschaftlichen Fortschritts entspricht. Wenn man die Frage sehr abstrakt stellt, verstehen Sie, was ich meine.

Doi:

Ich würde gerne auf die Bemerkung von Dr. Dietz zurückkommen, die Psychiatrie sei massiv ideologischen Überzeugungen unterworfen. In dieser Hinsicht, so scheint mir, ähnelt die Psychiatrie sehr der Politik und der Erziehung, und wir müssen uns die Tatsache eingestehen, daß Psychiater sich sehr leicht von Ideologien überzeugen lassen, manchmal ohne es zu wissen. Beispielsweise fürchte ich, daß mein Kollege Dr. Ito ebenfalls ideologisch war als er sagte, der Geist könne durch die Begriffe der Computerwissenschaften vollständig verstanden werden. Es ist eine sehr wichtige Tatsache, daß wir so empfänglich für ideologische Überzeugungen sind, und das hat ethische Implikationen. Eine gemeinsame Ideologie oder Überzeugung all derer, die hier versammelt sind, besteht beispielsweise in der Annahme, alle Geisteskrankheiten könnten geheilt werden. Natürlich hegen wir als Wissenschaftler gerne Hoffnungen und aus diesem Grund betreiben wir Forschung. Aber wir müssen zugeben, daß es manchmal unheilbare Fälle gibt. Bei der Chorea Huntington fällt es dem Arzt nicht allzu schwer zu akzeptieren, die Krankheit sei unheilbar. Kommt man hingegen zu den psychiatrischen Krankheiten, hat man gewisse psychische Schwierigkeiten zuzugeben, daß wir nur sehr wenig machen können. Ich will die Forschung nicht entmutigen, aber bei aller Ermutigung, die der Forschung zusteht, müssen wir doch einsehen, daß es unheilbare Fälle gibt. Seltsamerweise kann ein solches Eingeständnis, obwohl es schmerzhaft ist, zuweilen eine therapeutische Wirkung entfalten.

Roy:

Ich möchte einige Überlegungen darüber anstellen, wie weit der Pluralismus geht, den Sir Stuart erwähnte. Wir haben uns um die Frage herumbewegt: Woher wissen wir, was richtig ist und was falsch? Einige sagen: „Nun, wir können nicht herausfinden, was richtig oder falsch ist, aber wir können das Richtige und das Falsche für eine begrenzte Zeitspanne festlegen.“ Dies ist meiner Meinung nach die zugrundeliegende entscheidende Frage, die sowohl mit der Ethik der Forschung etwas zu tun hat als auch mit der Ethik dessen, was in der Therapie mit den Patienten geschehen soll. In der Wissenschaft sind wir zu der Einsicht gekommen, daß es nicht ausreicht, über eine gegebene Frage und ihre Antwort einen Konsens zu erzielen, um zu solidem Wissen zu kommen. Wir können uns alle einig sein und alle Unrecht haben. Dieser Unterschied kommt durch das zustande, was Sir Stuart erwähnte, als er über objektive Erkenntnis und Evidenz sprach. Evidenz unterscheidet letztlich zwischen einer nicht stichhaltigen Antwort auf eine Hypothese und einer potentiell wahren Antwort – oder wenigstens einer Antwort, die für eine bestimmte Zeit wahr ist. Dieser Zeitfaktor sollte in das Streben nach Wahrheit und Wissen eingebaut werden. Dieselbe Frage stellt sich in der Ethik. Wissen wir deshalb, daß etwas richtig ist, weil wir irgendeinen Konsens haben, weil wir andere zur Zustimmung bewegen können? Wohl nicht notwendig, denn wir können uns mit einer Ethik einverstanden erklären und dabei, moralisch gesehen, völlig im Unrecht sein, und es mag lange dauern, bis wir das merken. Wie können wir aber dann Evidenzen bekommen für das moralisch Richtige und Falsche? Das aber ist die schwierige Frage: Was in der Ethik zählt als Evidenz? Über dieses Problem sind wir uns nicht einig. Einige sagen: „Die Evidenz entspringt der moralischen Autorität und die hat ihre Quelle in einer Gruppe von Klerikern.“ Andere werden sagen: „Nein, die

Evidenz entspringt dem rationalen Argument." Aber rationales Argumentieren kann mehrere Jahrhunderte in Anspruch nehmen, und an diesem Punkt müssen wir uns den sich anhäufenden Erfahrungen von Generationen ebenso zuwenden, wie wir uns auf die sich anhäufende Evidenzen aus wissenschaftliche Experimenten berufen. Das Anhäufen von Evidenzen verschlingt allerdings Zeit, und deshalb behaupte ich, daß wir in demselben Maß, wie wir mit wissenschaftlichen Hypothesen arbeiten, wir auch mit moralischen Hypothesen arbeiten müssen. Der Haken bei der Sache ist nur: Die Ethik beschäftigt sich mit dem, was wir tun und lassen, und zuweilen kann es sehr schwierig sein mit Hypothesen zu leben, wenn man Entscheidungen treffen muß, die das Leben der Menschen heute und morgen verändern.

DINSDALE:
Sir Stuart, können Sie mich Laien über einige Definitionen aufklären? Ich hielt die Ethik immer für ein philosophisches Fach, in dem man aus der Bewertung bestimmter Tatsachen heraus zu Entscheidungen kommt. Moral dagegen ist meiner Vermutung nach eine theologische Disziplin, in der man zu bestimmen versucht, was gut oder böse, richtig oder falsch ist. Können Sie für mehr Klarheit beim Gebrauch dieser Begriffe sorgen?

HAMPSHIRE:
Nicht mittels der Instrumente, die Sie mir gewiesen haben! Alles, was ich in dieser Sphäre sage, bewegt sich im Bereich der Meinung. Das schließt keine Abwertung ein, aber es ist wichtig, dies festzustellen. Für das, was ich gleich sagen werde, ist das Wort „Wissen" fehl am Platz. Wie mir scheint ist Moral, ebenso wie Wissenschaft, Malerei oder Musik, eine menschliche Errungenschaft. Was die Moral als Moral vereinheitlicht, ist – wie in der Wissenschaft auch – ein gewisser Standard der Argumentation, der verlangt wird. Ich bevorzuge zwar das Wort Moralität, aber in historischer Perspektive muß man Differenzierungen einführen. G.W.F. Hegel verstand unter „Moralität" das ethische Ideal, „Sittlichkeit" dagegen nannte er die vorherrschende Moral einer Zeit. Nimmt man einen extrem historischen Standpunkt ein, so kann man – wenn man den Akzent auf Sittlichkeit legen will – sagen, daß es bei der Entscheidung, ob man experimentieren darf oder nicht, die Einrichtung von Ethikkomitees nicht ausreicht. Man muß sich auf die vorherrschenden Moralbegriffe der Zeit beziehen, die in dem Sinn auf die Moralität abgestimmt sind, als sie Idealvorstellungen von Gerechtigkeit, Anstand und Richtigkeit einschließen. Ich meine, daß wir eine Tradition des Argumentierens über das haben, was richtig und was falsch ist, und wir übertragen sie auf Probleme wie Vertraulichkeit und so fort, die wir hier diskutiert haben. In diesem Bereich gibt es gewisse Standards der Argumentation, mit denen wir arbeiten müssen. Was ich mit moralischem Pluralismus meinte, betrifft eine Art Metaposition. Darunter verstehe ich folgende Einstellung: Wenn man sich auf die Ebene fundamentaler metaphysischer Glaubensinhalte begibt oder auf die Ebene des Glaubens an das Übernatürliche, dessen, was außerhalb üblicher Überprüfung durch Evidenzen liegt, dann müssen diese Einstellungen in Erwägung gezogen werden, und zwar unter dem Gesichtspunkt einer bestimmten Form der Gerechtigkeit. Um es sehr direkt zu sagen: ich nehme eine weniger realistische Haltung zur Wissenschaft ein, als sie vermutlich in unseren Diskussionen vorausgesetzt wurde. Wie mir scheint, ist Wissenschaft immer auch

eine kulturelle Tatsache, und zudem gibt es eine Annäherung an die Wahrheit. Aber das geschieht durch einen Konsens innerhalb der wissenschaftlichen Gemeinschaft. Anders dagegen verhält es sich im Fall der Moral, auch wenn sie, wie die Wissenschaft, im Laufe der Zeit aufgebaut wurde. Sie enthält ein Element des Kumulativen und ist nicht gänzlich zufällig.

MARSHALL:

Wir sind am Ende unserer Sitzung angelangt. Wie mir scheint, bewegte sich die Debatte auf einem sehr hohen Niveau, philosophisch gesehen sicherlich auf einem weit höheren Niveau als die übrigen Gespräche der letzten Tage.

Abschlußbericht. Vorschläge der Delegierten am Ende der Konferenz

Einleitung

Der gegenwärtige Stand der Forschung auf dem Gebiet der Neurowissenschaften und die damit zusammenhängenden ethischen Fragen waren die Themen, die vom 21. bis 25. April 1986 im Klostergut Jakobsberg von Wissenschaftlern verschiedener Disziplinen, die von den Regierungen und Staatsoberhäuptern der Länder des Weltwirtschaftsgipfels entsandt worden waren, diskutiert wurden. Aufgabe der Delegierten war es, diese Fragen zu beleuchten und den Staatsoberhäuptern und Regierungschefs zum kommenden Weltwirtschaftsgipfel in Tokio ihren Abschlußbericht vorzulegen.

In seiner Begrüßungsansprache zur offiziellen Eröffnung der Konferenz erklärte Bundeskanzler Dr. Helmut Kohl, Wissenschaftler und Politiker müßten gemeinsam nach Lösungen zum Nutzen aller suchen. Der Bundeskanzler wies darauf hin, daß die ethischen Konsequenzen des Fortschritts einen Teil der Verantwortung der Wissenschaft ausmachen. In einem Aufruf an die Delegierten erklärte er: „Wir wollen die Chancen nutzen, die sich daraus ergeben. Aber wir wissen auch um die große Verantwortung, die hier auf uns lastet. Die Frage nach den Grenzen des Machbaren darf niemand leichtfertig übergehen. Neben der Freiheit der Forschung steht hier die ethische Verantwortung für die Anwendung. Der Mensch als Geschöpf Gottes muß das Maß aller Dinge bleiben."

Beim Empfang der Delegierten durch die Max-Planck-Gesellschaft berichtete deren Präsident Professor Heinz A. Staab über ein wachsendes Unbehagen, das teilweise aus der Kluft zwischen den Fortschritten in den Wissenschaften vom Leben und den gemeinhin anerkannten ethischen Normen erwachse. „Wie mir scheint", erklärte er, „besitzen diese Konferenzen durchaus Symbolwert für die Beziehung zwischen Politik und Wissenschaft. Die Staats- und Regierungschefs der Länder des Weltwirtschaftsgipfels demonstrieren auf diese Weise, welche Bedeutung sie den Wechselbeziehungen zwischen Wissenschaft und Gesellschaft beimessen."

Die Fortschritte auf dem Gebiet der Neurowissenschaften sind beträchtlich, doch ist der Gegenstand so kompliziert, daß wir noch lange Zeit brauchen werden, bis wir die Funktionen des Gehirns auch nur angenähert verstehen werden. Der Neurowissenschaftler bemüht sich, Erkenntnisse zu erzielen, die sich klinisch anwenden lassen und so die Lebensbedingungen der kranken Menschen verbessern. In diesem Sinne arbeitet der Neurowissenschaftler zum Nutzen der Menschheit, denn Millionen leiden an neurologischen Krankheiten, den Auswirkungen von Schädigungen des Nervensystems, an Geistesstörungen und verschiedenen Formen der Sucht.

Ganz allgemein betrachteten die Delegierten die Freiheit des Individuums als das wichtigste Anliegen der Ethik der Neurowissenschaften und der Ethik im Gesamtbereich der Biomedizin. Als Instrument des Denkens, Fühlens, Handelns und des Selbstbewußtseins hat das menschliche Gehirn eine Sonderstellung für das Verständnis von Körper, Geist und Seele. Die Wahrung der menschlichen Autonomie und Würde stellt sich als die zentrale ethische Aufgabe bei der Erforschung des Lernens, des Gedächtnisses, der prämorbiden und pränatalen Diagnose, der Gewebeverpflanzung, bei chirurgischen Eingriffen am Gehirn, beim Abbruch lebenserhaltender Maßnahmen und bei Experimenten mit Menschen. Vorsicht ist geboten, um den einzelnen Patienten und Versuchspersonen zu schützen. An diesen Überwachungsaufgaben sollten Ethikkommissionen beteiligt werden. Sie sollten gemischt zusammengesetzt sein, um ein ausgewogenes Urteil bei der Abwägung der verschiedenen Interessen im ethischen Entscheidungsprozeß zu gewährleisten.

Da in diesem Bereich sehr viele dringende Fragen anstehen, mußten sich die Delegierten auf einige ausgewählte Themen beschränken. Es war ihnen jedoch bewußt, daß es viele weitere Fragen gibt, die wegen ihrer gesellschaftlichen Bedeutung besondere Beachtung verdienen. Zu den Fragen, die kaum behandelt werden konnten, gehören die präsenilen Demenzen vom Alzheimerschen Typ und die verschiedenen Formen der Schizophrenie.

Grundlagenforschung in den Neurowissenschaften

Die Molekularbiologie der neuronalen Informationsübertragung – Struktur und Funktion von Ionenkanälen

Die Grundlagenforschung in den Neurowissenschaften übergreift in zunehmendem Maße mehrere Disziplinen und umfaßt zahlreiche verschiedene Aspekte der Biologie, der Chemie, der Physik und der Computerwissenschaft. In diesem Zusammenhang hat sich die DNS-Rekombinationstechnik als außerordentlich fruchtbar erwiesen. Mit der Charakterisierung der zugehörigen Gene (DNS-Klonierung) wurde die Untersuchung eines breiten Spektrums von Proteinen, die im Nervengewebe eine wichtige Rolle spielen, wesentlich erleichtert. Ein schlagendes Beispiel hierfür ist die kürzlich gelungene Aufklärung der Struktur der Proteine, die an der postsynaptischen Informationsübertragung beteiligt sind (cholinerge Rezeptoren und spannungsabhängige Natrium-Kanäle). Damit wird mehr Licht in die Beziehungen zwischen Struktur und Funktion informationsübertragender Proteine gebracht und ein neues Verständnis der molekularen Grundlagen der Nervenimpulsübertragung und der Innervierung gewonnen. Außerdem eröffnen sich durch Proteinmodifikationen interessante Aussichten auf die Entwicklung neuer pharmakologischer Wirkstoffe und für die Untersuchung von Krankheiten, die in Zusammenhang mit Veränderungen der Rezeptoren stehen (z. B. Myasthenia gravis). Die konsequente Fortsetzung dieser Arbeit läßt mit Sicherheit fruchtbare Ergebnisse erwarten, insbesondere für die Klonierung seltener, aber funktionell sehr wichtiger hirnspezifischer Proteine. Damit kann man auf molekularer Basis die morphologische Vielfalt der Nervenzellen erfassen und den phylogenetischen und ontogenetischen Ursprüngen von Nervennetzen näherkommen.

Dieser Bereich der Molekularbiologie, der die Nervenzellen und die Kommunikation zwischen Nervenzellen betrifft, sollte dringend stark gefördert werden. Es besteht ein großer Bedarf an mehr Wissen über die molekularen Grundlagen der Überträgersubstanzen von Modulatoren und trophischen Faktoren sowie Proteinen für die Zellerkennung. Verbreitet ist die Ansicht, daß eine tiefere Erforschung des molekularen Aufbaus und der Funktion der Nervenzellen und ihres Genkontrollmechanismus künftig von großem Wert für die Entdeckung neuer biologisch aktiver Moleküle sowie für die Prüfung der lang- und kurzfristigen Wirkungen von Arzneimitteln (einschließlich des Suchtmechanismus und der Grundlagen der Toxizität) sein könnte. Die Öffentlichkeit hofft mit Recht, daß durch einen stetigen Fortschritt in der Grundlagenforschung der Neurowissenschaften zahlreiche psychische Störungen und die Wirkungsweise neuropharmakologischer Substanzen besser verstanden werden können. Die Untersuchung der Molekularstruktur neuronaler Systeme scheint im allgemeinen keine ernstlichen ethischen Probleme aufzuwerfen. Gewarnt werden sollte aber vor der Gefahr einer allzu raschen Verallgemeinerung molekularbiologischer Ergebnisse. Denn die genauen Angriffspunkte bestimmter Nervenkrankheiten und deren Ätiologie sind nach wie vor nicht aufgeklärt. Außerdem stehen für die Untersuchung menschlicher Nervenstörungen nur wenige Tierarten als passende Modelle zur Verfügung. (Angeführt wurde von den Delegierten in diesem Zusammenhang die Schizophrenie.)

Zusammenfassend läßt sich sagen: Grundlagenforschung ist eine zwingende Voraussetzung für weitere Fortschritte auf dem Gebiet der Neurowissenschaften. Eine zu starke Simplifizierung und eine rein reduktionistische Erklärung der Psychopathologie müssen jedoch vermieden werden. Immerhin hat die Forschung erwiesen, daß die fundamentalen molekularen und zellulären Mechanismen des Nervensystems sich im Laufe der Evolution weitgehend erhalten haben. Deshalb können sie zunächst an niederen Tieren leichter erforscht und dann am Menschen überprüft werden.

Chemische Erregungsübertragung im Gehirn

Alle Delegierten waren sich darin einig, daß auf dem Gebiet der Neuropharmakologie in jüngster Zeit wesentliche Entdeckungen von grundlegender Bedeutung gemacht worden sind. Sie betreffen insbesondere die chemische Erregungsübertragung im Gehirn und haben das Verständnis der Organisation der Nervenzellen und ihrer Wechselwirkung gefördert. Daraus ergab sich außerdem eine wesentlich verbesserte medikamentöse Behandlung verschiedener neurologischer und psychiatrischer Krankheiten.

Durch die Kombination biochemischer, physiologischer und anatomischer Techniken kam man zu Ergebnissen, die darauf schließen lassen, daß es zwei verschiedene Arten von neuronalen Netzen gibt, die unterschiedliche Übertragungseigenschaften haben. Beim ersten Typ werden an genau umschriebenen Stellen (den Synapsen) erregende oder hemmende Übertragungsstoffe (Transmitter) freigesetzt, die in rascher Folge kurze „On-off"-Signale produzieren. Die Neuronen des anderen Netzes sind diffuser angeordnet und enthalten Monoamine oder Peptide. In einigen Fällen werden diese Substanzen, die über größere Entfernung und für längere Zeit wirken, Neuromodulatoren genannt, weil sie die Empfindlichkeit einer Nervenzelle für eine Transmittersubstanz modifizieren, ohne selbst eine erregende oder hemmende Wirkung zu haben. Die Delegierten waren sich darin einig, daß die Eigenschaften der Neuromodulatoren wegen ihrer Bedeutung für die Hirnfunktion und wegen ihres möglichen Nutzens als therapeutische Wirkstoffe weiter untersucht werden müssen.

Ein wichtiges Ziel der gegenwärtigen neuropharmakologischen Forschung ist die Identifizierung neuer Substanzen, die sich auf die chemische Transmission im Gehirn auswirken. Vor mehr als fünfzehn Jahren entdeckte chemische Verbindungen sind als wichtige, weithin verwendete Forschungsinstrumente für die Untersuchung der Aktivität von Neurotransmittern und für Experimente eingesetzt worden, mit denen Neuromodulatoren identifiziert und gekennzeichnet werden. Heute benötigt man neue Substanzen mit genau definierten Wirkungen auf Transmitter, Modulatoren und ihre Rezeptoren, um die neuronale Übertragung besser zu verstehen und neue Medikamente zur Behandlung von Krankheiten zu entwickeln.

Eine verbesserte Kenntnis der molekularen Struktur der Rezeptoren bietet Hoffnung auf die Entwicklung neuer pharmakologischer Therapien. Doch dieses Wissen, so hilfreich es für die Therapie sein kann, könnte auch zu Zwecken mißbraucht werden, die ethisch nicht zu rechtfertigen sind. Die Befürchtung kam zum Ausdruck, daß einige Entwicklungen in der neurowissenschaftlichen Grundlagenforschung auch für die chemische Kriegführung verwendet werden könnten.

Bei der Suche nach neuen chemischen Verbindungen sowie bei vielen anderen neuropharmakologischen Forschungsprojekten ist man jetzt und in Zukunft in erheblichem Umfang auf Tierversuche angewiesen.[1] Das ethische Gewicht, das einer kritischen Einstellung bei der Anwendung der verschiedenen Präparate zugemessen werden muß, die für das jeweilige Forschungsziel am besten geeignet sind, wurde ausführlich und kritisch diskutiert. Man war sich darin einig, daß für die meisten neuropharmakologischen Untersuchungen Tierversuche von fundamentaler Bedeutung sind. Die Delegierten sprachen sich für eine sorgfältige Auswahl der Arten sowie für die Verwendung einer möglichst kleinen Zahl von Tieren aus. Dabei sollte dem Tier möglichst wenig Schmerz zugefügt werden. Bestimmte Forschungsziele können eher durch *in vitro*-Untersuchungen von Hirngewebe aus dem Hippocampus, der Retina oder der Hirnrinde erreicht werden. Weitere wesentliche Ergebnisse lassen sich durch die Verwendung von Zell- und Gewebekulturen erzielen.

Auf diese Weise wird es möglich sein, zu einer besseren pharmakologischen Behandlung der Patienten zu gelangen. Untersuchungen an Tieren werden jetzt und in Zukunft auf sämtlichen Gebieten der neuropharmakologischen Forschung uner-

---

1 Tierversuchen in der Forschung galt die besondere Aufmerksamkeit der Delegierten. In diesem Stadium der Erforschung neuronaler Netze und der Nervenfunktionen sind Versuche am lebenden Tier unentbehrlich. Die ethische Problematik von Tierversuchen wird in zahlreichen Ländern überprüft; es herrscht Übereinstimmung, daß man bei der Verwendung Schmerzen empfindender Tiere große Umsicht walten lassen muß. Tiere sollten nur dann bei Versuchen eingesetzt werden, wenn es keine anderen Modelle gibt, und auch dann nur unter Rücksicht auf ihr Schmerzempfinden. Sämtliche Delegierten waren sich darin einig, daß alle Lebewesen in der medizinischen Forschung mit größtem Respekt behandelt werden müssen.

läßlich bleiben. Einige wesentliche Beispiele wurden aus Zeitgründen nur kurz behandelt: die Entwicklung neuer Modelle für neurologische und psychiatrische Erkrankungen des Menschen, die zunehmende Bedeutung und der immer häufigere Einsatz tierischer Mutanten mit Verhaltensdefekten und neurologischen Ausfallserscheinungen sowie die Untersuchung weitverbreiteter Substanzen auf ihre neurotoxische Wirkung.

Konstruktionsprinzipien neuronaler Netze – statische und plastische Reaktionsformen und Lernvermögen

Das Gehirn besteht aus zwar sehr komplizierten, doch höchst geordneten Nervennetzen. In einem einzigen Kubikmillimeter der Großhirnrinde eines Säugetieres besitzen 100 000 Nervenzellen eine Milliarde Synapsen und Neuriten mit einer Länge von 15 Kilometern. Die Plastizität der Synapsen bildet die Grundlage für Gedächtniselemente, die eine Fähigkeit zur Selbstorganisation erwerben, wie sie bei den verschiedenen Formen des Lernens vorliegt. Die lokalen Nervennetze sind miteinander verbunden und bilden umfassendere Nervensysteme im Dienste der verschiedenen Komponenten unserer geistigen Leistungen, wie das Erkennen, die motorische Kontrolle, die Emotionen oder den Schlaf-Wach-Rhythmus. Zahlreiche Untersuchungstechniken wurden in den letzten Jahren eingeführt. Doch die Erforschung solcher komplexen Nervennetze und -systeme erfordert weitergehende Voraussetzungen: Experimentelle Analyse und theoretische Synthese sind unabdingbar, um zu verstehen, wie Netze oder Systeme gebaut sind, wie Information im Gehirn verarbeitet wird und wie sie das Verhalten beeinflußt. In jeder Hinsicht ist unser Verständnis des Gehirns vollkommen unbefriedigend.

Bei einfachen Nervensystemen Wirbelloser und bei einfachen Teilen der Nervensysteme von Wirbeltieren war die Strukturanalyse von Nervennetzen und -systemen erfolgreich. Trotzdem ergab sich dabei die Frage, ob die Aufklärung dieser „Verdrahtung", selbst wenn sie vollständig wäre, eine umfassende Einsicht in das Verhalten komplexer Systeme erlaubt. Eine Erklärung auf der Basis von „Verdrahtung" kann uns Erkenntnisse über die Anatomie, nicht aber über die Physiologie und noch weniger über die „Erkenntnistheorie" liefern, die einem solchen komplexen Verhalten zugrundeliegt. Man sollte daher vorsichtig sein mit der Behauptung, daß Erklärungen dieser Art erschöpfende Auskunft über derart komplexe Verhaltensweisen wie bei Mensch und Säugetier geben könnten. Das unterstreicht von neuem die Bedeutung einer theoretischen Synthese von Gehirnmodellen, und dies nicht als oberflächliche Simulation, sondern aufgrund exakter Kenntnis der Strukturen und der Arbeitsweise von Nervennetzen und -systemen. Im Rahmen einer solchen Konstruktion könnte sich erweisen, daß nur wenige Variablen ausreichen, die hochkomplexen Leistungen eines Systems zu erklären.

Fortschritte in unserem Wissen über Nervennetze und -systeme werden ungeahnte Möglichkeiten für die medikamentöse Behandlung von Geisteskrankheiten und Krankheiten des Nervensystems sowie für eine breite Anwendung in der Computerwissenschaft und der Robotik eröffnen. Am Ende werden sie helfen, uns selbst zu verstehen. Ein Wissen auf dieser Ebene – und das muß betont werden – bedeutet keine Bedrohung für die traditionelle Auffassung menschlicher Freiheit. Ebenso ist nicht in Frage gestellt, daß sich die Spezies Mensch von allen anderen Arten durch das Selbstbewußtsein unterscheidet. Kein Gen, kein Molekül und kein Medikament kann je politische, religiöse oder soziale Anschauungen bestimmen oder verändern. Nur die soziale Umwelt in Wechselwirkung mit dem Nervensystem kann dergleichen bewirken. Auch wenn Struktur und Funktion des Gehirns voll durchschaut werden sollten, blieben die Gedanken von höchstpersönlicher Natur. Selbst ein volles Verständnis des Gehirns, und das ist noch ein fernes Ziel, wird den Inhalt der Gedanken nicht stärker enthüllen, als die Kenntnis des Auges und seiner Verbindungen den Inhalt der Wahrnehmung.

Genetik in Neurologie und Psychiatrie – ethischer Hintergrund

Im Bereich der Neurologie und Psychiatrie gibt es eine Reihe relativ seltener, doch schwerer Krankheiten, die genetisch bedingt sind. Die Chorea Huntington ist ein Beispiel für die Leistungsfähigkeit molekularer Methoden zur Erkennung von Krankheitsursachen und zur Entwicklung wirkungsvoller Therapien. Diese Krankheit ist außerdem ein Beispiel für die ethischen Probleme, die mit Fortschritten in der Genetik auftreten können.

Die Symptome der Chorea – unwillkürliche Bewegungen, Verhaltensveränderungen und Demenz – treten gewöhnlich erst im vierten oder fünften Lebensjahrzehnt auf. Die Krankheit hat ihre Wurzeln in einer Gen-Mutation mit dominantem Erbgang. Die kürzliche Entdeckung eines DNS-Markers, der an das für die Chorea verantwortliche Gen gebunden ist, macht es wahrscheinlicher, daß Träger dieses Gendefekts lange vor Ausbruch der verheerenden Krankheit festgestellt werden können. Möglicherweise wird man sogar pränatale Tests entwickeln können. Eine derartige verläßliche Früherkennung wirft jedoch schwierige ethische Fragen auf: Soll ein solcher Test durchgeführt werden, solange es keine Behandlungsmöglichkeit gibt? Wem und wozu könnte dieses Wissen nützen? Die betroffene Person würde dies vielleicht wissen wollen, um ihr Leben besser planen zu können. Es gibt jedoch auch die Ansicht, daß man die Betroffenen gegen den deprimierenden Effekt solcher erschreckenden Untersuchungsergebnisse schützen sollte. Für Ärzte und Gesellschaft kann dieses Dilemma zu einer schwierigen ethischen Herausforderung werden.

Entwickelt man einen verläßlichen Früherkennungstest für die Chorea und setzt ihn auch ein, so werden die Untersuchungsergebnisse womöglich von dritter Seite für Zwecke angefordert, die dem Lebensplan des von der Krankheit Betroffenen im Wege stehen können. Wer, wenn überhaupt irgend jemand, hat ein Recht auf Zugang zu solchen diagnostischen Informationen? Wie kann die Privatsphäre geschützt werden und die Vertraulichkeit gewahrt bleiben? Fraglich ist auch, ob man rechtfertigen kann, eine Person auf Chorea zu untersuchen, solange es keinerlei Behandlungsmöglichkeit gibt. Dabei ist zu bedenken, daß die Forschung darauf angewiesen ist, möglichst viele Träger zu ermitteln.

Hätten wir einen verläßlichen vorgeburtlichen Test, so bestünde die Möglichkeit, die Häufigkeit dieser Krankheit bedeutend zu senken oder sie überhaupt auszurotten. Das hieße jedoch selektive Abtreibung, und die Frage ist berechtigt, ob es vertretbar ist, Ungeborene abzutreiben, die immerhin die Aussicht haben, dreißig Jahre oder länger symptomfrei zu leben.

Besondere Aufmerksamkeit galt einem bestimmten Aspekt der ethischen Verantwortung der Wissenschaftler. Auch wenn man sich als Wissenschaftler auf einige Krankheitsgruppen konzentriert, sollte man dennoch die Entwicklung der allgemeinen Grundlagenforschung nicht vernachlässigen, weil gerade sie auch für die betreffende Krankheit zu fruchtbaren Ergebnissen führen können. Bei der Chorea zum Beispiel muß sich die Forschung sowohl auf die Genetik als auch auf die Neuropathologie konzentrieren.

Klinische Neurowissenschaften

Hirntod und Intensivbehandlung

Die medizinische Behandlung von Patienten mit schweren Hirnschäden bringt besondere ethische und wissenschaftliche Probleme mit sich. Das gilt besonders, seitdem durch Intensivmedizin die Überlebenschancen für Patienten mit solchen Verletzungen gestiegen sind, die früher zum Tode führten. Die Anwendung künstlicher Beatmung einerseits und die Möglichkeit andererseits, den in einem vegetativen Zustand überlebenden Patienten Organe zu entnehmen, während er noch an den Respirator angeschlossen ist, erzwingt die Frage nach der Feststellung des Zeitpunktes, zu dem der Hirntod eingetreten ist. Bei Patienten, die in einem vegetativen Zustand überleben, entstehen die gleichen Probleme wie bei der Intensivbehandlung.

Der Hirntod, der einen irreversiblen Verlust aller Hirnfunktionen bedeutet, ist anhand eindeutiger Kriterien so zu diagnostizieren, daß die Umgebung und insbesondere die Familie des Patienten sich auf das Untersuchungsergebnis verlassen können. Zu den Kriterien gehören die genaue Erhebung der Vorgeschichte des Hirntraumas sowie eine Reihe klinischer Anzeichen, aus denen hervorgeht, daß der Hirnstamm während einer gewissen Beobachtungszeit funktionslos war. Voraussetzung ist, daß biochemische Einflüsse, die Auswirkungen bestimmter Substanzen und Hypothermie als mögliche Ursachen ausgeschlossen werden können. Über die Elektroenzephalographie als Methode zur Bestimmung des Hirntodes herrschte keine Einstimmigkeit.

Wenn auch eine Organübertragung allgemein akzeptiert ist und der Patient im besonderen die Genehmigung zur Transplantation seiner Organe erteilt hat, so bleibt immer noch die große ethische Verantwortung gegenüber der Familie des Spenders.

In der Diskussion der Delegierten ging es weiterhin darum, wie sich ein vegetativer Zustand bei einem Patienten bereits frühzeitig prognostizieren läßt. Eine genaue Voraussage über den Ausgang kann unmittelbar nach einem Hirntrauma nicht getroffen werden. Die Unsicherheit und Bestürzung der Familie können in diesem Stadium übertrieben optimistische oder übertrieben pessimistische Entscheidungen auslösen. Unrealistischer Optimismus kann eine Revision dieser Entscheidungen sehr schwierig gestalten. Vielleicht verbessert sich die Verläßlichkeit unserer prognostischen Indikatoren durch neue, noch zu entwickelnde Methoden der Diagnostik.

Funktionelle Neurochirurgie und Psychochirurgie

Für die Diskussion wurden drei aktuelle Gebiete der funktionellen Neurochirurgie ausgewählt. Erstens ging es um die chirurgische Behandlung des Schmerzes, insbesondere des chronischen Schmerzes, und um die Erforschung des Schmerzmechanismus bei Mensch und Tier. Eine internationale Beratergruppe für Schmerzforschung hat Richtlinien für die Verwendung von Tieren bei der Schmerzforschung aufgestellt, in denen empfohlen wird, möglichst wenige Tiere zu verwenden und die Versuchsbedingungen unter strenger Kontrolle zu halten. Diese Richtlinien für Tierversuche in der Schmerzforschung wurden von den Teilnehmern grundsätzlich gebilligt.

Heute stehen neurochirurgische Methoden zur Verfügung, bei denen Elektroden in bestimmte Bereiche des Gehirns von Patienten eingepflanzt werden, die an behandlungsresistenten und das Leben schwer beeinträchtigenden Schmerzzuständen leiden. Bei einigen ausgewählten Patienten hat es sich gezeigt, daß über Elektrodenstimulation Erleichterung von starken Schmerzen für unterschiedlich lange Zeit erreicht werden kann. Während einer solchen Behandlung – ohne daß weitere Elektroden erforderlich wären – werden auch Erfahrungen gesammelt, die unser allgemeines Verständnis des Schmerzes beim Menschen fördern. Es gibt zahlreiche Mechanismen und Merkmale, die bei verschiedenen Spezies Schmerz anzeigen. Einige können durch den Einsatz tierischer Modelle verstanden und erklärt werden; für andere wird man den Menschen selbst beobachten müssen. Die Forschung steht hier noch in den Anfängen.

Der Einsatz der Hirnchirurgie zur Linderung von Symptomen einiger psychiatrischer Krankheiten ist eingehend untersucht worden. Es ist bekannt, daß die Öffentlichkeit zu der Ansicht neigt, daß Hirnchirurgie bei psychischen Krankheiten zu unerwünschten Veränderungen der Persönlichkeit führen kann, während dies bei der Hirnchirurgie zu anderen Zwecken, so bei Parkinsonismus und der Behandlung von Tumoren, nicht vermutet wird. Während die Psychochirurgie in einer Reihe von Ländern nicht mehr betrieben wird, sind aus Großbritannien und den Beneluxstaaten einige solcher Fälle bekannt. Es handelt sich dabei um Patienten mit schweren Zwangs- und Wahnvorstellungen, die auf keine konventionelle Behandlung ansprachen. Kleine Läsionen in der Mittellinie des Frontalhirns wirkten sich günstig aus. Sorgfältig kontrollierte klinische Prüfungen sind notwendig, um den Wert der medizinischen und chirurgischen Behandlung festzustellen. Solche Prüfungen fehlen noch für viele Formen der Therapie, einschließlich der psychiatrischen Chirurgie.

Die Hirnchirurgie kann auch zur Einpflanzung von Minipumpen benutzt werden, mittels derer Medikamente appliziert werden können. Zur Behandlung schwerwiegender Spastik der Gliedmaßen bei bestimmten chronischen neurologischen Krankheiten wurde beispielsweise eine solche Pumpe nahe dem Rückenmark implantiert. Die ersten Ergebnisse waren ermutigend. Voraussichtlich wird es jedoch weitere Forschungen und Entwicklungen auf dem Gebiet der Arzneimittelimplantation zur Behandlung einer Reihe neurologischer und möglicherweise auch psychiatrischer Erkrankungen geben.

Die Transplantation von Gewebe ins Gehirn hat sich bei einigen Tierversuchen und in ersten Anwendungen beim Menschen als erfolgreich erwiesen. Gewebe aus den Nebennieren kann ins Gehirn verpflanzt werden, wo es für eine bisher unbekannte Zeitspanne überlebt. Das verpflanzte Gewebe produziert möglicherweise einige Transmittersubstanzen, die den krankheitsbedingten Ausfall dieser Substanzen ersetzen können, etwa bei Parkinsonismus. Im Tierversuch wird zur Zeit untersucht, ob es möglich ist, Transplantate von Nervengewebe in schwerverletzte Regionen einzuführen, wie etwa in das Rückenmark. Dabei sind noch größere Probleme zu überwinden, beispielsweise wie sich Transplantate so anbringen lassen, daß präzise anatomische Verbindungen hergestellt werden.

Die neue Erkenntnis, daß einige Symptome der Alzheimerschen Krankheit auf Herdschäden im Gehirn beruhen könnten, legt den Gedanken an eine Verpflanzung von Nervengewebe als mögliche Behandlungsform nahe. Sind die praktischen Probleme eines solchen Verfahrens erst einmal gelöst und ermutigen die beobachteten funktionellen Ergebnisse zu weiterer Forschung, werfen bestimmte Aspekte des Verfahrens (wie zum Beispiel die Herkunft des verpflanzten Materials) ethische Probleme auf: Fötale Zellen sind eine, jedoch nicht die einzige Quelle für Gewebe zur Nerventransplantation. Im Hinblick auf die ethischen Konsequenzen solcher Verfahren sollte klar unterschieden werden zwischen Organverpflanzung und der Zellübertragung im Gehirn, wobei letztere eher der Knochenmarksübertragung vergleichbar ist.

Geistige Gesundheit

Epidemiologie der Depression, Arzneimittelabhängigkeit und Sucht

In epidemiologischen Untersuchungen sind Umfang, Art und Ausmaß von Depression, Arzneimittelabhängigkeit und Sucht beschrieben worden. Außerdem dienen diese Studien zur Identifizierung und zum Vergleich möglicher ätiologischer Faktoren bei verschiedenen Bevölkerungsgruppen.

In bezug auf Mißbrauch von Alkohol und anderen Substanzen sind Längsschnittuntersuchungen und Kohortenstudien notwendig, um die Geschichte und den Verlauf des Mißbrauchs von Alkohol und anderen Substanzen zu erkennen und Informationen über spontane Remissionen, über Behandlungsresultate und Mortalität zu erhalten. Die Öffentlichkeit wie auch die Vertreter der medizinischen Fachbereiche sollten Verständnis für die Notwendigkeit solcher Untersuchungen entwickeln, durch die sich die Behandlung verbessern läßt.

Weitere wichtige ethische Fragen in Zusammenhang mit den laufenden Untersuchungen über Depressionen sind:

- die Auswertung der organischen wie auch der psychosozialen Risikofaktoren bei der Prävention und Behandlung von Depressionen;
- die Auswirkungen, die epidemiologische Erhebungen in der Gesamtbevölkerung auf gesunde Personen haben können;
- ein verbessertes Vermögen zur Unterscheidung zwischen gewöhnlichen seelischen Leiden und Depressionen, um einerseits eine Eskalation bei der Verwendung von Psychopharmaka zu vermeiden und um andererseits behandlungsbedürftigen Patienten eine Therapie zu gewähren.

Die Vermutung, daß starker Mißbrauch von Alkohol und anderer Substanzen mit sozial bedingter Depression in Zusammenhang steht, sollte systematisch untersucht werden. Die Größenordnung der mit Alkoholmißbrauch verbundenen Probleme rechtfertigt einen erhöhten Forschungseinsatz zur Ergründung der Ursachen.

Klinische Psychopharmakologie – Probleme der Forschung und Entwicklung

Psychopharmaka (Antidepressiva, Anxiolytika, Neuroleptika, Tranquilizer) werden jedes Jahr weltweit von Millionen von Menschen eingenommen. Der Umsatz erreicht an die 4 Milliarden DM pro Jahr. Notwendig ist die Entwicklung neuer Mittel, die spezifischer wirken. Entwickelt werden müssen auch bessere molekulare zelluläre und tierische Modelle, darunter auch solche von Primaten. Während die Verantwortung für die normale Behandlung des Patienten stets beim Arzt liegen muß, sollen klinische Versuche von Ethikkommissionen betreut werden.

Notwendig sind epidemiologische Untersuchungen zur Erforschung des übermäßigen Psychopharmaka-Verbrauchs, damit festgestellt werden kann, inwieweit er auf mangelnde ärztliche Versorgung, auf den Einfluß der Arzneimittelhersteller oder auf andere soziale Faktoren zurückzuführen ist. Die legitime Verwendung von Psychopharmaka, um Menschen zu helfen, ist empfehlenswert, sie sollte jedoch nicht die Verbesserung der sozialen Verhältnisse ersetzen, die zu dem Bedürfnis nach Drogen geführt haben.

Für die Einnahme von Psychopharmaka gibt es eindeutige medizinische Indikationen, doch sollten diese Mittel nicht als Ersatz für gewünschte soziale Veränderungen dienen. Die Teilnehmer waren einstimmig der Meinung, daß die nichtmedizinische Verwendung von Psychopharmaka unzulässig ist.

Der gegenwärtige Stand der Therapieforschung in der Psychiatrie

Trotz weltweiter Fortschritte in der Behandlung von Psychosen und Depressionen ist die Forschung im Bereich der psychiatrischen Behandlung so wichtig wie eh und je. Dies liegt daran, daß noch immer zahlreiche Geistes- und Gemütskrankheiten nicht zufriedenstellend behandelt werden können. Forschung ist erforderlich, um bereits verfügbare pharmakologische und psychologische Behandlungsmethoden zu verbessern. Gleichermaßen wichtig ist die Suche nach neuen psychotropen und neurotropen Substanzen, die bei einer bestimmten Störung entweder prophylaktisch oder selektiv wirken. Besondere Bedeutung wurde in diesem Bereich der Arzt-Patienten-Beziehung zugemessen.

Klinische Forscher und Ärzte müssen sich an die Regeln der Deklarationen von Helsinki und Tokio sowie an die Hawaii-Deklaration des Weltverbandes für Psychiatrie halten. Therapeutische Versuche müssen kritisch überprüft und von einer Ethikkommission gebilligt werden. Grundsatz ist, daß nur Patienten, die freiwillig und aufgrund von Einwilligung nach Aufklärung (*informed consent*) ihre Zustimmung erteilt haben, in die klinische Forschung einbezogen werden können. Ethische und rechtliche Probleme treten auf, wenn Patienten zwar nach Aufklärung zugestimmt haben, ihre Fähigkeit zum Verständnis und zur Einwilligung in die Behandlung jedoch nur begrenzt oder gar nicht vorhanden ist. In solchen Fällen ist die Genehmigung durch einen Dritten (Zustimmung durch Vollmacht) unerläßlich und sollte auch dann dem Grundsatz gehorchen, daß der Nutzen für den Patienten größer als das Risiko sein sollte.

Für die Erforschung von intermittierenden oder chronischen seelischen Störungen ist der Austausch von Informationen erforderlich, die über eine bestimmte Person zu bestimmten Zeiten und an bestimmten Orten während der Krankheit gesammelt worden sind; dazu gehören auch Angaben, die der Personen-Identifikation dienen. Bei der ethischen Beurteilung müssen Vertraulichkeit, der Nutzen aus der Forschung für künftige Patienten sowie das Interesse der Gesellschaft gegeneinander abgewogen werden. Durch eine internationale Vereinbarung könnte sichergestellt werden, daß Daten, die Identifikationsangaben enthalten, für ausschließlich medizinische Zwecke legal gesammelt werden können. Technische Verbesserungen bei der Kodierung solcher Daten könnten einem Mißbrauch vorbeugen.

Neurowissenschaften und Ethik

Ethische Fragen bei Erforschung und Behandlung neurologischer und seelischer Störungen

Aufgabe einer besonderen Sitzung der Delegierten war es, einen philosophischen Rahmen für die ethische Problematik zu schaffen. Ein Vortragender versuchte, die Psychiatrie zu „entmystifizieren". Dies könne man erreichen, so erklärte er, indem man auf die Quellen des Mißtrauens gegenüber dieser Disziplin zurückgehe. Dafür müsse man das Gehirn einerseits als eine beobachtbare Nervenstruktur und andererseits als Instrument zur Produktion von Gedanken, Emotionen und Empfindungen analysieren: „Wir untersuchen die Hirnstruktur, wie wir ein Auge untersuchen würden", sagte er.

Der Mensch wird mit einem Gehirn geboren, das außergewöhnlich ausgestattet ist, um schrittweise aus der Erfahrung durch die Speicherung von Erinnerungen zu lernen und weniger durch Programmierung von Verhaltensschemata, die bereits bei oder kurz nach der Geburt verfügbar sind. Aus diesen Gründen wird das menschliche Individuum durch seine persönliche Geschichte und sein soziales Umfeld außerordentlich stark differenziert, sein Verhalten muß zum Teil historisch erklärt werden.

Das Studium der Mathematik und das Studium einer natürlichen Sprache unterscheiden sich insofern voneinander, als es sich um zwei verschiedene Wege zum Verständnis menschlichen Verhaltens handelt. Sprache und Kultur sind Merkmale bestimmter Populationen. Mathematik hingegen ist das Studium von universalen Strukturen und sie durchbricht – wie die Naturwissenschaften – die Grenzen in Zeit und Raum.

Die ethischen Begriffe von menschlicher Würde und Autonomie sollten als Bezugspunkte zum Wert der Individualität interpretiert werden, die ihrerseits eine Naturtatsache und das Ergebnis eines Evolutionsprozesses ist. Diese Überlegungen geben Einblick in die Spannung, die zwischen den beiden Erklärungsansätzen für menschliches Verhalten bestehen müssen und sollten.

Weiterhin stelle sich die Frage nach dem Gleichgewicht zwischen den Aspekten der individuellen Arzt-Patienten-Beziehung und den unpersönlichen statistischen Korrelationen sowohl in der Behandlung des Patienten, als auch in der Bewertung klinischer Behandlungsmethoden. „Wir brauchen auch eine Pluralität von Erklärungsweisen und somit eine Pluralität von Methoden in der Psychiatrie."

Der Redner kam zurück auf die Psychiatrie und wies darauf hin, daß man ihr dann mit Mißtrauen begegne, wenn sie in der Diagnose eher kategorisiert als individualisiert oder Verhaltensweisen, für die es mehr als eine Erklärung gibt, unter diagnostischen Kriterien einreiht. Persönliche Geschichte und artspezifische Krankheitsstruktur müßten im Gleichgewicht gehalten werden. Das Mißtrauen entstehe aus der Furcht, daß ein Individuum nicht auch als ein solches behandelt werde.

In der anschließenden Diskussion teilten nicht alle Gesprächsteilnehmer die Ansichten des Redners. Wissenschaftliche Objektivität entspringt dem Konsens der Wissenschaftler. Ein moralischer Konsens der Wissenschaftler läßt sich dagegen nicht voraussetzen. Alle waren sich einig, daß Individualität als ein Amalgam von Kultur und Geschichte von großer Bedeutung sei und nicht unterschätzt werden dürfe. Der Redner wies darauf hin, daß wissenschaftliche Terminologie auf Verallgemeinerung abziele: Wissenschaft bemüht sich um intersubjektiv beobachtbare Beweismittel. Das Prinzip des moralischen Pluralismus ist eine Forderung nach Toleranz angesichts unvermeidlicher persönlicher und kultureller Unterschiede.

In der Diskussion wurde hervorgehoben, daß der Mensch durchaus ein Modell oder eine Maschine entwickeln könnte, die einige der menschlichen Nervenfunktionen ausüben könnte. In Hinblick auf die menschliche Individualität wurde allerdings herausgestellt, daß der Computer seriell, das Gehirn jedoch parallel arbeite.

Künftige Themen für Konferenzen über Bioethik

Während einer allgemeinen Erörterung künftiger Themen für Konferenzen über Bioethik betonten die Teilnehmer, daß diese Reihe internationaler Konferenzen über Bioethik, die 1983 vom Premierminister von Japan, Yasuhiro Nakasone, ins Leben gerufen wurde, dringend fortgesetzt werden sollte.

Folgende, als besonders wichtig erachtete Themen wurden vorgeschlagen: Entwicklungsbiologie und -medizin, Pflanzenbiologie, Landwirtschaft und Umwelt sowie Informationswissenschaften und Biokommunikation.

Delegierte

Bundesrepublik Deutschland

Benno Hess
Vize-Präsident der Max-Planck-Gesellschaft,
Direktor des Max-Planck-Instituts für Ernährungsphysiologie, Dortmund

Günther Patzig
Vize-Präsident, Akademie der Wissenschaften in Göttingen,
Direktor des Philosophischen Seminars, Georg-August-Universität, Göttingen

Detlev Ploog
Geschäftsführender Direktor des Max-Planck-Instituts für Psychiatrie, München

Europäische Gemeinschaften

Paolo M. Fasella
Director-General, Directorate-General Science, Research and Development,
Commission of the European Communities, Brüssel/Belgien

Jan M. Gybels
Direktor, Kliniek voor Neurologie en Neurochirurgie U.Z. Sint-Rafaël-Gasthuisberg, K.U.L. Universitaire Ziekenhuizen, Leuven, Leuven/Belgien

Jan M. Minderhoud
Neurology Department, University Hospital, Dean, Faculty of Medicine,
Rijksuniversiteit te Groningen/Niederlande

Frankreich

Jacques Glowinski
Professeur au Collège de France, Directeur de l'Unité 114 de l'INSERM, Paris

Francois Gros
Professeur au Collège de France, Professeur à Institut Pasteur
(Chef de l'Unité de Biochimie, Départment de Biologie moléculaire), Paris

Daniel Widlöcher
Université Pierre et Marie Curie, Groupe Hospitalier Pitié-Salpêtrière,
Chef de Service, Psychiatrie (Adultes), Paris

Italien

FRANCO ANGELERI
Direttore, Istituto Policattedra Delle Malattie Del Sistema Nervoso, Universität Ancona, Torrette-Ancona

CARLO L. CAZZULLO
Direttore, Istituto Di Clinica Psichiatrica, Università degli Studi Di Milano, Mailand

ALBERTO OLIVERIO
Direttore, Istituto Di Psicobiologia E Psicofarmacologia, Consiglio Nazionale Delle Ricerche, Rom

Japan

TAKEO DOI
Consultant in Psychiatry, St. Luke's International Hospital, Tokio

MASAO ITO
President of IBRO, Department of Physiology, Faculty of Medicine, The University of Tokyo, Tokio

SHOSAKU NUMA
Department of Medical Chemistry, Faculty of Medicine, Kyoto University, Kioto

Kanada

HENRY BEGG DINSDALE
Head, Department of Medicine, Queen's University, Kingston, Ontario

JUSTICE T. DAVID MARSHALL
Supreme Court of the Northwest Territories, Chairman, Canadian Medical Research Council, Committee on Ethics – Experimentation, Yellow Knife, NWT

DAVID ROY
Director, Center for Bioethics, Clinical Research Institute of Montreal, Montreal, Quebec

Vereinigte Staaten von Amerika

PARK ELLIOTT DIETZ
School of Law, University of Virginia, Charlottesville, Virginia

HENRY WEBSTER
Chief, Laboratory of Experimental Neuropathology, National Institutes of Health, Bethesda, Maryland

ANNA N. TAYLOR
Department of Anatomy, University of California, Los Angeles (UCLA), Chief, Alcoholism Research Laboratory, West Los Angeles/Brentwood Veterans Administration Medical Center, Los Angeles, Kalifornien

Vereinigtes Königreich

SYDNEY BRENNER
Director, Medical Research Council (MRC), Laboratory of Molecular Biology, Cambridge
SIR STUART HAMPSHIRE
derzeit: Department of Philosophy, Stanford University, Stanford, Kalifornien/USA

ESF (European Science Foundation)

TOMÁS HELGASON
National University Hospitals, Department of Psychiatry, Reykjavík/Island

ICSU (International Council of Sciences Union)

SIR JOHN KENDREW
President of ICSU, President of St. John's College, University of Oxford, Oxford/England